# 경기만의 어제와 오늘

경기만의 어제와 오늘

초판 1쇄 발행 2022년 3월 25일

지은이 이정훈 · 김갑곤 외

펴낸이 김선기
펴낸곳 (주)푸른길
출판등록 1996년 4월 12일 제16-1292호
주소 (08377) 서울시 구로구 디지털로 33길 48 대륭포스트타워 7차 1008호
전화 02-523-2907, 6942-9570-2
팩스 02-523-2951
이메일 purungilbook@naver.com
홈페이지 www.purungil.co.kr

ISBN 978-89-6291-956-1 93980



이 책은 경기문화재단의 '경기지역학 활성화사업 지원'을 받아 제작됨

# 경기만의 어제와 오늘

이정훈·김갑곤 외 지음

푸른길

# • 차례 •

경기지역학 연구 활동이 조직화되기 시작한 것은 2015년 경기학회가 설립되면서부터라고 할 수 있다. 2019년부터는 경기지역 연구단체가 참가하는 '경기학 학술대회'를 개최하여 활동을 공유해 왔다. 경기학 학술대회에는 경기학회와 경기만포럼, 경기민속학회, 문화역사지리학회, 역사문화콘텐츠연구원, 경기학예연구회, 한국향토사연구전국연합회(경기도연합회) 등 경기지역학 연구단체와 연구자가 참여하고 있으며, 금년에 3회차를 맞이하였다. 경기학 학술연구단체 대표자들은 제3회 경기학 학술대회를 준비하는 과정에서 학술대회의 주요 성과를 단행본으로 출간하여 지역학의 대중화에 힘쓰자며 의견을 모았다. 나아가 앞으로 매년 학술대회의 연구 성과 중 경기지역의 정체성과 관련된 주제를 담은 도서를 경기학총서 시리즈로 간행하는 것으로 합의하였다.

『경기만의 어제와 오늘』은 경기학총서의 첫 번째 간행물이다. 경기만을 경기학총서의 첫 번째 주제로 선정한 것은 경기만이 경기도의 지역성을 가장 잘 나타내며, 한반도의 과거와 현재를 이해하고 미래를 전망하는 핵심 키워드이기 때문이다. 또 세계화와 지역화가 급격하게 이루어지고 분단의 극복과 평화를 지키는 것이 민족적 과제로 부각된 현시대 상황에서 경기만과 한강하구가 새로운 관점에서 조명되고 있는 상황도 중요한 이유가 될 것이다.

경기만은 한반도에서 지정학적, 생태환경적, 그리고 도시와 산업경제적 측면에서 중요한 기능과 역할을 부여받고 있다. 역사적으로 삼국시대부터 조선시대, 전쟁과 분단, 산업화와 도시화의 근현대사에 이르기까지 경기만은 한반도의 방향을 결정하는 중심에 있었다. 한강하구를 아우르는 경기만은 경기도의 정체성을 결정짓는 중요한 역사적, 지리적 장소인 것이다.

이 책은 3부로 구성되어 있으며 총 12편의 글이 게재되어 있다. 제1부는 '경기만 평화번영과 해양문화공동체 구축'을 주제로 다섯 편의 글이, 제2부는 '경기만의 역사문화환경과 세방화(glocalization)'를 주제로 세 편의 글이, 제3부는 경기만의 남쪽인 '서평택 지역의 해양문화 활용 방안'에 관한 네 편의 글이 수록되어 있다.

제1부에서 필자들은 경기만의 지리적, 생태환경적, 역사적 특성에 관한 이론과 담론을 조명하고 '경기만 평화번영과 해양문화공동체 구축'을 위한 실천과제를 제시한다.

제1장에서 윤명철은 경기만의 역사와 지정학적 성격을 고찰하여 경기도의 '동아시아 해륙문명공동체 역할을 위한 이론과 모델'을 제안한다. 윤명철에 따르면 경기만은 지리적으로 동해, 남해, 황해, 동중국해로 이어진 동아지중해의 관문으로, 한반도의 각 지역과 경기지역을 연결하며 중국, 아라비아 등과 경제·문화적으로 연결하는 해양네트워크의 중심으로서 역할을 해 왔다. 고려시대의 예성강 하구 벽란도, 조선시대 한강하구의 김포 조강포구와 한성의 양화, 노량 등 주요 포구들이 그러한 문물이 들고나는 지점이었다. 자연히 삼국시대 이래 한반도 경영의 주도권을 장악하기 위해 한강하구를 차지하기 위한

경쟁이 치열했고, 신라의 삼국통일 동력도 한강하구의 지배로부터 기인한 것이다. 경기만의 이러한 지정학적 중요성에 주목하여 윤명철은 '범경기만 해안특별구'를 통해 남북한이 '해륙문명공동체'로서 통합을 이루어 갈 것을 제안한다. 윤명철의 글은 역사 속의 경기만을 통해 남북이 통합된 한반도의 미래를 어떻게 그려나가야 할지를 제시하고 있다는 점에 그 가치가 있다.

제2장에서 김갑곤은 오랫동안 경기만 연안의 환경보전과 지역공동체의 활성화를 위해 활동해 온 경험과 고민을 바탕으로 '경기만 평화·생태경제벨트 조성과 해양문화공동체 건설'을 제안한다. 김갑곤은 대규모 간척 매립으로 경기만 연안과 바다의 포구와 어촌계가 사라짐으로써 생산과 문화 공간으로서 기능을 상실하게 된 것에 대한 성찰과 복원의 관점을 강조한다. 그는 성찰적 입장에서 생태환경과 역사적 치유와 문화 회복과정을 통해 공존, 공영, 평화에 이르는 새로운 연안지역 공동체를 만들어 가고자 한다. 이를 위해 경기만 해양협력체계 구축의 필요성을 강조하고 있다. 추진해야 할 주요 사업으로 김포 조강나루 평화지대 구상 등 남북평화물길 조성, 선감도 풍도 평화박물관 조성 등 평화와 번영의 통합주체 형성, 경기만의 역사문화와 생태환경을 복원하기 위한 경기만 에코뮤지엄 추진 등을 제시하고 있다. 나아가 남한뿐만 아니라 북한의 경기만 지역을 포함하는 경기만 초광역 평화생태경제벨트를 구축하기 위해 남북 교류와 물길 연결, 시흥·안산·화성·송도·평택 등 연안 도시의 재생과 생태복원, 지역 주민 주도의 공동체 활성화를 궁극적 대안으로 제시하고 있다. 김갑곤의 이러한 제안은 다년간 경기만 연안의 주민과 시민사회, 공공부문의 전문가들과의 토론과 고민을 바탕으로 한 결과물이라는 점에서 향후 정책 당국이 더 깊이 검토하여 미래지향적 정책 대안으로 수용할 필요가 있다.

제3장에서 이정훈은 '경기만-한강하구를 남북경제협력과 공동번영의 중추 거점으로' 구축할 것을 제안하고 있다. 이정훈은 남북 교류가 남북한의 공

동 번영과 경제사회 통합 실험의 단계로 한 단계 진화하기 위해서는 그동안의 남북 교류에서 한발 더 나아간 구체적 협력과 통합의 모델을 제시할 필요성을 강조한다. 그리고 경기만-한강하구가 남북협력과 경제통합실험, 공동번영의 중심으로서 남북한 접경 트윈시티와 한반도 메가리전의 중추 거점으로서 최적의 공간임을 강조하고 있다. 이정훈은 경기만의 역사와 지정학적 특성과 세계적 사례를 통해 만과 강의 하구, 접경지역이 발전하고 있는 메가리전의 입지라는 점을 확인하고 있다. 이로부터 그는 한강하구의 남북한 접경지역에 남북공동경제특구를 조성하여 이를 남북공동번영의 엔진으로 육성할 필요가 있다고 강조한다. 특구는 한강하구의 입지 이점과 남북한 수도권을 배후지로 삼고 있다는 외부경제를 기반으로 남북한의 기업이 필요로 하는 IT, 바이오, 신재생에너지 등 신산업과 섬유 등 전통산업을 적절하게 유치할 필요가 있다고 보았다. 이 과정에서 한강하구의 수로와 남북한을 연결하는 항만시스템을 복원, 구축하여 남한의 수도권 물류를 친환경시스템으로 전환함과 동시에 남북경제협력의 물류시스템으로 확대할 필요가 있음을 제안하고 있다. 이와 함께 남북 연결 고속도로, 철도 등의 프로젝트를 진행함으로써 남북경제협력의 기반을 다지고, 궁극적으로 남북한의 수도권과 경기만이 경제적으로 통합되는 비전을 만들어 나갈 필요가 있다고 주장한다.

제4장에서 정현채는 조선시대 한강하구의 주요 포구이자 수도 한양과 한반도 전역을 수로로 연결하는 관문으로서 '한강하구 남북평화지대 조강'의 역사를 살펴보고 포구의 복원 방안을 제시하고 있다. 정현채에 따르면 조강은 임진강, 한강과 서해에서 밀려 들어오는 밀물이 만나는 길목에 있다. 조강은 삼한시대부터 근대까지 문물유통과 어업의 중심지였으나 1953년 7월 27일 「정전협정」에 의해 출입할 수 없는 금지구역이 되었다. 정현채는 우선 남쪽의 조강 포구와 북쪽의 영정포구를 복원하여 남북이 조강을 평화지대로 설정할 것을 제안한다. 정현채는 신유한의 「조강행」, 장만의 「장단적벽선유일기」 등 조

강-임진강을 유람한 문객들의 시와 일기를 인용하여 과거를 복원하고 관광의 자료로 삼을 수 있음을 제안하고 있다. 이 글에서 필자는 남북이 공동노력을 통해 조강의 자유로운 항행과 포구복원을 시작으로 한민족의 비전을 담은 경기만의 남북평화문화와 평화경제수상평화터미널 조성을 미래의 숙제로 남기고 있다.

제5장에서 김순래는 '경기만 생태네트워크 구축'을 통해 미래세대를 위한 경기만 바다 살리기를 제안하고 있다. 김순래는 경기만 지역이 고려시대와 조선시대, 일제 강점기에 지속적으로 간척이 이루어지면서 복잡한 해안선이 단순해졌고 갯벌이 사라져 왔으며, 간척지는 도시, 산업단지, 농지 등으로 활용되고 있다는 점에 주목하고 있다. 최근에 진행된 중요한 간척은 시화지구개발사업과 화성지역, 평택과 아산의 남양민 간척이다. 이를 통해 반월국가산업단지, 시화국가산업단지, 화성호, 포승국가산업단지 등이 들어섰으며, 남아 있는 갯벌에는 철새가 끊임없이 날아들고 있다. 그러나 간척으로 호수가 된 시화호, 화성호 등은 오폐수 유입으로 오염이 심해짐에 따라 담수화 정책을 철회했거나 철회가 논의 중인 상황이다. 경기만 연안은 이러한 대규모 간척에도 불구하고 강화갯벌, 송도갯벌, 장봉도갯벌, 대부도갯벌, 화성습지 등 여전히 풍성한 자연생태를 가지고 있다. 필자는 경기만의 자연생태의 보전과 복원을 실천하기 위해 경기만 연안 지역의 시민, 전문가, 관련 단체, 공무원 등이 참여하는 '경기만 생태네트워크 구축 정책포럼'을 구성하여 '경기만 생태네트워크 구축안'을 개발할 것을 실천 과제로 제안하고 있다. 경기만 생태네트워크의 연결고리로는 보호구역, 연안습지 생물, 인공습지, 길, 지자체 상징 새 등을 들고 있다. 필자는 이를 통해 경기만 생태계의 단절과 훼손을 방지하고, 나아가 훼손된 갯벌을 복원하기 위한 광역 차원의 노력을 촉구하고 있다.

제2부에서는 경기만 연안지역의 대외 개방성 및 국가 경영과 관련된 주요 문화유산과 외국인 집거지 실태를 고찰함으로써 '경기만 역사문화 환경과 세

방화(glocalization)'의 현주소를 살펴보고 있다.

김용국은 제6장에서 '경기만의 문화자원을 교류사의 관점에서 정리'하고 있다. 김용국은 경기만을 군사적 요해처였을 뿐만 아니라 사신들이 오가던 통로였으며, 사신들의 교류와 인적 교류를 통하여 문화가 유입되고 전파되는 관문이라고 규정하며, 그 핵심 자원으로 화성의 당성, 화량, 마산포를 들고 있다. 필자는 당성과 화량은 외부와의 나들목으로서 군사적 의미가 크고, 마산포, 조강포는 청, 당, 일본과 교류에서 중요한 지역으로 파악하고 있으며, 이러한 역할과 관련된 문화자원으로서 〈선유락(船遊樂)〉, 〈사자무(獅子舞)〉 등이 주요 풍습으로 전해지고 있다. 필자는 또한 경기만이 해외로 진출하거나 한반도로 진입하기 위한 관문이었던 사실을 지명을 통해 설명하고 있다. 중국 사신 왕래와 관련된 평택시 도두리, 청군의 주둔지와 관계가 있는 군문동(軍門洞) 군문마을, 화성시 마도면(중국 사신이 베옷을 입고 다니는 길) 등 많은 지명 사례를 소개하고 있다. 이 외에 임경업 장군 설화, 왕무대 설화 등 다양한 이야기를 통해 경기만 지역의 역사적 특성을 소개하고 있다. 필자는 이와 같은 경기만에서 전해져 내려오는 유무형의 문화역사자원을 활용하여 설화로 돌아보는 경기만 코스, 전통연희 콘텐츠를 개발하여 관광 프로그램에 활용할 것을 제안하고 있다.

박대진은 제7장에서 '화성의 당성과 제5로 연변봉수를 중심으로 과거의 연변봉수와 성곽'에 대해 고찰하고 있다. 박대진에 따르면 우리나라의 봉수제도는 삼국시대부터 활용되었으며 조선 개국 이후 세종에 이르는 시기에 봉수제도가 정비되었고, 사건 사고에 대비하여 파발제도가 강구되었다. 한반도의 지형상 남북방향으로 요로마다 10~15리 정도의 거리를 두고 연대를 설치하여 외적의 침입이나 변란에 대응하였다. 화성지역의 봉수는 5개 국가봉수 노선 중 제5로 연변봉수로 남해의 순천만과 여수지역 돌산도 '돌산봉수'에서 시작하여 서해를 따라 해안을 조망하며 이어지는 남양지역의 연변봉수(흥천산봉수, 염불산봉수, 해운산봉수) 3개소와 수원지역으로 분기하는 지선봉수(서봉산봉수)1개소 외 해안도서와 해안 주요 포구 등에서 바다의 정황을 살펴 전달하는 간봉이 운영되었다. 필자는 화성이 고대부터 대외교류의 관문으로 중국은 물론 서역과 교류하던 한반도 실크로드의 거점으로 기능하였다고 보고 있다. 이로부터 신라는 한반도 통일 이후 경기만 곳곳에 당항진, 장항구진, 혈구진 등 군진을 설치하여 외적의 침입에 대비하였다. 당성의 육진과 화량진성의 수진은 관내 각급 봉수대와 유기적으로 연계 운영되었다는 것이다. 박대진은 화성의 봉수를 통해 당시 외세 침탈 방어와 대외교류의 거점으로서 역할을 하고 있던 화성 지역의 역할과 노력을 재현하고자 하였다.

임영상은 제8장에서 '경기만과 반월·시화국가산단, 외국인 집거지'에서 경기만 연안의 반월·시화 지역이 간척과 함께 공업단지로 조성되어 한국 근대 산업화의 주역이 되는 과정에서 형성된 원곡동, 선부동과 사동 등 안산 귀환동포의 삶과 커뮤니티 활동에 대해 살펴보고 있다. 임영상은 원곡동을 100개 이상 국가 출신이 모인 다문화마을로 코리안드림을 찾아 이주해 온 중국동포와 고려인동포, 베트남 등 동남아시아 이주민들의 눈물겨운 이주사와 함께 성공 스토리를 만날 수 있는 장소로 규정한다. 안산의 외국인 집거지에는 원거주민과 이주민 간 사회문화적 교류를 위한 외국인주민센터, 다문화마을특구, 귀환동포연합회 등의 행정적 지원과 공동체 활동이 활발하게 이루어지고 있다. 2009년 5월에 지정된 다문화마을특구는 원곡동을 외국인 밀집지역으로서 다문화 음식을 기반으로 한 장소마케팅을 통해 지역경제활성화와 연계하고자 하였다. 원곡동의 이웃인 선부2동 땟골에는 2010년 이후 고려인들이 모여 마을을 형성하였다. 경기도와 안산시의 지원으로 만들어진 고려인문화센터가 고려인 주민과 시민을 대상으로 문화, 교육, 상담, 동아리활동의 기반을 마련해주고 있다. 또 안산시 사동에도 약 8천여 명의 고려인이 고려인마을을 형성하고 고려인지원센터 '미르'가 개소되는 등 다문화 공동체 형성을 위해 노력하고 있다. 시흥시 정왕동에는 중국동포마을과 상권이 형성되어 있다. 시흥 정왕본동의 군서초등학교는 학생 절반 이상이 중도입국 중국동포학생으로 2017년부터 국제혁신학교로 지정되어 방과후 한글교실, 다문화특별학급 등이 운영되고 있고 군서중학교는 2021학년도부터 전국 최초로 '초중고 통합형 다문화학교'인 군서미래국제학교로 개편되었다. 필자는 귀환동포 등 외국인을 위한 학교가 설립된 것은 안산, 시흥 등 외국인 비율이 높은 경기만 연안 지역이 다문화 지역으로서 자리잡는 중요한 계기가 될 것으로 보고 있다. 필자에 따르면 경기도 31개 시군에 72만 명, 5.4%의 외국인 주민이 삶터를 이루고 있어 경기도는 다문화사회가 되었다. 그 출발지점이 바로 반월·시화 국가산단 배후의 안산과 시흥이다. 그 외에 화성(발안과 남양), 평택(포승), 김포(대곶), 파주(금촌) 등 경기만이 품고 있는 지역마다 외국인 집거지가 형성되고 있다. 이러한 환경 속에서 안산시는 2020년 2월 유럽 국제기구인 유럽평의회가 주관하는 '상호문화도시'로 지정되었으며 시흥시는 정왕동을 '귀환동포특구'로 지정하였다. 필자는 경기만 연안지역, 안산과 시흥의 다문화 공존 사례가 다른 지역에서 집거지를 형성해 사는 이주민들에게 긍정적 영향을 끼칠 것으로 전망하고 있다.

제3부에서 필자들은 경기만의 남쪽인 서평택 지역의 해양문화를 고찰하면서 이를 지역의 정체성 강화에 활용하는 방안에 초점을 두고 있다.

김해규는 제9장에서 '아산만 수계의 나루·포구의 입지와 역할'을 고찰하고 있다. 김해규에 따르면 평택 지역은 서쪽으로 아산만, 남양만에 접하고 있으며 평야가 넓고 하천이 발달하였다. 평택지역의 대표하천인 안성천, 발안천, 진위천은 조수간만의 차를 이용하여 경기만의 어선, 상선들이 내륙 깊숙한 곳까지 들어갈 수 있었고, 많은 나루·포구가 발달하였다. 평택지역의 나루·포구는 국가적 차원에서 조운, 수군영, 봉수, 목장 용도로 활용되었고 민간은 교통과 어업, 포구상업의 목적으로 사용하였다. 포구의 입지와 활용은 조선 전기와 후기, 그리고 1900년대 이후 철도와 도로 등 육로의 발전과 같은 시대적 환경에 따라 변화가 일어났다. 조선 전기에는 하천 중·하류의 물굽이 안쪽을 활용하거나 큰 하천에서 지류가 만나는 지점의 안쪽을 중심으로 형성되었다가 조선 후기에서 근대로 넘어오면서 하천의 하류뿐만 아니라 외해까지 포구들이 형성되었다. 갑오개혁 이후 조운과 수군영, 봉수, 목장 등 국가적 이용이 중단되면서 역할이 크게 줄었고, 철도와 도로 등 근대 교통망이 재편되면서 철도역 앞에 근대도시와 상공업이 발달하게 됨에 따라 포구의 기능이 약화하다가 폐항되는 경우가 발생하였다. 반면에 철도역과 인접하여 상생했던 나루·포구와 교통의 오지에 속하여 전통적 수로 교통수단으로 기능했던 나루, 경기만 어업의 전진기지 역할을 했던 포구는 오히려 역할이 커지거나 오랫동안 존속했다. 필자는 아산만 수계의 나루·포구의 형성과 변화 과정에 대한 탐구를 통해 서평택 지역의 역사와 삶의 양식, 넓게는 경기만의 역사와 삶을 이해하는 기초를 강화하고자 한다. 이 글은 해양문화를 기반으로 성장했고, 간척에 의해 점차 농경문화로 전환되었으며 1990년대부터는 평택항 건설과 도시화, 공업화로 전통 경관과 생활문화가 변모하고 있는 서평택 지역의 역사와 변화를 이해하는 중요한 단초를 제공하고 있다.

방문식은 제10장에서 경기만 에코뮤지엄 사업 중 평택 에코뮤지엄 기획에서 간과하고 있는 '에코뮤지엄의 개념적 측면을 고찰하고, 평택 지역문화자원의 에코뮤지엄으로 활용 방안'을 모색하고 있다. 방문식은 광범위한 관련 문헌을 검토하며 에코뮤지엄을 지역 위기에 대응하기 위한 지역문화자원에 대한 주민의 자발적 연구와 기록, 보존과 전시를 수행하는 현실적인 기획으로 파악한다. 이를 통해 주민들은 마을 발전의 주체가 되고 정체성을 찾아 나간다. 그동안 사업이 이루어진 경기만 에코뮤지엄은 시흥, 안산, 화성의 연안 지역의 주요 자원을 거점공간으로 설정하여 탐방로로 이어나갔으며, 2019년 이후 김포 등 경기 북부지역과 평택 등으로 확대하고 있다. 평택에서는 2019년부터 평택에코뮤지엄 연구모임이 결성되어 활동하고 있다. 필자는 평택 에코뮤지엄의 거점공간으로 포승읍 홍원1리 마을회관과 현덕면 지영희 국악관, 비전동의 기호농지개량조합창고를 제시하고 있다. 이와 연계한 위성박물관으로 원정리 봉수대, 평택항홍보관, 평택호길, 평택호예술관 등을 제안한다. 이러한 에코뮤지엄 구성은 평택의 핵심가치인 해양문화를 잘 나타낼 수 있는 자원을 탐방로로 연결하는 기획이다. 필자는 이후의 과제로 지역주민 참여 활성화 프로그램의 운영에 관한 깊이 있는 연구의 필요성을 제안하고 있다.

이수경은 제11장에서 '시민이 참여하고 스스로 기록하는 지역사 연구, 기록, 보존 사업의 일환으로 도서관 구술생애사업'을 소개하고 있다. 이수경에 따르면 2015년부터 이루어진 안중 도서관 구술생애사업은 평택 토박이이거나 어린시절 이주하여 60~70여 년을 한 마을에서 살아 온 어르신들의 생애를 기록해왔다. 도서관구술생애사업은 평택문화원의 마을기록사업과 달리 구술작업을 접해보지 않은 시민이 도서관의 교육과정을 통해 마을기록가로 성장한다는 점이 특징이다. 이수경은 이러한 사업을 통해 '출판플랫폼으로서 도서관'의 역할을 강조하고 있다. 책의 소비자였던 도서관이 읽기뿐만 아니라 글쓰기와 독립출판을 통해 새로운 지식문화생태계를 구축할 수 있다는 것이다. IT의 발전으로 누구나 출판이 가능하도록 다양한 채널이 작동하고 있기 때문이다. 필자는 도서관 구술생애사업이 글쓰기 프로젝트이면서 출판플랫폼으로서 도서관의 역할을 확장하는 시도라고 인식한다. 이러한 시도를 통해 평택의 다양한 인문자원, 해양자원을 바탕으로 읽기, 쓰기, 듣기, 말하기 활동을 하여 풍성한 이야기를 펼쳐나감으로써 애향심과 공동체 의식 함양에 기여할 수 있을 것이라고 주장한다. 이를 통해 필자는 지역의 주요 도서관이 지역공동체 형성에서 중요한 역할을 할 수 있다는 방법론과 전망을 제시하고 있다.

장연환은 제12장에서 '평택시 포승읍 지역을 중심으로 서해안의 복잡한 해안지역에 어떻게 사람들이 터를 잡고 마을과 경제를 형성'해 왔는지에 대해 고찰한다. 장연환은 현재 포승지역에서 급격하게 진행되는 산업화와 도시화에 아산만 연안이라는 조건이 가장 중요하게 작동한다고 본다. 평택 서부 연안은 육로교통의 오지이고 농경지와 공업용수가 부족하여 조선 초기 마장을 설치한 것을 제외하고는 크게 주목받지 못했다. 조선시대 이후 일제 강점기를 거쳐 근대·산업화 시기에 이르기까지 크고 작은 간척으로 농경지가 확대되자 외부로부터 인구가 유입되면서 지역이 변화하게 된 것이다. 특히 1974년 아산만 방조제와 평택호가 조성되어 고질적이던 농업용수 부족 문제가 해결되면서부터 농경지가 확대되고 농업생산성이 증가했다. 방조제 축조 이전의 중요한 소득원이었던 염업의 경우 전통적으로 해안에서 자염(煮鹽)업이 발전하였으나 한국전쟁 이후 천일염전이 등장하면서 쇠퇴하였다. 어업의 경우 남양방조제 축조, 평택항 확장으로 어항이 사라져 감에 따라 중단되기에 이르렀다. 1986년 평택항이 무역항으로 지정되고 포승국가산업단지와 포승일반산업단의 조성 등 급격한 개발이 이루어지는 과정에서 포승읍의 자연마을이 사라지고 도곡신도시가 건설되면서 2006년에 읍으로 승격되었다. 요컨대 장연환의 연구는 평택 서부 연안의 지리적 자원이 시대적 상황 속에서 어떻게 이용되어 왔는지를 고증하고 있으며, 이로부터 현재의 평택 서부지역이 형성되는 과정을 역사적 맥락 속에서 이해하는 중요한 근거를 제공해 준다는 점에서 그 가치가 있다.

이상에서 살펴본 12편의 글에는 경기만에 관한 거시적 이론과 담론뿐만 아니라 경기만 연안 지역의 역사유산과 변화에 대한 세밀한 고찰과 문제의식이 담겨 있다. 이 책은 경기만의 장소적 특성과 각 장소의 역사적 변천 과정을 이야기하고 있지만 그 시야는 경기만을 넘어 한반도 전체, 나아가 동북아 전체를 바라보고 있다. 개발시대에 간과되었던 생태환경의 복원을 통해 경기만의 본질과 우리 삶을 회복하고자 하는 의지와 희망이 담겨 있다. 나아가 이념과 세력의 대결로 분단된 경기만을 하나로 잇는 것이 왜 중요한지에 대한 근거를 이야기하고자 하고 있다. 아무쪼록 이 책이 독자들에게 경기만을 이해하는 단초가 되고 나아가 우리 삶을 다시 한번 돌아보고, 회복과 통합으로 나아갈 수 있는 희망을 주었으면 하는 바람이다.

끝으로 이 글이 나올 수 있도록 경기학학술대회를 위해 애써 주신 경기지역학 학술단체 대표님들과 오랫동안 고민하고 탐구해 온 연구성과물을 제출하고 토론에 참여한 필자들께 감사드린다. 이 글의 출판을 기꺼이 맡아 주신 푸른길의 김선기 대표님과 이선주 팀장님께 감사드린다. 학술대회를 준비하고 출판의 마무리 작업까지 세심하게 챙겨준 경기학회 고봉균 사무국장님, 신범수 간사께도 감사드린다. 끝으로 경기지역학에 대해 깊은 관심과 애정으로 학술대회와 출판사업을 지원해 주신 경기문화재단 강헌 대표님, 황순주 정책실장님께도 깊이 감사드린다.

편집자 이정훈(경기학회장, 경기연구원 북부연구센터장)<br>김갑곤(경기만포럼 사무처장)

# 제1부

# 경기만 평화번영과 해양문화공동체 구축

제1장 경기도의 동아시아 해륙문명공동체 역할을 위한 이론과 모델의 제언

제2장 경기만 평화·생태경제벨트 조성과 해양문화공동체 건설

제3장 경기만–한강하구를 남북경제협력과 공동번영의 중추 거점으로

제4장 한강하구 남북평화지대 조강: 조강을 중심으로 포구 복원에 관한 소고

제5장 경기만 생태네트워크 구축: 미래세대를 위한 경기만 바다 살리기

제1장

# 경기도의 동아시아 해륙문명공동체 역할을 위한 이론과 모델의 제언

**윤명철**

동국대학교 명예교수 · 한국해양정책학회 부회장

## 1. 들어가는 말

21세기에 들어서면서 인류는 문명의 위기를 겪고 있다. IT, BT, NT 등 과학의 발달로 인하여 문명의 미래를 예측하기가 힘들게 되었고, 특히 BT의 발달로 대체인간(Demi Human)을 제조하는 시대에 들어서면서 인간 정체성에 근본적인 혼란이 생기고 있다. 또 세계질서가 새롭게 재편되면서 세계화와 지구화가 소위 유사한 문명권, 종족, 지역을 중심으로 실현되면서 문명의 중요성이 대두된다. 세계경제의 출현, 세계시장의 확대가 이루어지고, 정치와 군사를 위주로 하는 단절과 폐쇄의 시대에서 문화와 경제의 역할이 증대하는 시대로 변화 중이다. 미국, 중국을 비롯한 강대국들은 세계화(globalization)와 중간 단계로서 지역화(regionalization)를 동시에 추진함으로써 과거 제국주의(imperial-ism) 시대에 유행했던 국제주의(internationalism)와 다른 점을 보인다.

우리는 남북통일이 불투명하며, 주변국들의 방해로 인하여 민족력(民族力)의 결집 또한 매우 어렵다. 경제, 정치, 군사력을 볼 때 우리의 힘이 주변 강국에 비해 열세를 면할 가능성은 별로 없는, 지극히 회의적인 처지이다. 그런데 천운이지만 통일한국은 지정학적으로 두 강대국의 갈등과 충돌의 개연성이 많은 신질서의 편성 과정에서 중간역할을 할 수 있는 위치에 있다. 사이에 낀 강소국(强小國)으로서 매개자 겸 조정자의 역할을 할 수 있고, 무엇보다도 자연환경이 그러한 역할에 힘을 실어 준다. 이렇게 인류 문명사의 위기와 세계질서의 재편, 동아시아의 역학관계 변화, 남북 간의 갈등 등을 맞이하는 경기만은 어떠한 위상을 지니고, 어떠한 역할을 담당해야 할까?

필자는 '경기도' 대신에 '경기만'이라는 해륙적 개념을 적용하고 인류문명 및 유라시아 세계와 직결된 허브로서 정체성과 정치, 경제적인 이익도 고려하면서 경기만의 위상과 가치와 발전전략을 세계질서 또는 유라시아 세계라는 거시적인 틀 속에서 모색한다. 이어 동아지중해 중핵(core), 동아시아 무역망의 허브(hub), 유라시아 실크로드 해륙 교통망의 나들목(interchange), 신문명의 심장(heart)이라는 3가지 역할론을 주장한다. 그리고 이러한 모든 움직임의 원천으로서 비문명론, 동아지중해모델[1], 해륙문명론[2]으로 구성된 신문명론을 제안하며, 실행의 실체로서 '해륙문명공동체'를 제안한다.[3]

## 2. 21세기 세계질서와 동아시아의 현재 상황

유라시아에서는 '신거대게임(new great game)'이 일어나고 있다. 켄트 콜더(Kent Calder)는 근래에 낸 책 『신대륙주의(The New Continentalism)』에서 중앙아시아의 부상을 보면서 19세기 후반의 대륙주의와 또 다른 형태의 신대륙주의가 등장하고 있다고 주장하였다. 한편 필자는 해양유라시아에서는 태평양에서 미국과 중국을 축으로 하는 '신해양주의(New Oceanism)'가 등장하고 있다고 본다. 식민지 시대와 제국주의 시대에는 해양력(sea power)에 따라 국가의 흥망이 결정되기도 했다. 이데올로기의 대립 시대에도 힘(power)이라는 측면에서는 해양세력(marine-order)과 육지세력(continental-order)의 대결 구도가 있었다.

그런데 소비에트의 붕괴와 정치적인 격변, 세계화의 진행 등 현실적인 요건과 1994년에 발효된 「유엔해양법협약」으로 해양은 영토(territory)의 개념으로 확장되면서 현실적인 가치가 더욱 높아졌다. 과거에는 점(point, dot)과 선(lane, line)으로 여겨졌던 바다라는 공간은 경계가 분명해지고 농도가 짙어지는 면(space, land, place, domain)의 모습을 띠어 간다. '만류의 공유 영역'에서 다수 사람의 영역을 거쳐 '소수 국가의 영토'로 변하고 있다. 그러므로 동아시아의 여러 해역에서 해양충돌이 발생하고, 확장된다.[4]

미국은 동아시아, 태평양, 나아가서는 세계질서의 축을 놓고 중국과 갈등이 심화 중이다. 그 과정에서 일본을 축으로 호주 등 몇몇 국가들을 활용한 신동아시아 전략을 추구하고 있다. 2011년 9월 미국 국무장관인 힐러리 클린턴은 '신실크로드 전략(New Silkroad Initiative)'을 발표하였다. 실크로드 남북종단 전략으로 러시아와 소비에트가 추진했던 정책을 계승한 것이었다. 중간 국가들을 경제적으로 성장시키면서, 미국의 영향권 안에 두고, 잠재적 적국인 러시아를 압박하고, 현재 부상하는 중국을 외곽포위하는 전략이다. 버락 오바마 대통령은 'pivot to Asia' 즉 '아시아 회귀전략'을 선언하였다. 동아시아, 동남아시아, 아시아에서 중국이 해양패권을 장악하려는 기도를 저지하는 정책이다. 하지만 기본적으로 동아시아 지역에 자국의 영향력을 극대화하려는 정책이었다. 그 과정에서 추진된 것이 '환태평양경제 동반자협정(TPP, Tans-Pacific Partnership)'이었다. 하지만 도널드 트럼프 대통령은 더욱 적극적으로 동아시아에 자국의 힘을 투사하고, 중국을 압박하고 포위하는 전략을 구사하고 있다. 특히 '자유롭게 열린 인도-태평양 전략(Indo-Pacific stratergy)'을 발표하면서 소위 인도 태평양 전략을 추진하고 있다. 군사적인 성격을 가진 미국, 일본, 호주, 인도가 참여한 'QUAD'를 만들고, 최근에 미국, 영국, 호주가 참여한 'AUKUS'를 구성했다.

반면 중국[5]은 한창 자국의 영향력을 전 세계에서 확대하고, '중국몽(中國夢)'으로 불리는 강국 건설 목적으로 정치, 문화, 군사력을 입체적으로 강화하고 있다. 물론 내부의 사정도 몇 가지 있지만, 미국의 압박과 포위를 돌파하려는 외적 요인도 강하게 작동한다. 시진핑은 2013년 7월 "중국은 육지대국이자 해양대국이다"라고 하면서 "해양강국의 건설사업 적극 추진" 등을 강조하였다. 필자가 주장해 온 해륙국가론과 동일한 맥락이다. 이어 2013년 9월과 10월에 각각 '신육상실크로드(一帶, 絲綢之路經濟帶, one belt)'와 '21세기 해상실크로드(一路, one road)' 구축을 제의하였다. 이와 연동시켜 국제 다자개발은행(NDB, New Development Bank)을 설립하고, 아시아 인프라 투자은행(AIIB) 등을 창설하였다. 중국은 이미 러시아와 주축으로 2001년 6월 15일에 상하이협력기구 건립을 선언하고 상하이협력기구(SCO, Shanghai Cooperation Organization)를 탄생시켰다. 이슬람 원리주의자들이 신강(新疆) 지역에 영향력을 확대할 의도를 차단하는 목적도 있었다. 하지만 이 기구를 중앙아시아 지역에서 동북아시아, 남아시아, 동남아시아까지 확대하는 데 활용 중이다.

한국은 2013년 10월 18일 서울에서 열린 유라시아 국제 콘퍼런스 기조연설에서 '하나의 대륙', '창조의 대륙', '평화의 대륙' 등 세 가지 이니셔티브를 제안했다. 여기에는 다분히 북한의 개방과 통일을 염두에 두고 있지만, 유라시아 대륙에서 한민족의 생존을 확보하자는 국가정책이다. 러시아의 푸틴 대통령은 2013년, 러시아의 발전 비전인 '신러시아 구상'을 선언하였다. "새로운 아시아의 통합 인프라를 만들기 위해 SCO, APEC 등과 적극적으로 논의할 것"이라며, '에너지 전략 2030', 'EPSO 송유관 건설 계획' 등을 통해서 시베리아 공간의 위상과 역할을 강조하였다.

일본은 아시아에서 가장 먼저 대륙과 해양 진출을 동시에 모색하고 실천했던 나라이다. 1940년 이른바 대동아공영권을 주장했고, 1942년에는 대남양 공영권을 주장하고, 태평양전쟁을 일으켰다. 도서국가인 일본에게 해양 석유 수송로는 생명선 그 자체였다. 말라카 해협방위론의 실천, 일본의 군사대국화 등과 핵무장을 주장해 왔으며, 아베 신조는 헌법 9조인 평화헌법을 포기 또는 개정했다. 드디어 2015년 4월 27일에는 '미일방위 가이드라인'이 18년 만에 개정되어 해군력을 증강하는 중이다.[6]

# 3. 신문명의 필요성과 비문명론 해륙문명론의 제기

### 1) 비문명론의 제기와 이해

세계에는 또 다른 위기가 닥치고 있다. 21세기에 들어와 문명 자체가 전환하면서 문화력(culture power)을 국가발전 전략으로서 최대한 활용하고 있다. 20세기 제국주의 개념으로는 파악할 수 없는 다른 형태의 문명 대결과 충돌이 일어나고 있다. 게다가 기계론적 세계관, 진화론, 적자생존 논리 등의 잔재와 인식의 찌꺼기, 공동체 시스템의 붕괴, 인간성 상실과 생태계의 파괴 등 서구 문명은 극복하기 힘든 한계를 노정하고 있다. 문화력이 정치 및 군사는 물론 경제질서의 방향과 위치에도 강한 영향력을 행사하고, 민족 간, 종족 간 그리고 문명 간의 충돌로 비화되고 있다.[7]

그 세계질서 가운데에 동아시아는 외부 세력이 가하는 압박과 자체 내부에서 발생하는 크고 작은 문제들로 인하여 이중 삼중의 고통을 겪고 있다. 특히 한국인은 문명사적(패러다임의 변화), 지구사적(생태계), 세계사적(globalization) 동아시아적인(동아시아 공동체 및 중화 패권주의) 변동과 재생의 와중에서 혼란(disorder)은 아니지만 혼돈(chaos)의 판(field)에서 우왕좌왕하고 있다. 또 남북

분단으로 받은 상처가 채 아물지 못해 고통에 허우적거리고 있다. 더욱이 안으로는 인간성을 잃어가고, 도덕적으로 황폐화되며, 사회질서는 뿌리째 흔들리는 등 혼란이 심해지고 있다. 이러한 생명의 상실 시대에 개체와 집단은 최소한의 생명을 유지하기 위해 일차적으로 자기 위치를 설정하고, 진행 방향을 찾아야 한다. 나아가 해결방법을 모색하면서 적합한 대응방법론을 만들며, 그것을 효과적으로 실천해야 한다. 따라서 이 시대에는 '신문명'이 필요하다는 주장들이 나온다.

문화의 정의는 다양하고 분류도 수없이 많지만[8], 보편적으로 인간이 만든 산물이며, 사람과 다른 생명체를 구분 짓는 가장 분명하고 포괄적인 개념이다. 그런데 'civilization'을 번역한 '문명'은 단위의 규모가 클 뿐 아니라 현상면에서도 복합적이다. 또한 개성을 가진 소단위의 문화들이 만나고 교류하면서 혼합되거나 복합성을 띠면서 만들어진 커다란 단위이다. 우선 생물적 요소가 중요하다. 개체가 가진 생물학적 기억, 유전적 기억 등은 '문화적 기억', '사회적 기억' 등과 더불어 전승되면서 보다 복합적인 문화를 형성해 간다. 두번째는 공간이 중요하다. 공간은 지정학(geo-politic)적으로는 영토이며 지경학(geo-economy)적으로는 생산장소이며 시장이고, 지문학(geo-culture)적으로는 소속된 주민들의 생활양식, 제도, 인간과 집단의 가치관, 신앙 등이 생성되고 구현되는 장소이며, 지심학적(geo-mentology)으로는 세계와 사물을 이해하는 관점과 느끼는 정서이다. 그러므로 문화 공간은 자연지리의 개념과 틀을 포함하면서 역사와 문화 또는 문명의 개념으로 접근할 필요가 있다.[9]

그런데 동아시아에는 고대부터 그러한 문명을 지향하고, 이론 단계를 넘어 생활에서 구현해 왔고, 그 잔재가 지금도 남아 있다. 불교, 유교, 도교를 비롯하여 우리의 홍익사상, 풍류사상 등이 그것이다. 주도 문명이 드러낸 한계와 부족분을 메꾸는 데 고대 동아시아의 문명은 효용 가치가 크다. 또한 한민족이 이중 삼중으로 당면한 문제들을 극복하고 해결 대안을 모색하는 방식의 하나로서 동아시아와 한민족의 정체성을 모색하는 일은 필요하고, 거기에 경기만이 있다.

그렇다면 동아시아인들이 인류문명을 재창조하는 데 의미 있는 역할을 하려면 무엇을 해야 할까? 우선 문명이란 무엇인가, 동아시아 문명이란 무엇인가 하는 정체성의 문제가 시급하다.

동아시아를 하나의 보편적인 문명으로 유형화하고, 인류문명에서의 의미 있는 역할과 정당한 가치가 부활하려면 그에 걸맞은 방략과 효율적인 논리가 필요하다. 기계적이고, 과학적이고, 합리적인 문명관을 극복하고, 유기적인 세계관의 발굴과 신문명 및 비문명의 모델을 설정할 필요성이 있다. '문명'이란 단어는 근대 산업사회 이후에 전개된 세계질서화 과정에서 적용되었던 세계관의 산물이다. 정치, 경제적인 승자 중심의 소산물로 보는 것이다. 즉 경쟁과 갈등이 생명계의 체계 및 논리이고, 승자가 되려면 조직력, 무장력, 논리력, 경제력, 기술력[10] 등의 실질적인 요소들을 구비해야 한다는 논리이다. 이 때문에 소위 '4대 문명(Cradle of civilization)'이 문명의 전범(charter)처럼 알려졌다. 반면에 문명은 조화와 협력, 상대 존재와의 평화로운 교류를 통해야 진정한 승자가 될 수 있다고 주장하는 부류들이 있었다. 공존, 상생, 상호부조론을 주장하는 일부 생물학자들과 표트르 알렉세예비치 크로포트킨[11], 와쓰지 데쓰로 같은 무정부주의자들과 생태론자들, 프레이저, 레비스트로스 등 소수의 인류학자와 멀치아 엘리아데[12], 에반스 프리처드 등 종교학자들, 또 재레드 다이아몬드[13] 등의 지리학자, 앨프리드 W. 크로스비 등 환경사학자들이 있다.[14]

우주 내에 존재하는 모든 존재물(사건, 자연현상, 생물, 무생물 등)은 이미 그 자체가 완전함을 뜻한다. 그런데 인간은 자기존재에 대한 불완전한 자각, 개체로서의 불완전성에 대한 인식, 인간이 관계를 맺는 외적인 상황의 간단 없는 변화 등으로 인하여 자신을 완전치 못한 존재로 인식한다.[15] 이 때문에 존재와 인식 사이에 발생하는 불일치를 일치로 전환하고, 불완전함을 완전함으로 바꾸고, 완성됨을 지향하는 복잡하고 다양한 운동 속에서 역사와 문명이 발생하였다. 그런데 운동에는 두 개의 상대적인 힘이 존재하며, 존재물은 그 두 힘의 작용으로 비로소 성립된다. 이 두 힘을 놓고 수많은 철인, 학자, 종교인들이 질(質), 성격, 기능 등에 대해서 다른 규정을 내렸다. 구체적이고 복잡한 분석에서부터 지극히 추상적이고 간결한 기호에 이르기까지 아주 다양한 형태로 묘사되었다.[16]

동아시아 문명에서는 음(陰)과 양(陽)으로 상징되는 상반된 두 힘의 주체가 항상 동일한 위치에서 동일한 역할을 하는 것으로 보지는 않는다. 때때로 동일한 위치에 있더라도 그 관계는 변화될 수 있고, 보완적이라는 인식이 있다. 이 때문에 역사발전에서 과정과 단계를 중시하면서 중간단계와 예비상황을 설정한다. 이는 결과물 또한 양보다는 질을 중시하며, 갈등보다는 부분적 양보와 부조를 전제로 상호조화를 이루어 가는 논리이다. 이 논리는 갈등을 무화(無化)시키고 대립을 지양(止揚)하며 합일(合一)을 추구하는 이론체계로서 필자가 추구해 온 비문명의 논리와 상당한 부분 일치한다.[17]

필자도 한민족의 고대문화와 유라시아 문명은 고전적인 기존의 문명 개념에서는 멀어져 있으나 고유성과 의미 있는 가치를 지닌 문명이라고 판단했고, 근래에 발표한 연구물들에서 의견을 밝혔다. 신문명의 대안으로 '비문명(non-civilization)'이라는 용어를 부여하고 그 실체를 찾는 작업을 이론적으로, 실질적으로 추진하고 있다. 비문명이란 현대문명을 적극적으로 비판하거나 부정하는 '반문명(anti-civilization)'이 아니라 긍정(肯)도 아니고 부정(否)도 아닌, 양쪽을 다 비판하면서도 수렴하는 '非'라는 용어를 사용한 것이다.[18]

### 2) 해륙문명론 동아지중해모델의 제기와 내용

현재 동아시아 지역은 문명의 문제뿐만 아니라 실제로 역사갈등, 문화갈등,

정치갈등 등이 발생하며, 영토분쟁은 더 심각해지는 중이다.[19] 특히 중국은 '신중화제국주의'라고 평가받을 만큼 동아시아 갈등의 진원지 역할을 하고 있다.[20] 동아시아 국가들은 자국의 발전은 물론이고, 미국과 중국을 비롯한 강대국의 압력을 방어하기 위해서 협력과 공존, 평화의 지역을 만들어야 한다. 그러기 위해서는 정치, 경제 등의 기본체제는 물론이고 문명에 대한 인식의 틀이 변화해야 한다. 이러한 문제점들을 인식하면서 필자는 인간, 역사상, 동아시아 문명의 해석과 갈등 해소의 대안 등을 이해할 목적으로 몇 가지 이론들과 용어를 만들었다. 그 가운데 하나가 '해륙사관'[21]과 새로운 문명의 모델인 '해륙문명론', '동아지중해 모델'이다.

해륙문명은 해양과 육지가 유기적인 체계로 구성된 공간에서 생성되었고 발전한 문명으로서 이 해륙문명이 형성되는 데 몇 가지 조건이 있다. 첫째, 자연환경은 해륙적 연관성이 깊어야 한다.[22] 대륙과 반도, 해양이 만나면서 모든 지역들과 연결되는 공간이어야 한다. 둘째, 문화적으로 해륙적 성격을 띠어야 한다. 동아시아는 지리·문화적으로 넓은 편은 아니지만 다양한 자연환경과 문화가 뒤섞이는 해륙의 '혼합문명(混合文明) 지대'이다. 셋째, 외부 문명과 인류(human-stream), 물류(goods-stream), 문류(culture-stream)가 연결되는 해륙교통망[23]이 구축되어야 한다. 생활에 필요한 물품들은 해륙을 막론하고 필요의 원칙에 따라 정치력과는 무관하게 무역을 할 수밖에 없었기 때문이다. 넷째, 수도는 해륙도시(海陸都市)의 성격을 가지며, 주요 도시들 또한 수도 및 국토 전체와 유기적인 해륙적 체계를 가져야 한다.[24] 다섯째, 해양문화의 위상과 해양활동의 수준이 발달해야 한다. 예술 신앙 등 문화 또한 육지와 해양을 동시에 연계시키고 공유하는 형태여야 한다. 여섯째, 국가나 제국은 이러한 성격을 구현하고 집행하는 해륙정책을 추진해 국가와 문명의 발전에 적극적으로 활용해야 한다. 여기에 동아시아를 상생체, 신문명의 발원지로 만드는 '동아지중해(East Asian-mediterranean-sea)' 모델이 있다.

동아지중해 모델을 적용해서 역사를 해석하면 다음과 같은 장점이 있다. 첫째, 전체가 살아 있는 터(field)가 되어 평등하게 역할을 분담하고 수평적으로 네트워크화한 관계로 파악한다. 따라서 모든 나라들은 해양질서와 육지질서를 공유하고, 어떤 지역이든 연결된 하나의 권(field)으로 보고, 실질적으로도 연결되어 있다. 둘째, 구성국가들은 공질성(共質性)을 구체적으로 확인할 수 있다. 동아시아 3국은 서로를 이해하고 공감하는 일이 필수적인데, 가까운 '운명공동체'라는 사실을 확실히 자각할 수 있다. 사실 이 지역은 수천 년 동안 지정학적(Geo-politics)으로 협력과 경쟁, 갈등과 정복 등의 상호작용을 통해 공동의 역사활동권을 이루어 왔다. 지경학적(geo-economic)으로는 경제교류나 교역 등을 하면서 상호필요한 존재였다. 생태환경의 차이가 커서 생산물의 종류가 달랐으므로 전략적 제휴관계를 맺어 교통의 어려움을 무릅쓰고라도 무역을 하였다.

지문학적(geo-cultural)으로도 국가들은 유교, 불교 등 종교현상뿐만 아니라 정치제도, 문자, 생활습관 등 유사한 문화가 많았고, 종족과 언어의 유사성도 적지 않았다. 특히 황해(서해)는 일종의 내해(內海)였으므로 주민들 간의 이동이 순조로웠다. 이러한 문화의 발전과정과 내용의 유사성 때문에 하나의 문화공동체로 보기도 한다. 넷째, 이 지역이 현실성을 가진 공동의 활동 범위였음을 자각하고, 미래에는 더욱 절실한 운명공동체라는 의식을 가질 수 있다. 물론 역사의 잿빛 앙금이 두껍게 깔려 있으나 역사적 환경이 달라졌고, 활동단위가 지역이나 국가를 넘어 대륙 단위, 지구 전체로 확대되었다. 따라서 지역시대, 국가 시대에 겪었던 사실들은 철저히 반성하고, 감정을 풀어내면서 공질성을 확장해야 한다. 또한 추구하는 이익의 종류와 경제 행위가 달라졌다. 영토의 크기가 상대적으로 중요하지 않게 되었으며, 여러 나라가 국경의 제약을 넘어 하나의 경제권 혹은 무역권을 중시하는 자연스러운 경제적 영토(NET, Natural-Economic-Territories) 개념이 중요해졌다.

다섯째, 동아시아의 현실적인 상황과 조건을 이해하는 데 효율적인 도구이다. 국지 경제권들에서 보듯이 동아시아는 해양을 통해서 전체가 연결되며 교섭과 교역이 가능하기 때문이다. 바다가 개방되어 각국의 해안도시와 항구도시들 간 물류체계도 원활해지고 있다. 따라서 동아시아가 협력체 내지 상생체를 구성한다면 그동안의 역사적인 경험이나 지정학적 조건, 지경학적 조건, 지문화적 조건, 그리고 현실적인 필요로 보아 그 결속의 공통분모로서는 해양을 매개로 한 동아지중해적 형태가 유효성이 높다.[25]

그러면 이러한 해륙문명과 동아지중해의 질서와 성격 속에서 한민족의 위치는 어떠하며, 어떠한 역할을 해야 할까? 향후 경제·정치·군사력에서 우리의 힘이 주변 강국에 비해 열세를 면할 가능성은 별로 없지만, 중요한 강점이 있다. 한반도는 지리적으로 동해, 남해, 황해, 동중국해로 이어진 동아지중해의 '중핵(core)' 또는 '중심축(pivot)'에 위치하고 있다. 남북이 긍정적으로 통일될 경우, 한반도는 대륙과 해양을 공히 활용하며, 동해, 남해, 황해, 동중국해 전체를 연결할 수 있는 유일한 나라이다. 특히 모든 지역과 국가를 전체적으로 연결하는 해양 네트워크는 우리만이 가지고 있다. 우리 바다를 통해서만이 동아시아의 모든 국가들이 본격적으로 교류할 수가 있다.

한국이 중요한 해로를 장악하고 이를 지렛대로 삼아 해양조정력을 가질 경우에는 각국 간에 벌어지는 해양 충돌 및 정치적인 갈등도 해결할 수 있다. 3국 가운데 어느 한 국가의 힘이 유달리 강하거나, 한국이 두 강대국 간의 중간 역할을 제대로 수행하지 못할 경우에는 동아시아 공동체의 구성은 불투명하다. 따라서 한국의 중심축 역할은 동아시아의 단결과 상생에 중요하다. 또한 효율적으로 인프라를 건설하고 활용하여 뒷받침이 마련된다면 동아시아에서 하나뿐인 물류체계의 핵심 교차로가 될 수 있다. 나아가 동아시아의 경제 구조나 교역 형태를 조정하는 가교 역할까지 할 수 있다.

동아지중해 모델처럼 국가정책에서 해양의 비중을 높이고, 중핵 연결지의 역할을 충실히 할 경우에 동아시아에서 정치적·군사적으로 비중이 상승함은 물론이고 경제적 이익도 얻을 수 있다. 필자가 제언한 이러한 이론과 모델들은 과거 동아시아의 역사상을 규명하고 이해하는 데 유용한 도구일 뿐 아니라 향후 동아시아 세계가 당면한 동아시아의 공존과 평화, 그리고 인류가 지향해야 할 신문명의 모델로서도 효용성과 가치가 있다.

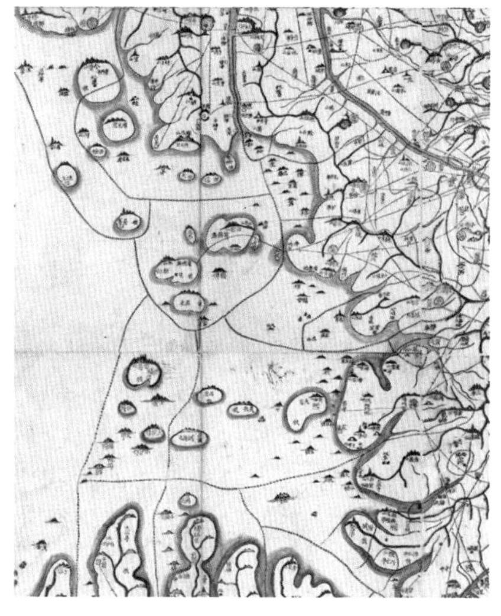

그림 1-1. 『대동여지도』 경기만

또한 세계사적, 동아시아적으로 한민족 역할론을 찾아내고 적용할 수 있다. 그런데 한민족 역할론과 동아지중해의 중핵 역할에 경기만의 위상과 역할이 있다.

# 4. 경기만의 자연환경과 역사적 환경

## 1) 경기만의 자연환경

경기만은 해안선이 급격하게 변화하였다. 지질학적인 변화뿐만 아니라 고려 시대 이후에 간척 등으로 인하여 인공적인 변화가 가해졌고, 근래에 들어서는 완벽하게 변화되었다. 경기만은 지리적으로 북으로는 황해도의 장산곶에서부터 해주만, 강화만, 인천만, 안산만, 남양만, 평택만까지 이르는 넓은 해역을 가리킨다. 『경기도지』(1955)에 따르면 해안선 총연장은 1,415.6km이다.

그 크기는 약 4,000km²에 달한다. 해안선은 대부분 갯벌과 연이어 있고 갯벌 주변부도 경사가 완만하여 수심이 얕다. 201개의 유·무인도가 존재한다.

동아지중해에는 중요한 간선도로들이 있다. 그중에서도 가장 크고 물동량이 많은 길은 1. 황해길, 2. 남해길, 3. 동해길, 4. 동남아시아길로 구분할 수 있다. 물론 그 사이사이를 연결하는 지선에 해당하는 해로도 있다.[26] 경기만은 상황에 따라서 약간의 편차는 생겼지만, 정치·군사·경제적으로 가장 중요했으며, 선사시대부터 동아지중해 교통망의 3~4개 중핵 가운데 하나였다. 경기만은 황해도와 충청도 사이에 있는 한반도 최대의 만으로서 동아지중해에서 일본열도를 출발하여 압록강 하구와 요동반도를 경유하여 산동까지 이어지는 남북 연근해항로의 중간 기점이고, 동시에 한반도와 산동반도를 잇는 동서횡단항로와 마주치는 해양교통의 결절점이다. 정치, 외교, 무역, 군사작전을 막론하고 해양교통의 길목이었다. 한반도 북부를 통해서 내려오는 길과 중국의 강남지역에서 들어오는 길, 제주도에서 올라오는 길, 한반도의 남부 동안에서 오는 길, 그리고 일본열도에서 오는 길 등, 모든 물길이 상호교차하면서 반드시 거치는 곳이 바로 경기만이다. 때문에 한반도에서 가장 훌륭한 해륙교통의 요지이고, 동아지중해의 중핵(core)에 있다. 한반도 내에서도 경기만은 지정학적 지경학적 지문화적 입장에서 보아 필연적으로 분열된 각 국가 간의 질서와 힘이 충돌하는 현장이었다. 경기만에는 대외항로의 기점이자 동시에 경유지로서 자격을 갖춘 곳이 여러 군데 있었다. 첫째 인천만 지역[27], 둘째 강화도와 주변 지역, 셋째 남양만 일대이다.[28]

또 하나 경기만의 가운데 있으면서, 실질적으로 연관성이 큰 것이 한강이다. 역사에서 강이 가진 의미는 매우 크다.[29] 큰 강의 하구를 장악하면 그와 연결된 해상권을 장악하는 데 유리하다. 부챗살처럼 펼쳐진 하계망과 내륙수로를 통해서 전체에 대한 영향력을 행사할 수 있다. 이 때문에 큰 강의 하구에는 정치세력이 형성되었다.[30] 경기만의 실상과 역할, 특히 정치·경제적인 측면에

그림 1-2. 황해 연근해항로

그림 1-3. 황해 중부 횡단항로

서 이해하고자 할 때는 한강과의 연관성이 핵심이다.

사서에서 한강은 대수(帶水), 한수(漢水), 아리수(阿利水, 광개토태릉비) 등으로 불렸는데, 그 의미는 모두 큰 강이라는 뜻이다. 한강은 길이가 514km이고, 유역면적이 압록강 다음으로 넓다. 남한강과 북한강이 양수리에서 합쳐진 후에 내려오다가 파주를 지나 온 임진강과 교하에서 합류한다. 다시 내려가다가 강화도 북부에서 개성지역을 지나 온 예성강과 만나 최종적으로 황해로 들어간다.

이러한 지리적 위치와 지형으로 보아 한강은 한반도 중부의 전체 지방을 하나로 이어 주는 연결고리였다. 한강 하류와 경기만으로 모여들면서 직접·간접으로 이어진 그물같은 하계망을 활용하면 한반도 중부 지역 전체에 강한 영향력을 행사하고, 하나의 공동체로 만들 수 있다. 즉 경기만은 한반도의 중부 전체를 수륙(水陸) 네트워크로 연결시킨 한강 하류와 서해(황해)를 연결시키는 해륙교통의 접점이었다. 이러한 환경으로 인하여 민족 내부에서 현실적으로 영향력이 강하였다.

### 2) 경기만의 역사적 환경

경기도와 경기만 일대에는 구석기 시대부터 사람이 살았다. 수원의 파장동과 안산(과거의 수원)의 대야미동에서 곧은날 긁개와 주먹도끼 등이 발견되었다. 옹진군 덕적면 소야리(덕적도)에서 신석기 시대 빗살무늬 토기편들이 백제 토기편들과 함께 발견되었다. 전곡리 유적 등 구석기 유적이 발견되었고, 고양에는 중기 구석기 유적이 있다. 김포·고양·일산 등지에서 벼농사의 유적이 발견되었다.[31] 일산 대화동 제1지역 발굴에서 발견된 10점의 볍씨는 약 5000년 전의 유물이다. 강화의 우도(牛島)에서는 장두형(長頭形)의 볍씨가 발견되었다. 황해 중부를 횡단했거나 동중국해에서 먼 거리를 사단으로 항해해서 도착한 것을 말한다.[32]

기원을 전후한 시대에는 중국과 일본을 연결하는 항로의 역할을 하였으며, 백제 등 정치세력이 태동하고 교역 등 지역 간의 교섭이 활발하게 이루어졌다. 고대국가들이 패권을 장악할 때 가장 우선순위에 해당하는 지역이 지정학적, 지경학적 가치가 가장 큰 경기만 일대였다.[33]

삼국시대에 이르러 고구려·백제·신라 간의 본격적인 갈등이 벌어지는 무대가 되었다. 고구려는 4세기에 들어서면서 남진정책을 본격적으로 추진하였고 경기만을 빼앗고자 하였다. 경제적 토대를 마련하고, 정치적인 통일을 실천하고, 대외교섭의 주도권을 확보하고자 한 것이다. 광개토태왕[34]은 초기부터 대백제전을 펼칠 때 수군을 활용했으며, 전투의 장소는 한강 하구와 경기만 일대였다. 또 장수왕은 427년에 수도를 평양으로 천도하고 해양활동과 경기만 공략에 적극적이었다. 이어 475년에는 한성을 전면적으로 공격하여 점령하였다. 이렇게 해서 경기만은 60여 년 동안 고구려의 영토였다. 그러나 553년 제2차 나제동맹이 깨지면서 다시 신라의 소유로 바뀌었다.

백제는 초기부터 해양활동과 깊은 관련이 있었다. 비류와 온조의 정착과정

그림 1-4. 기원전·후 동아지중해 항로

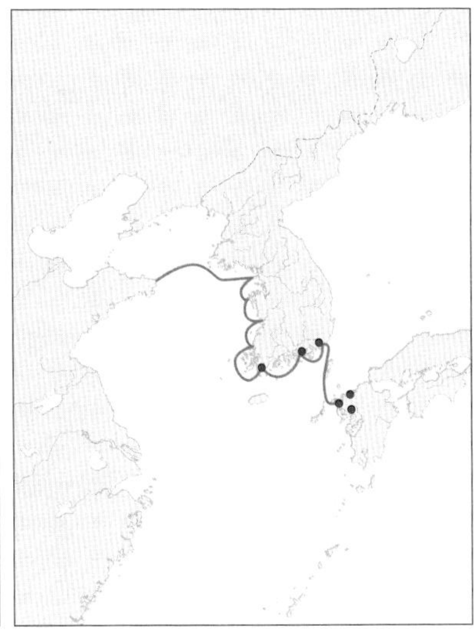

그림 1-5. 『삼국지』「왜인전」의 기록을 토대로 만든 항로도

도 해양과 관련이 깊다. 또한 전기 수도였던 하남 위례성(풍납토성으로 추정) 등은 일종의 하항(河港)도시였다. 경기만으로 흘러드는 한강, 임진강, 예성강 등의 하계망을 장악하면서 이른바 경기지방을 배후지로 삼고 바다로 진출하였다. 이러한 지정학적 조건으로 인하여 출발부터 해양활동이 활발했으며, 필연적으로 황해 중부의 해상권을 장악하였다.[35] 4세기 초에는 북으로 고구려를 쳐서 오늘날의 황해도 해안지방까지 장악하였다. 이는 육지의 영토를 확대하려는 목적 외에도 황해 중부 이북의 해상권을 장악하고 대중교통로의 확대 및 교역상의 이점을 확보하려는 목적도 있었다. 예성강 하구 및 황해도 지역에는 전 시대부터 중국와의 교섭을 주도했던 세력들과 그 문화의 토대가 남아 있었다. 백제의 근초고왕과 고구려의 고국원왕이 생존을 건 전쟁을 벌인 데는 이러한 배경이 있었다. 이 전쟁의 승리 이후 백제는 바다를 통하여 중국의 북부 지역과 활발히 교섭하였고, 직접 진출한 흔적이 남아 있기도 하다.

신라는 경기만을 장악하고 소유함으로써 국가발전의 기틀을 삼았다. 내륙을 통합하고 외교활동이 활발해지면서 정치력이 상승하고, 무역과 문화의 교류를 통해서 강국이 되어 갔다. 그리고 결국은 나당동맹을 통하여 백제를 쓰러뜨리고, 고구려마저 멸망시켜 통일을 이루었다.[36] 고구려와 백제가 망하고 남북국 시대가 전개된 이후에도 경기만이 중요했음은 말할 나위도 없다.[37] 통일신라는 삼국의 해양문화를 토대로 삼아 매우 활발했다. 초기에는 당과의 전쟁을 위해서, 또 일본의 침입을 방비하기 위하여 해군력 증강에 힘을 썼다. 그 후 동아지중해의 바다에서 군사적 긴장이 풀리면서 외교·문화·경제적 목적을 위한 해양활동이 활발해졌다.

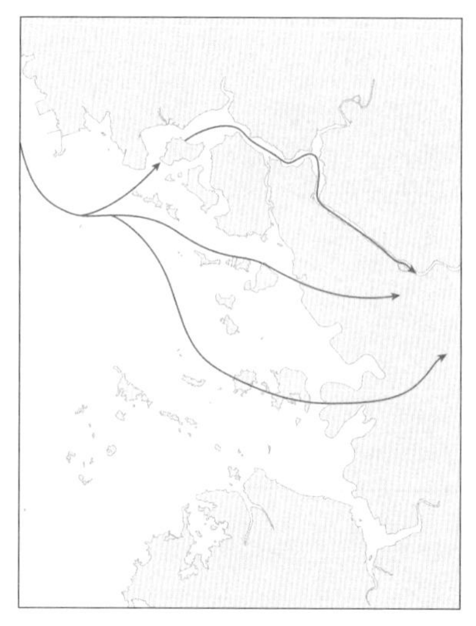
그림 1-6. 광개토태왕 396년도 경기만 작전 개념도

통일신라는 초기에 당나라와 약간의 긴장관계가 있었다. 물론 이러한 현실 속에서도 공식적·비공식적인 교섭은 이루어졌고, 특히 교역은 비교적 활발했다. 전기에는 주로 산동반도의 등주항을 통해서 활발하게 교역하였다. 등주(봉래시)에는 발해관, 신라관이 함께 있었다. 신라는 일본과의 무역을 거의 독점하였기 때문에 당나라나 중앙아시아, 아라비아 등에서 일본으로 들어오는 물품들은 신라를 거쳐야 했다. 신라는 때때로 아라비아·페르시아 등의 이슬람 상인들과 무역을 했다. 몇몇 문헌에는 아랍 상인들의 신라 내왕이나 신라 견문에 관한 기술과 함께 신라로부터 수입한 상품에 관한 글도 실려 있다.[38] 한편 당에서는 이른바 '재당 신라인'들이 상업적으로, 때로는 외교사절의 역할까지 하면서 동아시아의 바다를 장악하였다. 그들은 중국의 대운하 주변과 남방인 절강지방에서 북경을 잇는 대운하의 주변에 정착하여 운하경제를 장악하

는 데 성공하였다.[39] 범신라인을 연결한 청해진을 중심으로 해양왕이 된 사람이 장보고였다.[40]

고려를 세운 왕건은 백선장군이었고, 해군대장이라는 칭호를 받은 해양세력이었다. 후삼국시대에 활약한 인물들은 경기만 세력, 남양만 세력, 당진 세력, 금강 하구, 영산강 하구 및 황·남해안 세력, 섬진강 하구 세력 등 대부분이 해양세력들이었다. 왕건은 예성강 하구와 경기만 일대의 해양세력으로서 수전을 통해서 후백제에 대한 기선을 제압하였다. 고려와 송나라는 거란족의 나라인 요나라를 견제할 목적으로 정치, 외교적인 교섭이 절실했고, 또 문화의 교류와 무역도 필요했다. 그런데 요가 북방에 있었으므로 양국의 무역은 바다를 통해서만 이루어졌다. 이후 약 160여 년 동안 고려는 송나라에 57번의, 송은 고려에 30번의 사신을 보냈다. 평균 2년에 1번꼴로 빈번하게 사신단이 오고 갔다. 물론 고려와 송나라의 교섭은 지리적인 특성으로 보아 해양을 매개로 하지 않으면 불가능했다.

민간상인들도 활발하게 무역을 하였다. 두 나라 간에 상인들이 오고 간 것을 통계해 보면, 1012년부터 1278년까지 266년간 송나라의 상인이 129회에 걸쳐 5000여 명이 왔으며, 서역상인들도 많이 왔다. 후기에 남송이 성립되면서 고려는 중국의 강남지방과 활발한 교섭을 하였다. 13세기에 들어서면 몽골의 침입을 받아 강화도 등에서 바다를 근거지로 항전했다.[41] 경기만은 수도인 개경의 입출처로서 군사·경제적으로 긴요한 역할을 하였다. 황해중부의 동서횡단항로가 사용되고, 일본 유구 등으로 이어지는 연근해 항로, 현재의 강소성 지역과 이어지는 황해남부 사단항로, 멀리 현재의 절강성 지역인 영파 등과 이어지는 동중국해 사단항로는 모두 이 경기만을 이용하였다.

그런데 13세기부터 왜구들이 침공해서 1351년에는 130척이 자연도(영종도), 삼목도(인천공항 내), 남양반도(화성시) 일대까지 공격했다. 1352년에는 교동도까지 공격하고, 예성강을 거슬러 올라왔다. 이 때문에 개경을 버리고 천도하

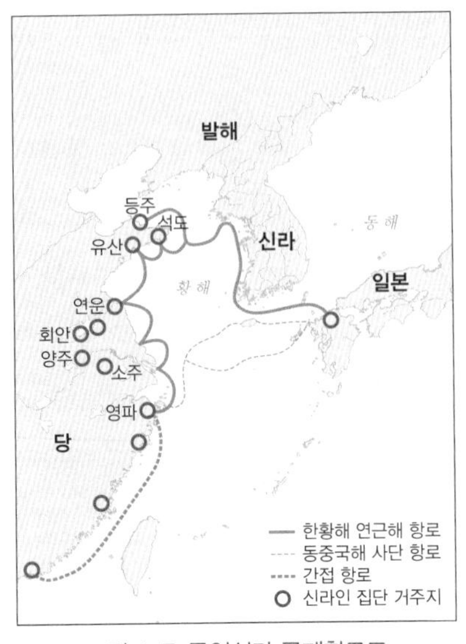

그림 1-7. 통일신라 국제항로도

그림 1-8. 고려 시대 국제항로도

자는 주장까지 나왔다.

조선은 건국하고 한양으로 천도하면서 한강과 경기만은 경제적인 측면에서도 매우 중요하였다. 국가 살림에 결정적인 재원인 전국의 세곡과 포목은 해로와 수로를 통해서 한강으로 모였고, 한강 조운로는 260리에 이르는 뱃길이었다.[42] 이 때문에 초기에는 수군을 거느리고 대마도 정벌 등을 추진하는 등 적극적이었다. 또한 조선술에도 관심을 기울여 새로운 형태의 선박을 건조하려는 시도도 있었다. 그러나 결국 해양문화는 천시되고 수군활동도 미미해졌으며 공도(空島)정책을 취하는 등 민간인들의 대외 해양활동을 원천적으로 금하였다. 조선은 바다를 막고, 지중국적 질서만을 채용하여 오로지 중국과의 교섭만을 추진하였다. 그 결과 중국의 주변부로 전락하였다. 그 후 근대에 접어들면서 본격적으로 해양의 중요성과 역할이 거론되었으며, 해양력은 동아의 역학관계를 결정하는 데 상당한 역할을 하였다. 제너널셔먼호 사건, 병인양요, 신미양요 등을 겪으면서 해양과 경기만의 중요성을 깨달았다. 운양호 사건으로 불리는 강제적인 개항, 청일전쟁, 러일전쟁, 일본의 식민지화는 경기만과 깊은 관련이 있다.

현재도 경기만은 지정학적·지경학적·지문화적 입장에서 보아 필연적으로 분열된 각국 간의 질서와 힘이 충돌하는 현장이다. 북한과의 교류는 물론 중국의 여러 지역 특히 산동 이북의 지역들과 교역하고자 할 때 그 중요한 위치는 당연히 경기만 지역이다. 즉 물류교통의 핵심 교차로이다. 물류가 집산하고 거쳐 가는 실질적인 중핵 역할을 하고 있다.

경기만과 한강하구를 둘러싼 정치·경제·군사 환경 등이 빠른 속도로 변하고 있다. 개성공단은 물론 해주 등과 이어지는 경기만 해안벨트가 형성된다면 한강하구는 물류의 통로가 될 것이다. 동아지중해는 원래가 열린 질서, 공존의 질서, 평화구도였다. 냉전 구조와 분단 대결 속에서 경기만은 막힌 바다, 폐쇄된 공간이 되었으나 이제 다시 변화하고 있다.

한국은 2002년 11월에 경기만의 중심인 인천에 송도 신도시를 특구로 삼는 「경제자유구역법」이라는 특구 관련법을 국회에서 통과시켰다. 북한은 2002년 9월 신의주에 경제특구를 건설하겠다고 전격적으로 발표했다. 개성공단은 가동이 중단되었지만, 재개될 것은 분명하다. 이러한 움직임은 경기만과 관련이 깊다. 남북이 각각 인천과 개성을 중핵(core)으로 삼지만 중국 등의 선례로 보아 불원간 그 범위와 지위는 확대될 것이다. 그렇다면 남으로는 평택항 지역, 인천의 해안 지역 강화도 김포반도를 거쳐 북으로는 개성 해주로 이어지는 해안벨트가 형성될 가능성이 높다. 이른바 경기만 해안경제특별구가 설치될 수도 있다. 필자는 2005년 이후 역사를 모델로 삼은 '범경기만 해안특별구론'을 제시했다.[43] 실제로 평택, 화성, 당진 등은 성장하는 중이다. 그런데 개성공단과 관련하여 물류 통로 및 기지 배후 도시로서, 수륙양면을 이용하기에 적합한 곳은 김포이다. 이른바 수륙교통과 해륙교통이 교차되면서 상호호환성을 지닌 중계지역이다. 결국 김포는 한강하구를 개방 개발하고 최대한 활용함으로써 범경기만 경제벨트와 한강하구벨트를 모두 유기적으로 연결시키면서 중추적인 역할을 해야 한다.[44] 또 하나가 역시 한강 및 바다와 연결된 파주 일대이다.

## 5. 맺음말

2021년 현재 한국의 경제력과 국력은 매우 강력해졌고, 국제사회에서 차지하는 실질적인 위상과 역할도 높아졌다. 당연히 한륙도의 중핵인 경기만의 역할과 비중에 따라서 한민족의 발전은 물론 중국, 일본, 미국, 대만, 동남아시아 국가들도 영향을 받을 수 있다. 장구한 역사와 위대한 노정을 지닌 한국이 이 정도의 민족력을 보유했다면 인류의 현재와 미래를 위해서도 뭔가 특별한 일을 해야 한다는 자각을 해야 한다. 정치외교의 중핵, 경제 물류의 허브, 문화의 인터체인지, 사상의 심장으로 목표로 삼아야 한다. 세계질서 또는 유라시아 세계라는 거시적인 틀 속에서 동아지중해의 중핵인 경기만의 위상과 발전전략을 모색하고 정치·경제적인 이익도 고려해야 한다. 따라서 범경기만을 '해륙문명 공동체'로 만드는 시도를 할 필요가 있다.[45]

경기만은 남북의 정치적인 의도나 감성적인 방식으로 접근해서는 60년 이상 반복된 상황을 끝낼 수 없다. 남과 북 모두 진심을 갖고 다양한 방식으로 공동의 노력을 기울여야 한다. 그렇다면 남북한 모두에게 경제적이고 실제적인 이익을 줄 수 있는 공간 또는 기회로 만들어야 한다. 그렇기 위해서는 세계질서 또는 유라시아 세계라는 거시적인 틀 속에서 모색하고 정치·경제적인 이익도 고려해야 한다. 이곳에 평화가 깃들면 동아지중해도 평화로워지고, 이곳이 열려 있으면 동아지중해의 전 지역이 열린다. 일종의 '평화지역(PEACE ZONE)'이다. 따라서 남과 북의 냉전 체제, 세계질서 속의 이데올로기 대립을 약화시키는 '해원(解冤)의 터'로 되살려야 한다. 또한 인류문명과 세계평화를 위한 신문명의 터로 가꾸어야 한다.

21세기에 들어서면서 인류는 미래를 예측하기 힘들게 되었고, 인간 정체성에 근본적인 혼란이 생기고 있다. 또 세계화 속에서 세계경제의 확대가 이루어지고, 문화와 경제의 역할이 증대하는 시대로 변화 중이다. 남북 통일이 불투명한 것은 사실이지만 통일한국은 지정학적으로 신질서의 편성 과정에서 강소국(强小國)으로서 매개자 겸 조정자의 역할을 할 수 있다. 이러한 문명의 대전환(civilization shift), 세계질서의 재편(power shift), 동아시아의 역학관계 변화, 남북 간의 갈등 등을 맞이하는 경기만은 어떠한 위상을 지니고, 어떠한 역할을 담당해야 할까?

필자는 '경기도' 대신에 '경기만'이라는 해륙적 개념을 적용하면서 인류문명 및 유라시아 세계와 직결된 허브로서 정체성과 정치, 경제적인 이익도 고려하면서 경기만의 위상과 가치와 발전전략을 세계질서 또는 유라시아 세계라는 거시적인 틀에서 모색한다. 이어 동아지중해 중핵(core), 동아시아 무역망의 허브(hub), 유라시아 실크로드 해륙 교통망의 나들목(interchange), 신문명의 심장(heart)이라는 3가지 역할론을 주장한다. 그리고 이러한 모든 움직임의 원천으로서 비문명론, 동아지중해모델, 해륙문명론으로 구성된 신문명론을 제안하며, 실행의 실체로서 '해륙문명공동체'를 제안한다.

이곳에 평화가 깃들면 동아지중해도 평화로워지고, 이곳이 열리면 동아지중해의 전 지역이 열리는 일종의 '평화지역(Peace Zone)'이다. 따라서 남과 북의 냉전 체제, 세계질서 속의 이데올로기 대립을 약화하는 해원(解冤)의 터로 되살려야 한다. 인류문명과 세계평화를 위한 신문명의 터로 가꾸어야 한다.

## 주

1. 윤명철, 2016a; 윤명철, 2016b; 윤명철, 2000a.
2. 윤명철, 2021c; 윤명철, 2020b; 윤명철, 2018c; 윤명철, 2015; 윤명철, 2013a.
3. 윤명철, 2016c; 윤명철, 2014a.
4. 윤명철, 2019; 윤명철, 2018b.
5. 윤명철, 2018c.
6. 윤명철, 2019.
7. 새뮤얼 헌팅턴은 『문명의 충돌』(The Clash of Civilizations)에서 탈냉전 세계에서 사람과 사람을 가르는 가장 중요한 기준은 이념이나 정치, 경제가 아니라 바로 문화이며, 가장 중요한 국가군은 7 내지 8개에 이르는 주요 문명이라는 의미 있고 심각한 말을 하였다. 하랄트 뮐러는 저서 『문명의 공존』(Das-Zusammenleben der Kulturen)이라는 역설적인 제목처럼 이에 반대하는 이론을 주장하였다. 또 문명 간 대화를 적극 주장한 이론도 있다(서예드 모함마드 하타미, 이희수 역, 2002). 하지만 21세기를 코앞에 둔 몇 년간 유럽에서 벌어진 피비린내 나는 살육은 헌팅턴의 견해가 어느 정도의 타당성이 있음을 알려 준다.
8. 레이먼드 윌리엄스는 문화라는 단어가 영어에서 가장 까다로운 두세 개의 단어 가운데 하나라고 말했다. 1952년에 A.L. 크로버와 클럭혼이 『문화: 개념과 정의에 대한 비판적인 검토』(Culture: A Critical Review of Concepts and Definitions)에서 175개의 서로 다른 정의를 검토해 보았을 정도로 문화에 대해서는 실로 다양한 견해들이 있다.
9. 윤명철, 2012b; 윤명철, 2010a; 에드워드 홀, 최효선 역, 2000; 그레이엄 클라크, 정기문 역, 1999.
10. 루이스 멈퍼드, 문종만 역, 2013.
11. 표트르 알렉세예비치 크로포트킨, 2005 참고. 그는 무정부주의자이면서, 상호부조론을 주장했다. 알렉시스 카렐, 1998, 『인간, 그 미지의 존재』도 참고할 만하다
12. 멀치아 엘리아데(M. Eliade), 정진홍 역, 1976, 『우주의 역사』, 현대사상사.
13. 재레드 다이아몬드, 강주원 역, 2005; 재레드 다이아몬드, 김진준 역, 2005.
14. 존 펄린, 2006; 앨프리드 W 크로스비, 2002; 로버트 켈리, 2014; 와쓰지 데쓰로우, 1993; 유아사 다케오, 2011; 이시 히로유키 외, 2003. 그 밖에 다른 인물들과 주장에 대해서는 윤명철, 2018d 참고.
15. 不一致의 구체적인 모습과 역사활동에 대해서는 윤명철(1992) '역사활동에서 나타나는 진보의 문제'에서 상세하게 다루었다.
16. 윤명철, 1992.
17. 윤명철, 2008.
18. 윤명철, 2018a; 윤명철, 2017; 윤명철, 2015; 윤명철, 2014b.
19. 류은서·류혜서, 2012a.
20. 갈등의 구체적인 상황 및 배경과 해소 대안에 대해서는 윤명철, 2019; 윤명철, 2014c; 윤명철, 2016c 참고.
21. 윤명철, 2011a 참고. 해륙사관은 자연의 구성요소인 평원, 산, 강, 바다 등이 하나의 체계로 이어지고, 역할과 기능 또한 상호연관성이 깊고, 상보성을 긴밀하게 지닌 유기적인 체제로 이루어졌다고 인식한다.

22. 동아지중해의 자연환경에 대한 구체적인 검토는 윤명철, 1997; 윤명철, 1995 외 기타 논문 참고.
23. 路와 網은 체계와 역할 의미가 다르다. 상세한 내용은 다른 논문에서 언급하였다.
24. 윤명철, 2012c.
25. 윤명철, 2016c; 윤명철, 2000a.
26. 윤명철, 2012f.
27. 윤명철, 2013b.
28. 윤명철, 2012g.
29. 윤명철, 2012h; 윤명철, 2020c.
30. 윤명철, 2010b.
31. 임효재, 1990, 13. 양자강 하구에서 직접 바다를 건너 도달한 것이 아닌가 생각한다고 하였다.
32. 윤명철, 2014d.
33. 윤명철, 2012f.
34. 윤명철, 2012i.
35. 윤명철, 2009.
36. 윤명철, 2012j.
37. 윤명철, 1998.
38. 정수일, 1992; 윤명철, 2011b; 윤명철, 2000b; 윤명철, 2000c.
39. 윤명철, 2006.
40. 윤명철, 2003c; 윤명철, 2001.
41. 윤명철, 2000d.
42. 윤명철, 2010b.
43. 윤명철, 2005.
44. 윤명철, 2017b.
45. 윤명철, 2021b; 윤명철, 2018e; 윤명철, 2018a.

## 참고문헌


고양시사편찬위원회, 2005, 『高陽市史』 1, 2005.

그레이엄 클라크 지음, 정기문 역, 1999, 『공간과 시간의 역사』, 푸른길.

김정학, 1987, 「고고학상으로 본 고조선」, 『한국상고사의 제문제』, 한국정신문화연구원.

니얼 퍼거슨, 구세희·김정희 역, 2011, 『시빌라이제이션』.

대한민국 수로국, 1973, 『근해항로지』.

동북아역사재단, 2007, 『고조선의 역사를 찾아서』, 학연문화사.

로버트 켈리, 성춘택 역, 2014, 『수렵채집사회 고고학과 인류학』, 사회평론아카데미.

루이스 멈퍼드, 문종만 역, 2013,『기술과 문명』, 책세상.
멀치아 엘리아데, 정진홍 역, 1976,『우주의 역사』, 現代思想社.
미즈우치 도시오, 심정보 역, 2010,『공간의 정치지리』, 푸른길.
바트 J. 보크, 정인태 역, 1963,『기본항해학』, 대한교과서주식회사.
박용안 외 25인, 2001,「우리나라 현세 해수면 변동」,『한국의 제4기 환경』, 서울대학교 출판부.
박준형, 2007,「고조선의 대외교역과 의미-춘추 제와의 교역을 중심으로-」, 고조선사연구회.
박태식, 2009,「고대 한반도에서 재배된 벼의 전래 경로에 대한 고찰」,『한국작물학회지』 54(1).
새뮤얼 헌팅톤, 이희재 역, 1997,『문명의 충돌』, 김영사.
서예드 모함마드 하타미, 이희수 역, 2002,『문명의 대화』, 지식여행.
성주탁 역주, 1993,『중국도성발달사』, 학연문화사.
손준호, 2002,「한반도 출토 반월형석도의 변천과 지역성」,『선사와 고대』 17, 한국고대학회.
신시아 브라운, 이근영 역, 2017,『빅 히스토리』, 바다출판사.
알렉시스 카렐, 류지호 역, 1998,『인간, 그 미지의 존재』, 문학사상사.
앨프리드 W. 크로스비, 안효상·정범진 역, 2002,『생태제국주의』, 지식의풍경.
에드워드 홀, 최효선 역, 2000,『숨겨진 차원-공간의 인류학을 위하여』, 한길사.
에반스 프리챠드, 김두진 역, 1976,『원시종교론』, 탐구당. pp.108-112.
H.H. 램, 김종규 역, 2004,『기후와 역사』, 한울아카데미.
엠마누엘 아나티, 이승재 역, 2008,『예술의 기원』, 바다출판사.
와쓰지 데쓰로우, 박건주 역, 1993,『풍토와 인간』, 장승.
유발 하라리, 김명주 역, 2017,『호모 데우스- 미래의 역사』, 김영사.
유발 하라리, 조현욱 역, 2015,『호모 사피엔스』, 김영사.
유소민, 박기수 역, 2005,『기후의 반역』, 성균관대학교 출판부.
유아사 다케오, 임채성 역, 2011,『문명 속의 물』, 푸른길.
윤명철, 1992,『역사는 진보하는가?』, 온누리.
윤명철, 1995,「해양조건을 통해서 본 고대 한일관계사의 이해」,『일본학』 14, 동국대 일본학연구소.
윤명철, 1996,『동아지중해와 고대일본』, 청노루.
윤명철, 1997a,「동아지중해모델과 21세기 동아시아의 국제관계」,『한국정치외교사학회』,

하계세미나.
윤명철, 1997b, 「황해의 地中海的 성격 연구」, 조영록 편, 『한중문화교류와 남방해로』, 국학자료원.
윤명철, 1998, 「발해의 해양활동과 동아시아의 질서재편」, 『고구려연구』 6, 학연문화사.
윤명철, 2000a, 「동아지중해모델과 21세기 동아시아의 국제관계」, 『한국정치외교사학회』, 하계세미나.
윤명철, 2000b, 「신라 하대의 해양활동 연구」, 『국사관논총』 91, 국사편찬위원회.
윤명철, 2000c, 「범신라인들의 해상교류와 중국강남지역의 신라문화」, 『8~9세기 아시아에 있어서의 신라의 허상』, 한국사학회.
윤명철, 2001, 「장보고 시대의 무역활동과 미래모델의 가치–동아지중해론을 중심으로」, 『2001 해상왕 장보고 국제학술회의집』, 장보고기념사업회.
윤명철, 2002a, 『장보고 시대의 해양활동과 동아지중해』, 학연문화사.
윤명철, 2002b, 『한민족의 해양활동과 동아지중해』, 학연문화사.
윤명철, 2003a, 『고구려 해양사 연구』, 사계절.
윤명철, 2003b, 『한국 해양사』, 학연문화사.
윤명철, 2003c, 「장보고를 통해서 본 경제특구의 역사적 교훈과 가능성」, 남덕우 편, 『경제특구』, 삼성경제연구소.
윤명철, 2004, 『역사전쟁』, 안그라픽스.
윤명철, 2005, 『광개토태왕과 한고려의 꿈』, 삼성경제연구소.
윤명철, 2006, 『장수왕 장보고, 그들에게 길을 묻다』, 포럼.
윤명철, 2008, 『단군신화, 또 다른 해석』, 백산자료원.
윤명철, 2009, 「백제 수도 한성의 해양적 연관성 검토1」, 『위례문화』 11·12합본호, 하남문화원.
윤명철, 2010a, 「역사해석의 한 관점 이해–공간의 문제」, 『한민족학회 18차 학술회의』, 한민족학회.
윤명철, 2010b, 「서울지역의 강해도시적 성격검토」, 『2010 동아시아 고대학회 학술발표대회』, 동아시아 고대학회.
윤명철, 2011a, 「반도사관의 극복과 해륙사관의 제언」, 『고조선 단군학』 25, 고조선 단군학회.
윤명철, 2011b, 「8세기 동아시아의 국제질서와 해양력의 상관성」, 『8세기 동아시아의 역사상』, 동북아역사재단.
윤명철, 2012a, 『해양방어체제와 강변방어체제』, 학연문화사.

윤명철, 2012b, 『해양사연구방법론』, 학연문화사.
윤명철, 2012c, 『해양역사상과 항구도시들』, 학연문화사.
윤명철, 2012d, 『해양역사와 미래의 만남』, 학연문화사.
윤명철, 2012e, 『해양활동과 국제질서의 이해』, 학연문화사.
윤명철, 2012f, 『해양활동과 국제항로의 이해』, 학연문화사.
윤명철, 2012g, 「남양(화성)지역의 해항도시적 성격과 국제항로」, 『황해의 문화교류와 당성』, 한양대학교 문화재연구소.
윤명철, 2012h, 「한민족 역사공간의 이해와 江海都市論 모델」, 동아시아고대학회 편, 『강과 동아시아 문명』, 경인문화사.
윤명철, 2012i, 「광개토태왕 시대의 동아시아 국제관계 2」, 『광개토왕비의 재조명』, 동북아역사재단.
윤명철, 2012j, 「신라도시의 항구도시적 성격과 국가정책」, 『동아시아 고대도시와 문화』, 동아시아 고대학회.
윤명철, 2013a, 「동아지중해 모델과 해륙문명론 제언」, 절강과 한국 인문교류 중한학술포럼.
윤명철, 2013b, 「인천의 해항도시(海港都市)적 성격과 해양역사상-고대를 중심으로」, 『인천학연구』.
윤명철, 2014a, 「'동아지중해 공동체' 구성을 위한 해양의 활동」, 제5회 중국한국학 국제연토회.
윤명철, 2014b, 「유라시아 실크로드의 역사와 현재, 그리고 미래」 『유라시아 문명과 실크로드』, 동국대학교 유라시아 실크로드 연구소.
윤명철, 2014c, 『역사전쟁』, 안그라픽스.
윤명철, 2014d, 「고양 지역의 강해 지역적 성격 검토와 역사상」, 『고조선단군학회 제62회 학술발표회』.
윤명철, 2015, 「유라시아 실크로드 문명의 또 다른 해석과 신문명론의 제안」, Silk-Road International Academic Conference.
윤명철, 2016a, 「동아시아 상생과 동아지중해 모델」, 중국절강해양대학교, 제5회 중국동해논단.
윤명철, 2016b, 「동아시아의 역사 갈등과 영토분쟁 해소를 위한 공동체 모델」, 『아시아연구』 19(1), 한국아시아학회.
윤명철, 2016c, 「동아지중해 모델과 해륙문명론의 제언」, 『해양정책』 1.
윤명철, 2017, 「유라시아 세계의 갈등과 번영」, 유라시아 실크로드 국제학술대회, 동국대학교 유라시아 실크로드 연구소.
윤명철, 2018a, 「고조선 문명권과 해륙활동」, 한국문명학회 개천절 기념학술회의.
윤명철, 2018b, 「신중화제국주의의 역사적 역사해석과 중국왕조의 계통성 고찰」, 『고조선 단군학』 39.
윤명철, 2018c, 「평화공동체 실현을 위한 사상과 문명의 검토」, 동아시아 고대학회 제69회 정기학술대회.
윤명철, 2018d, 「해양력이 국가의 생존과 번영에 미치는 역사적 사례와 교훈」, 한국해양전략연구소.
윤명철, 2019, 「동아시아의 영토분쟁과 역사갈등 연구」, 수동예림.
윤명철, 2020a, 「동아시아 풍류와 'Eurasia Flow'」, 동아시아 고대학회.
윤명철, 2020b, 「동아지중해·유라시아 실크로드와 경기만의 역할」, 경기학회.
윤명철, 2020c, 「선사시대 만주 공간의 '江'과 '漁業經濟'의 검토」, 『해양정책』 3, 한국해양정책학회.
윤명철, 2020d, 「동아지중해 해륙 유라시아 실크로드와 경기 평택항 역할」, 경기만포럼.
윤명철, 2021a, 「경기만의 성격과 가치의 재발견–메가리전과 동아지중해 모델」.
윤명철, 2021b, 「유라시아 문명의 관문, 경주의 이해–고도 경주를 바라보는 몇 가지 새 관점들」.
윤명철, 2021c, 「한민족 문화의 '원(原)자아'와 문명모델 탐구」, 한국문명학회.
이시 히로유키·야스다 요시노리·유아사 다케오, 이하준 역, 2003, 『환경은 세계사를 어떻게 바꾸었는가』, 경당.
이언 모리스, 이재경 역, 2015, 『가치관의 탄생』, 반니.
이창기, 1974, 「한국서해에 있어서의 해류병 시험조사(1962~1966)」, 『수진연구보고』 1.
이춘식, 1998, 『중화사상』, 교보문고.
자크 아탈리, 이효숙 역, 2005, 『호모 노마드 유목하는 인간』, 웅진닷컴.
재레드 다이아몬드, 강주원 역, 2005, 『문명의 붕괴』, 김영사.
재레드 다이아몬드, 김진준 역, 2005, 『총 균 쇠』, 문학사상.
존 펄린, 송명규 역, 2006, 『숲의 서사시』, 따님.
최몽룡·이선복·안승모·박순발, 1993, 『한강유역사』, 민음사.
최재석, 1991, 「통일신라와 일본과의 관계」, 『정신문화연구』 43, 한국정신문화연구원.
충청남도역사문화연구원, 2007, 『백제의 기원과 건국』, 충청남도역사문화연구원.
표트르 A. 크로포트킨, 김훈 역, 2015, 『만물은 서로 돕는다』, 여름언덕.
프란시스 후꾸야마, 이상훈 역, 1992, 『역사의 종말』, 한마음사.

프리초프 카푸라, 김용정·김동광 역, 1998,『생명의 그물』, 범양사.
하랄트 뮐러, 이영희 역, 2000,『문명의 공존』, 푸른숲.
하문식, 1999,『古朝鮮 地域의 고인돌 연구』, 백산자료원.
해수부, 2002,『한국의 해양문화』, 동남해역(上), 해양수산부.
江上波夫,「古代日本の對外關係」,『古代日本の國際化』, 朝日新聞社國際 심포지움, 1990.
江阪輝彌, 1986,「朝鮮半島 南部と西九州地方の先史·原史時代における交易と文化交流」,『松阪大學紀要』, 第4號.
郭大順, 2001,『龍出遼河源』, 天津: 百花文藝出版社.
國分直一, 1981,「古代東海の海上交通と船」,『東アジアの古代文化』, 29號 大和書房.
內藤雋輔, 1962,『朝鮮史研究』, 東洋史研究會.
內田吟風,「古代アジア海上交通考」,『江上波夫教授古稀記念論集』民族·文化篇, 山川出版社, 1977.
茂在寅南, 1981,『古代日本の航海術』, 小學館.
汶江, 1989,『古代中國與亞非地區的海上交通』, 四川: 四川省 社會科學院 出版社.
城田吉之, 1977,『對馬·赤米の村』, 葦書房.
小嶋芳孝, 1990,「高句麗·渤海との交涉」, 網野善彦ほか編『海と列島文化』1(小學館).
市田惠司 高山久明,「古代人の航海術對馬海峽渡海시뮤레이션」,『考古學저널』12, 通卷 212 號, 뉴사이언스사 1982.
李永采, 1990,『海洋開拓 爭霸簡史』, 海洋出版社.
中國航海學會, 1988,『中國航海史』, 人民交通出版社.
蝦夷穴古墳國際シ ポジウム實行委員會, 1992,『古代能登と東アジア』.
許玉林, 1994,『遼東半島石棚』, 遼寧科學技術出版社.

제2장

# 경기만 평화·생태경제벨트 조성과 해양문화공동체 건설

김갑곤

경기만포럼 사무처장

## 1. 경기만의 현황과 연안 해양 발전과제

경기만은 한반도 서해 중부에 위치한 해역으로 북한의 황해남도 옹진반도와 남한의 충청남도 태안반도와 사이에 있는 반원형의 만이다. 해안선 길이 528km, 너비 약 100km, 만입은 약 60km로 해안선의 굴곡이 심하다. 만과 곶이 많고, 강화도를 비롯하여 영종도, 영흥도, 용호도와 덕적군도 등 크고 작은 유인도와 무인도 200여 개의 섬들이 있다. 만의 배후에는 수도권과 함께 경인공업지대와 인천항이 자리 잡고 있고, 북쪽으로는 군사분계선이 놓여 있다. 경기만 영역 안에 존재하는 주요한 만으로는 강화만, 인천만, 남양만, 아산만 등이 있고, 반도로는 옹진반도, 김포반도, 인천반도, 화성반도, 태안반도 등이 있다.

경기만은 대규모 간척매립 등에 의한 국내 최대의 연안개발 공간이다. 경기만은 바다를 막은 방조제와 간척지를 거치지 않고서는 바다에 접근할 수 없을 정도로 연안유역 대부분이 간척 매립지로 뒤덮여 있다. 지난 3,40년간 경기만 갯벌의 70%가 간척매립으로 사라져 버렸다. 인천 강화부터 김포, 영종도 공항, 송도 신도시, 시흥 안산 화성의 시화호, 화성호 지역, 평택항과 평택호에 이르기까지 서해 도서해역을 제외한 경기만 연안육역 대부분이 간척된 땅과 호수로 바뀌게 되었다. 이러한 대규모 간척개발이 인구와 산업증가로 지역개발 가치를 상승시키고 있으나 환경오염과 자원파괴, 역사문화 유산들이 소실로 이어지면서 지역공동체 해체를 가속시키고 있다. 포구와 섬, 고깃배들, 어업수산물과 각종 갯벌생물이 내륙 각처로 퍼져나갔던 익숙한 경기만 어촌 풍경들은 쉽게 찾아볼 수가 없고 그 자리는 공단과 도시로 채워져 자연해안을 만날 수 없게 되었다. 시화지구 간척만으로 유역권 20개 포구와 30개 어촌계가 사라졌다. 연안의 포구는 도서 지역의 교역과 어로활동의 중심지였고 어촌계는 바다와 연안을 대표하는 어민공동체였다. 그것들이 없어진 것은 경기만 연안과 바다가 생산과 문화의 공간으로서 기능을 상실한 것이나 다름없다. 이러한 어촌과 연안의 파괴는 경기만 자연환경을 이룬 해양생태계와 바다를 오랜 삶터로 유지해 온 지역공동체를 지속할 수 없는 심각한 문제들을 야기하고 있다. 경기만 연안과 갯벌의 지속가능한 이용과 관리는 해역재생 차원에서 기존 공급 중심의 간척과 개발방식을 넘어 자원재생 및 환경복원 등을 통한 새로운 연안해양 공간의 재창출, 역사문화 생태복원, 해역관리 및 지역재생, 생태네트워크 구축 등을 그 내용으로 한다. 그것은 기존의 생태 환경적 현안과 문제를 정리해 나가는 것과 아울러 경기만의 생태계를 통시적으로 이루고 있는 연안 해양의 역사와 인문·사회적 조건일 수 있는 해양문화 자원에 대한 이해와 연구를 토대로 이를 연안 해양 자원과 공간에 적용하여 경기만의 생태문화와 생활세계를 복원해 나가는 사업이라 볼 수 있다.

경기만은 한반도에서 가장 넓은 하계망을 갖고 있는 한강 유역권의 하구에 위치한다. 역사적으로 한강 유역권은 지정학적, 문화적, 정치·경제적 중심부였기 때문에 그 하구 지역은 혈구(穴口), 해구(海口)등과 같이 지명이 부여되기도 했고 한반도의 중심부를 우리나라의 여타 지역, 동아시아의 다른 국가들과 다른 국가들과 연결하는 해상 교통의 요충으로 기능하였다. 고대~중세 대중국(對中國) 항로(航路)에서도 경기만은 북쪽으로 서해안 연안을 따라 요동·요서 지역을 오가는 항로, 황해를 직접 횡단하여 산둥 반도의 여러 지역을 오가는 항로, 백령도에서 바람을 기다려 곧바로 산둥 반도를 오가는 항로이다. 남쪽으로 전라도 연안의 도서를 경유하여 남중국의 강소성, 절강성 등을 오가는 항로의 기점이자 한반도 중심부의 관문이었다. 역사 속에 등장하는 예성강 하구의 벽란도, 인천의 능허대, 남양반도의 당성 등은 그러한 역사지리적 배경에서 등장했던 고대~중세 경기만의 대표적인 기항지들이었다.[1]

인문지리적으로 경기만(京畿灣)이 한반도의 역사에서 매우 중요한 지역이있다. 경기만 연안에 군사시설이며 통신의 수단이었던 봉화대가 산재하고 있었으며 경기만의 연안과 도서 지역의 지명 유래를 통하여 전하는 중국과의 역사적·문화적 관계와도 밀접한 것들이다. 경기만은 한반도의 국내적 상황과 변화를 경기만의 연안과 도서 지역의 마을 형성과 생활문화를 통하여 전하고 있다. 한국전쟁의 피난 이주민들이 새롭게 거주하면서 형성된 마을도 있으며, 기존의 마을에 토박이 주민들과 함께 공동체를 이루면서 형성한 문화도 확인할 수 있다. 이렇듯 경기만은 한반도의 국내적·대외적 인적교류와 문화적 교섭이 이루어진 거점이었다. 이러한 경기만의 의미와 가치는 향후 경기만 해양을 활용한 대외관계 및 평화로운 한반도 번영을 위한 자원으로 적극 개발되어야 함을 시사하고 있다.

지구 위기로부터 해양에 닥친 환경의 문제는 경기만 해역 역시도 생태환경 보전이라는 과제를 남기고 있으며 오랜 연안지역 생산과 역사문화 공간으로서 경기만으로 집중해 볼 때, 그 역사와 개발로부터 부른 위기는 연안 주민 삶터의 소외와 박탈, 생명문화의 파괴, 연안지역 공동사회구성체 몰락으로 이어지고 있다. 경기만은 '전쟁과 이주'의 역사였다. 해양활동을 금했던 조선 근현대 해양질서는 서구열강의 해륙진출 등과 맞물려 제국주의 대결과 침략, 식민지 침탈이라는 역사적 질곡을 낳게 되었으며 동아시아 전쟁과 냉전의 지속, 아울러 대규모 간척과 개발로 인한 환경의 파괴와 공동체 삶터의 파괴는 현재 진행형 문제이기도 하다. 따라서 아픔의 시대를 넘어서서 치유와 평화의 시대로 나아가기 위해 경기만을 연안의 생명 평화와 한반도 평화번영 실현의 초석을 닦는 교두보로 삼아야 할 것이다. 여기서 '연안 평화'라 함은 지구생물과 해양생태계 보전, 이와 공존해 온 평화로운 주민들의 삶의 지향을 담아내는 '생명 평화'를 의미한다. 평화는 결국 바다 생태계를 보전하고 생명을 살리는 일임과 동시에 넘치는 생명과 풍요로운 생산을 자연의 질서 속에서 영위해 온 주민들의 삶터, 평화로운 연안해양 지역공동체를 지켜나가는 것이다. 또한 그것은 자연으로부터 멀리 이격된 채 물질과 욕망으로 전도된 현존적 삶의 성찰적 입장에서 생태환경뿐만 아니라 역사적 치유와 문화 회복과정을 통해 공존과 공영, 평화에 이르는 새로운 연안지역 공동체를 만들어 가는 것이다. 경기만 역사문화의 전통과 생태적·사회적 가치를 확보해 연안의 생명 평화와 번영의 길을 열고 경기만을 한반도 평화번영의 교두보로 만들어 가는 연안정책 실현과 함께 대규모 간척개발과 환경오염 등으로 훼손된 자연환경과 연안 생태계를 복원하여 주요 간척지를 연안 주민의 새로운 삶터로 가꾸어나가는 과제가 경기만 연안 해양문화공동체 건설의 핵심적 활동이다.

## 2. 경기만 해양 협력체계 구축과 경기만협의체

국내 최대의 연안 해양개발과 보전지역, 한반도 평화번영의 교두보이자 국가 해양공간계획의 생태문화 거점 경기만의 의미와 역할이 중요하게 부각되고 있다. 경기만 연안사회 공동체의 지속가능한 발전을 도모하고 한반도 평화번영의 연안정책 실현을 위해서 연안지역의 해양자원과 정책의 통합과 연안 생태계 보전과 생명을 살리는 생명평화 연대를 이루어 나가야 한다. 경기만 연안정책 통합의 해양 거버넌스 구축과 협력 체계 운영은 경기만의 생태와 문화를 살리는 생명평화 연대로 경기만 연안지역을 활성화시키고 연안해양의 지속가능한 발전의 핵심이 된다.

### 1) 경기만 해양 협력체계 구축

해양이 가진 자연과의 공생과 공유자원적 성격은 다양한 이해관계를 조정하는 새로운 거버넌스(governance) 방식을 필요로 한다. 해양 거버넌스는 파트너십에 의한 민관 협력적 실행체계로 해양수산의 상충하는 이해관계 조정, 자원이용 관리 및 보전 등 획기적인 행정 시스템 방식이다. 해양 거버넌스 구축은 먼저 지역 연안과 해양부문을 활성화해 나가면서 정책통합과 민관협력 역할 수행 등을 통한 해양 정책역량을 강화하고 연안 해양발전의 실행계획들을 추진하는 활동기제가 된다. 경기만을 국가 해양공간계획으로서 한반도 평화와 번영의 공간, 연안문화 창달의 해양생태문화 거점으로 만들기 위해서는 역사, 문화, 생태, 관광, 지역개발 등 경기만 해양발전 과제를 제시하고 해양 거버넌스와 연안 해양 협력체계로서 '경기만협의체'를 구성한다.

○ 경기만협의체는 경기만을 둘러싼 각 지역 간의 긴밀한 소통·교류·협치 체계를 마련하고 경기만의 생태와 문화, 역사를 통합한 연안정책 역량을 강화하여 경기만 해역 보전을 한 연안통합정책을 추진하는 동력이 된다.

○ 경기만 해역 환경과 문화의 발전, 연안 자원의 통합관리 운영, 생태네트워크 구축, 경기만 정체성 조사연구, 아카이브, 지역개발 및 남북교류 협력,

민간 해양활동 증진 등 향후 경기만 활동의 주요과제를 제시한다.

○ 지역적 협치와 관련해서 김포, 시흥, 안산, 화성, 평택 5개 연안지역의 역사문화(민속)와 생태환경, 해양정책, 지역개발과 남북협력 현황 등 연안 간 핵심적 과제 등을 지속적으로 발굴하고 지역별 전문가, 활동가, 정치가, 시민 등 다양한 의견을 수렴하여 경기만 평화번영 활동 및 해양발전 의제들을 제시한다.

○ 아울러 경기만 협력 체계 운영조례 등 경기만 관련 조례가 현재 정책 등에 어떻게 구현되고 있는지 파악하여 법적 제도적 차원의 더욱 실효성 있는 발전방안을 제시하고 경기만의 평화번영을 위한 토대를 구축한다.

○ 경기만협의체는 경기만권역 지자체별 협력체계[행정+의회+민간(단체)]를 기반으로 제권역(경기만, 한강구역, DMZ 등)과 광역지자체(경기, 인천, 충남, 정부)를 연대하는 방식으로 구성하고, 해양 중앙행정기관과 연구조직, 연안 및 해양문화 기관조직 등이 참여하면서 해양 거버넌스 및 광역 정책협의체로서 결성한다.

### 2) 경기만협의체 구성과 활동

경기만협의체는 이러한 해양 거버넌스 구축을 기반으로 광역적 해양 협력체계를 운용하면서 경기만을 해양 생태문화의 거점으로 만들고 국가해양공간계획 시범사업과 해양인프라 산업 등을 포함한 초광역 권역협력사업 등을 함께 추진한다. 경기만협의체 조직 구성은 기존 정책통합 및 협력기구의 '접경지역 생태문화 통합과 생태네트워크 구축(예: DMZ정책협의체)', '해양 민관협력과 연안해역 관리기반 조성(예: 울산연안해역관리협의체)' 그리고 '초광역적 해양산업 인프라 권역사업 추진(예: 부울경초광역해양정책협의체)' 등을 내용으로 경기만의 생태문화와 해양 정책, 권역사업들을 통합하는 광역적 연안 해양 정책

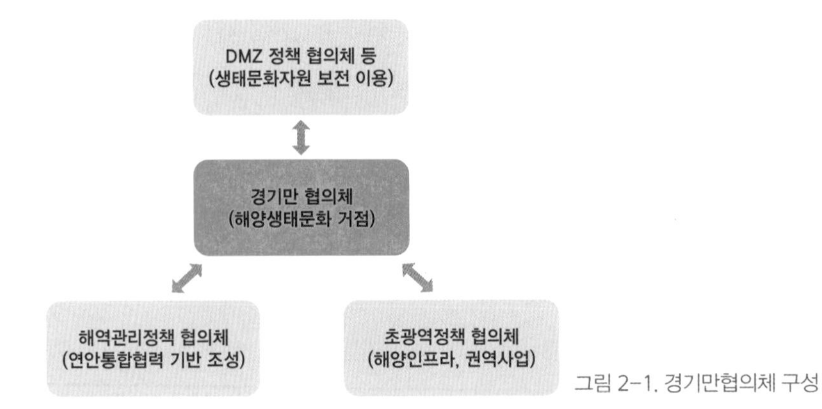

그림 2-1. 경기만협의체 구성

협력기구로서 위상을 확보해 경기만 평화번영에 이르는 해양문화공동체 구축 사업 등을 추동한다.

경기만 해양문화공동체 구축을 위한 경기만협의체 활동은 크게 3가지로, 먼저 해양 정책 역량강화로 경기만 조사 연구와 아카이브(**경기만 아카이브**), 두 번째 해양자원 공간재생으로 경기만 해역재생 및 생태네트워크 구축(**경기만 르네상스**), 마지막으로 연안지역 발전으로 해양문화 교류와 물길 조성, 해역 평화번영(**경기만 에코로드**)을 추진해 나간다. 특히 경기만 해역과 문화 통합관리 운영, 생태네트워크 구축, 경기만 정체성 확립을 위한 아카이브 활동 등은 무엇보다도 민관협력과 지역 활동 등을 이끌어 내야 할 동력으로서의 경기만 해양 협력 체계가 구축되어야 한다. 이에 경기만 평화번영 정책과제 등을 제시하고 경기만을 연안 해양 생태문화의 거점으로 만들고 연안과 지역통합의 정신을 매개로 해양문화 교류와 국제협력, 경기만 연구조사, 시민활동, 연안 해양 제 환류를 내용으로 한 산업적 기반 확장 등을 통해 연안지역 활성화와 경기만 연안사회 공동체 발전을 도모한다.

○ **경기만 아카이브**: 경기만 주민과 지역, 경기만 역사와 민속, 생활문화 등을 조사 연구와 기록, 이를 콘텐츠와 코스로 개발 경기만의 도약

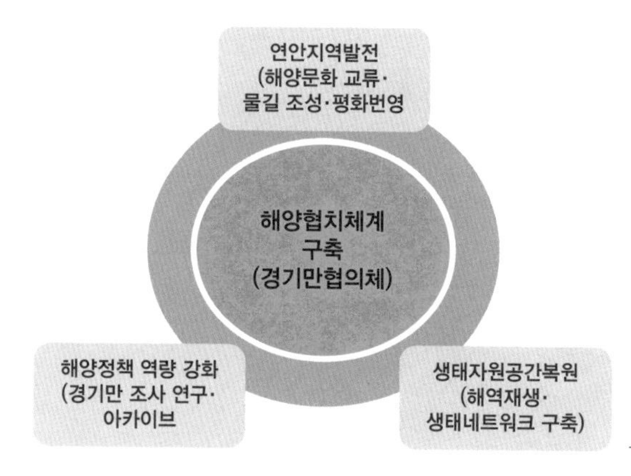

그림 2-2. 경기만협의체 활동

○ **경기만 르네상스:** 경기만의 해역과 문화 환경복원, 삶의 공간 재창출, 국가 해역재생 시범지역화, 경기만 문화권 통합

○ **경기만 에코로드:** 바닷물길 교류와 고대로 이어 온 해양 역사문화 증진, 남북평화 물길을 열고 경기만 동아시아 문화문명 교류 국제항을 확보, 경기만 평화번영 실현

## 3. 경기만 평화번영 해양문화공동체[2] 활동

경기만 해양거버넌스는 경기만 해양문화 발전과 연안지역 활성화를 기할 수 있는 실천조직으로서 위상을 갖춰 나간다. 경기만 해양 협력을 통한 해양정책역량 강화와 해역재생, 국가해양공간계획수립 및 해양문화권 통합, 그리고 연안의 평화와 생명의제를 담아나가는 지역 평화번영 발전을 추구해 나가는 활동들이 전개되어야 한다.

경기만 평화번영을 이루는 해양문화공동체 활동은 이러한 경기만의 역사문화, 생태환경의 통합을 기반으로 경기만을 해양생태문화의 거점과 국가해양

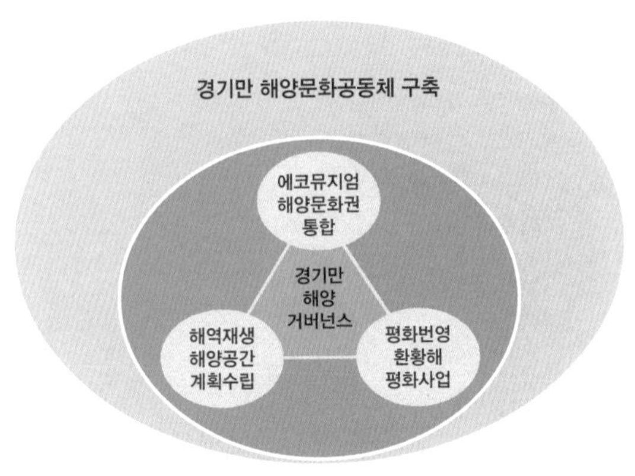


그림 2-3. 경기만 해양 거버넌스와 해양문화공동체 구축

공간계획화하고, 해양문화·물류교류와 협력증진, 새로운 문명의 활로로서 문화적 비전을 제시하고자 한다. 경기만 해양문화공동체 구축은 다음에 제시된 3가지 사업, 1. 경기만 평화번영과 환황해 평화사업 2. 경기만 해양공간계획 및 해역재생 3. 경기만 에코뮤지엄 문화 창조는 경기만 연안 활성화와 경기만 연안사회 발전을 위하여 실천사업으로 경기만이 해양 거버넌스를 매개로 해양문화공동체로서 자리를 잡아가는 마중물 사업이 된다.

### 1) 경기만 평화번영과 환황해 평화사업

경기만 평화번영의 의제는 해양으로 이어진 제국주의 침략과 전쟁, 냉전체제 극복을 남북과 동서 바다물길 등을 열어 문물의 교류와 협력, 바다라는 공간(영토)을 통한 연안 평화와 호혜평등 발전의 정치사회적 평화를 이루는 것이고, 아울러 해양을 통해 자연과 공존의 삶 과정을 만들어 자원과 사람, 공간과 지역이 통합되고 지속가능한 연안사회 삶을 유지하는 것이다. 그것은 경기만 연안지역 주민들의 생명과 평화활동 역량을 확장하고 한반도 전쟁 체제 등을 극복하는 역사적 평화 실현의 과제와 해양으로서 풍요로운 생산과 확장, 생태적 회복이라는 이러한 평화와 생태, 양축의 문명적 발전을 꿈꾸는 번영의 길이다.

### (1) 동아시아 문화교류와 남북평화 물길조성

남북평화의 물길을 열고 이를 토대로 경기만 동아시아 문화교류 항로 등을 확보하는 일은 바다 물길 교류와 고대로 이어 온 해양문화, 새로운 문명의 흐름을 연결하는 경기만 위상을 높이고 남북평화의 물길이 한반도 평화번영의 교두보로 경기만을 만들어 나간다.

- 김포 조강나루평화지대 구상
- 환황해 국제항이었던 당성 문화 복원
- 평택항 남북경협 평화지대 구상
- 경기서해평화코스 개발
- 연안해상루트를 중심으로 한 지역교류 협력 경기만 평화 구상

### (2) 평화와 경제 선순환, 평화번영 통합 주체 형성

연안평화와 교류협력의 활력이 사회적 연안통합과 생물권 회복을 통해 평화 주체 정책역량을 키우는 경기만 지역 번영과제는 자연과 공존하는 생명과 평화의 한반도 통일주체세력을 형성한다.

- 선감도 풍도 평화박물관 조성
- 제암리 3.1항거 순국지 성역화
- 매향리 평화공원 조성
- 남북한 중국 황해생태계 보전계획
- 시화호 화성호 평택호 간척지 보전
- 한강하구 보전 및 지속발전
- ESP, EAAFP(동아시아·호주 철새이동파트너십) 생태네트워크 구축

## 2) 경기만 해양공간계획[3] 수립 및 해역재생

해양공간계획은 해수면 상승과 해양산성화 등의 문제 심화, 해양생태계 변화 등 지구환경 자원변화와 해역을 이용하는 인간 활동이 다양화·복잡화하면서 해역 이용 갈등이 심화되자, 해양자원의 지속가능한 이용을 위해 해양가치 평가와 공간적 배분 중요성이 제기되었다. 경기만을 국가 해양공간계획 시범구역으로 적용하면서 정보화 전략수립, 툴 개발 등으로 국가해양공간계획 체계 구축의 핵심적인 법제와 방향설정과 법안을 준비하고, 아울러 광역 경기만 협력의 해양공간계획 사업이 경기만 해양문화권 부흥을 위한 거시계획으로 운용될 수 있도록 그간 민간차원에서 진행해 온 경기만 해역재생 사업과 경기만 에코뮤지엄 사업을 완성하는 마스터플랜 역할을 할 수 있다.

### (1) 경기만 국가해양공간계획 시범해역화 추진

**쇠퇴해역 복원**: 해역 복원 입장에서 기존 해양 이용과 관련 해역쇠퇴 이슈를 사업화·특성화한다. 경기만의 해양 공간 주요 이용 상충은 해사채취, 해상풍력발전, 조류발전, 조력발전, 준설토 투기장 건설, 재개발 등으로 발생하고 있으며, 수도권 인접성과 인구밀집, 인간행위 중심의 해양관광 등도 해역의 건강한 발전에 영향을 미치는 것으로 판단된다. 해역 쇠퇴 대안 등을 마련하기 위한 개선 방향은 경기만 광역협의체를 건설하는 것이다.

**광역 경기만 해양문화권 부흥**: 광역 경기만 협력의 해양공간계획 사업은 경기만 해양문화권의 부흥을 위한 거시계획으로 운용되어야 한다. 경기만 문화권은 해상무역 교통로와 군사적 요충지이며 남북접경지로서 환황해의 핵심해역이고 해양생태계의 보고라는 점에서 경기만 해양문화권 부흥을 매개로 해양공간계획을 수립하면서 상충된 이해갈등을 분리해 공존·공영의 바다를 만들 수 있다.

(2) 경기만 해역재생 사업 추진

경기만 일대는 환황해 경제권의 부흥과 평화교류 협력의 교두보로서 국가 해양의 경쟁력 등을 이루는 핵심적 현안으로 등장하고 있다. 해역재생은 이러한 경기만 생태문화의 발전과 경제번영의 지속가능한 이용 등을 위한 통합 관리 기술을 확보하는 것이며, 연안과 해역에 대한 복원과 생태계 관측, 주민 삶과 연계된 연안 해양 신공간의 창출, 연안해양의 시민문화역량 통합 활동 등을 추진하는 것이다. 이러한 해양환경 보존 및 자원복원 전략 마련의 요구는 공간기능 재활성화를 꾀하는 것이다. 경기만 해역재생은 경기도 해역의 관광문화레저 자원의 발굴과 이를 활용한 관광거점 조성전략을 마련하는 등 주변 연안 도시의 재생경쟁력도 재고시켜 나간다.

### 3) 경기만 에코뮤지엄 연안문화 창조

경기만을 최고의 연안 생태 환경적 공간으로 유지하고 경기만 역사와 문화 전통 계승·발전, 경기만 연안의 경제적 해양문화공동체를 이룰 수 있느냐는 경기만 에코뮤지엄 정책으로 이야기할 수 있다. 에코뮤지엄 사업은 지역공동체가 지속가능한 발전을 위해 공동체 유산을 보존·해석·관리하는 역동적인 방식으로 지속가능한 지역공동체를 만든다. 경기만 연안사회 공동체로서 해양문화권적 통합과 연안사회 문화적 비전을 실현하기 위해서 경기만 에코뮤지엄 사업이 나아가야 할 방향과 과제를 제시하면 다음과 같다.

(1) 경기만 역사문화 기억투쟁, 연안 해양성 복원

경기만 에코뮤지엄은 연안의 장소성에 입각한 경기만의 사라져가는 것들의 '비망록'이 되어야하고, 경기만 역사문화 현장의 기억투쟁이 되어야 한다. 경기만 연안해양의 장소적 개념과 의미의 변화, 연안의 생태적 특성과 지역적 역사적 양식, 그리고 문화적 의미를 포함한 특성 등을 기록해 나가고 해륙적 개발에 의해 흩어진 사료와 이야기, 연안문화 기억을 찾아 역사적 맥락으로 정리해 나가는 작업이 필요하다.

### (2) 경기만 해역환경 복원과 생물권 구축

경기만 에코뮤지엄은 연안 생태계 보전과 통합 관리, 생물권 보전, 경기만 생태네트워크를 구축하는 방향 등을 모색해야 한다. 경기만을 이루고 있는 자연환경의 유지와 연안 생태계 보전과 관리를 전제로 경기만 생물권 보전인식 증진과 함께 연안 생태계 보전과 통합 관리가 필요하다.

그림 2-4. 경기만 에코뮤지엄 평화번영 에코로드

### (3) 경기만 간척지, 도서해안 주민 삶터 복원

습지 복원과 함께 경기만 간척지를 주민들의 새로운 삶터, 경기만 에코뮤지엄 생태문화지구로 만들어야 한다. 경기만 에코뮤지엄은 이러한 공간계획에 천착하여 시화호, 화성호, 평택호 등 경기만 간척지의 지속가능한 발전과 생태문화 디자인 계획으로 지역문화와 주민의 삶을 복원하는 지역개발이라는 맥락에서 지역 주민들의 삶 속에서 새로운 연안의 생산과 생활세계로 제시되어야 한다.

## 4. 경기만 평화·생태경제 벨트 조성

한반도 평화번영의 양대 축은 경기 북부 DMZ 내륙과 서부 경기만 해양축이다. 경기만은 한반도 역사와 문화를 대표하는 문명지대로 내륙과 바다가 만나는 완충지대이기도 하다. 이러한 경기만 생태문화 복원이 연안 지역의 평화가 되고 경제융성이 되는 평화번영의 실현이야말로 한반도 평화와 남북협력의 경기만 시대를 여는 동력이 된다.

경기만은 대규모 간척 개발에 따른 환경파괴와 공동체 붕괴로부터 평화로의 이행과 연안사회 공동체로의 전환 등이 요구되고 있다. 새로운 공동체로서 전환은 코로나 팬데믹 등을 맞아 연안 해양과 지역개발의 생태적 관점으로서 경제사회를 설계하는 토대로부터 변화가 요청되고, 중앙 권력과 외부자본에 의한 개발보다는 지역과 주민이 중심이 되고 지역생태와 문화 지역자원을 통한 내발적 지역 선순환 발전모델로서 '경기만 통합 생산문화권' 등을 구축해 나가는 것이다.

### 1) 경기만 초광역 평화·생태경제벨트 구상

경기만의 핵심적 과제는 생태문화 복원을 통한 경제적 융성과 해양문화 지역공동체 건설이다. 생태문화 복원은 경기만 가치정립과 함께 지역 생태문화 재생과 삶의 환류, 지역자산화 경제적 토대를 구축하는 것이다. 생태·경제적 입장에서 지역 생태문화 자원들의 본원적 자산을 축적하고 지역 선순환 경제를 대표하는 새로운 산업화를 지향하는 등 경기만 연안을 초광역 생활경제권 통합과 해역경제네트워크[4]를 통해 '경기만 초광역적 평화·생태경제 벨트' 조성 활동을 추진한다.

'경기만 초광역적 평화·생태경제벨트'는 경기만을 하나의 해양문화와 생활경제권으로 묶어 도시경제의 광역권 개념화하는 것으로, '경기북부 DMZ권역', '한강수계 동부내륙권역'처럼 '경기만 평화·생태권역'으로 자리매김한다. 해역 네트워크는 경기만 연안지역의 문화와 자원이 연결되고 지역의 생산적 산업적 거점들이 만들어지면서 해역에서의 독자적인 문화생성, 교섭, 이동, 각종 생활양식과 기제들로 바다와 해양을 공간으로 한 해역경제의 토대를 마련하게 된다. 경기만 광역적 생활경제권 통합과 해역 네트워크는 '경기만 평화·생태경제벨트'라는 해역경제 네트워크를 창출하게 된다. 경기만 평화·생태경제벨트는 지역 활성화와 지역균형 발전 차원에서 지역과 주민 등에 의해 지역선순환 발전모델로, 생태계 회복과 지속가능한 이용, 재생, 탈탄소 연안해양 4차 산업화 지향 등 바다와 해양을 통한 지속가능한 연안지역 발전 틀로 제시된다. 그리고 경기만의 생태문화 복원과 경제적 융성과 함께 남북과 동서 물길을 열어 경기만을 한반도 평화 교두보로 삼는 경기만 평화 해양문화공동체를 만들어 나아가야 한다. 경제가 평화가 되고 평화가 경제가 되어 남북화해와 교류 협력, 동아시아 지역 간 문·물류 교류 등으로 연안의 도시와 지역을 연계한 경기만 해역경제 평화공동체가 된다면, 남북도시를 서해와 내륙으로

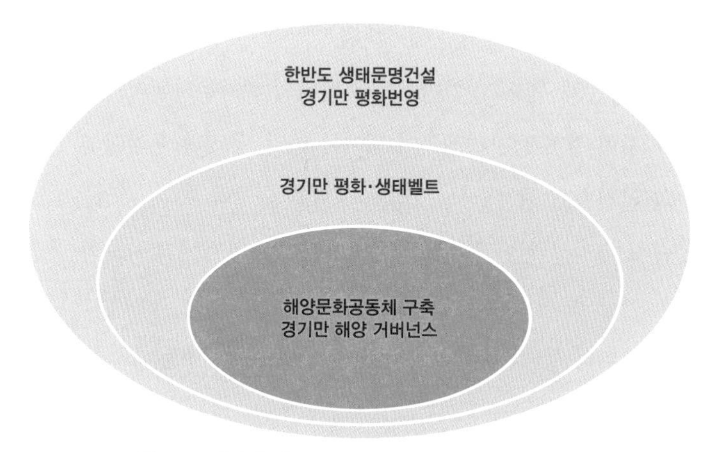

그림 2-5. 경기만 평화·생태벨트와 한반도 평화번영 실현

연결 남북 광역도시권 통합을 통한 한반도 평화번영을 이루고자 하는 '한반도 메가리전'[5] 구상 등을 구체화할 수 있는 실천적 토대가 된다.

## 2) 경기만 평화·생태경제벨트 활동

### (1) 경기만 평화·생태경제벨트 조성 방안

경기만의 핵심적 과제는 연안 해양 생태문화 복원과 경제적 융성인데, 이게 바로 평화와 경제가 하나 되는 경기만 평화·생태경제벨트다. 경기만 평화·생태경제벨트 조성은 '지역선순환경제', '재자연화, 그린 재생' 그리고 연안의 생산문화권인 '해역경제공동체' 구축이다.

○ **지역 선순환 개발** 지역의 개발이 외부의 자본과 권력에 의해 집중되는 방식을 지양하고 지역 내부 자본의 축적인 지역순환 경제 차원에서 자원과 재화의 선순환 개발이 중요하다.

○ **연안 해양 재자연화** 경기만은 대규모 간척과 매립으로 갯벌과 어촌 파괴 과정이었기 때문에 간척호수와 방조제로 막힌 물길을 연결하고 바다를 재

자연화하는 맥락에서 습지와 해역재생, 어촌복원이 핵심과제이다.

○ **해역경제공동체 구축** 경기만이라는 하나의 해양문화권이 전체적으로 독자적인 지역 광역 생활경제권이 되어야 한다. 우리나라 최대 하구인 한강하구와 인천송도 해안도시, 그리고 시화호 습지와 호수, 어업을 대표하는 화성습지 그리고 천년 항구 역사의 평택항이 이어진 역사문화 공간이다. 이러한 한강–도시–습지호수–어업–항구로 연결되는 해역 네트워크를 문화뿐만 아니라 생태환경, 산업경제로 통합시켜 경기만 해역경제공동체를 이룩해 나간다.

### (2) 경기만 평화·생태경제벨트 추진 내용

경기만 평화·생태경제벨트는 경기만 연안지역 활성화와 평화와 번영의 주민활동 역량 강화 등을 통한 한반도 평화번영의 길을 여는 활동이다. 경기만을 한반도 평화번영의 공간으로 연안 해양생태문화 거점으로 만들고 이를 경기만 평화·생태경제벨트로 산업화하여 한반도 평화번영의 실현과 경기만 해양문화·경제공동체 건설을 통한 동아시아생태문명[6] 건설을 목표로 한다. 이러한 경기만 평화·생태경제벨트 조성 추진은 경기만 생태복원과 함께 공존과 상생의 경기만 생산통합 문화권을 구축하는 것으로 연안해양 융복합 4차 산업 활용과 각 연안지역 생활권과 문화권 통합의 해역경제네트워크를 형성한다.

○ 경기만 생태문화 복원과 함께 자원 선순환 실천으로서 친수·친환경개발과 지역자산 축적이 함께 이루어지는 것이어야 한다. 외부 자본의 투자가 중심이 되기보다는 지역 내 자원을 우선으로 이용하여, 자원의 선순환과 자원의 복원이 내발적 발전의 핵심을 이룬다.

○ 주민 참여와 지역 공유경제 장착과 연안해양 4차 산업화 융복합을 추진해야 한다. 주민 참여에 의한 지역 활성화, 평화정책 문화역량 강화, 네트워크를 통한 플랫폼 공유경제 설계, 스마트 항만 및 환경관리, 그린재생, 헬스케

표 2-1. 경기만 평화·생태벨트 추진 내용

| 경기만 평화·생태벨트 구상 | 경기만 평화·생태벨트 추진 내용(특성) |
|---|---|
| 동서물길 연결 | 경기만 생태문화 복원, 친수·친환경 개발<br>자원 선순환(자원복원 경제 선순환) |
| 해양문화권으로 남북교류<br>경기만 초광역 해역경제협력사업 추진 | 주민 참여와 공유 플랫폼,<br>연안해양 융복합 4차산업화(연안평화 공유경제) |
| | 도시와 지역연계, 해양 생활권 및 문화권 통합<br>해역경제 네트워크(해역문화 경제통합) |
| | 한반도 평화번영 및 생태문명 건설 |

어 신해양산업 육성 등이다.

○ 도시와 지역을 연계하고 해양 생활권과 문화권 통합의 '해역경제네트워크'를 형성한다. 경기만 해역을 내용으로 독자적인 지역경제권 형성과 경기만 각 연안 지역생활권 연계와 문화권 통합으로 '해역경제공동체'로서 초광역적 산업화를 추진하고 국제적 해역경제 네트워크를 열어 갈 수 있도록 한다.

## 5. 경기만 평화·생태경제 벨트 권역사업과 추진 방향

경기만은 한강하구(김포)–도시(송도)–습지호수(시화호 대부도)–어촌(화성 서신 우정)–항구(평택항) 등 완벽한 하나의 '해역 네트워크'로 구성되어 있다. 이 권역들을 남북평화 물길을 연결하고 생태물길, 생태 네트워크를 구성하면서 생물권 보전공간을 만들고 남북협력 평화문화지대 등을 조성해 통합적인 해역문화를 만들어 나간다. 경기만 연안 생태보전 구역과 평화문화 구역을 해역물길을 연결해 경제적 네트워크를 열어 가는 것을 경기만 평화·생태경제 벨트라고 보면 된다. 경기만 평화·생태경제 벨트는 일단 총 5개 권역을 두는데, 김포권역은 한강하구 남북평화 물길조성, 해안 신도시인 송도는 국제연안협력 해역도시 재생단지로 만들고, 시화호와 습지공간인 시화만은 수도권 해양레저 생태관광지화 하고, 화성 남양은 경기만 어촌수산복합 도시권을 조성하고, 마지막 경기만 남항인 평택항은 항구와 도시가 결합되는 신해양 항만도시를 조성해 시민문화 국제항으로 자리매김한다. 이러한 5개 권역은 경기만 생태평화 로드로 각 권역을 이어 주는 생태문화와 평화경제 네트워크를 열고 남북평화 교역과 동서 유라시아 문화 교류 등으로 나아가 동아지중해 해역경제 네트워크 출범을 가능하게 한다.

### 1) 종합적(단계적) 실행계획

#### (1) 권역적 특성 개발

경기만을 '한강하구–도시–습지–어촌–항구'로서 권역적 자기 정체성과 특성을 확보하면서, 이를 아래의 물길과 네트워크로 통합시켜 한반도 비전을 창출한다.

#### (2) 평화 및 생태 물길의 연결

한강하구에서 경기만에 이르는 물길 연결이 경기만 평화·생태경제벨트의 인프라다. 한 축은 경기만 생물권 지역 확보와 생태네트워크가 되며, 다른 축으로 남북평화 물길을 통한 경기만 남북협력지대가 조성된다.

#### (3) 국내외 해역문화 네트워크 창출

각 권역과 물길이 남북협력뿐만 아니라 동아시아 유라시아 실크로드 국제교류 협력, 아울러 경기만 연안도시 문화네트워크를 열고 한반도 생태 평화로

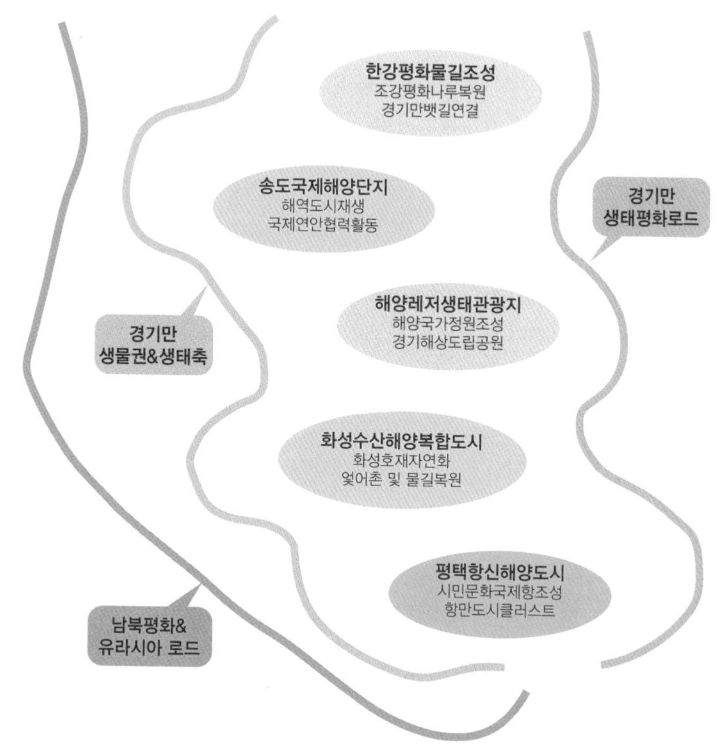

그림 2-6. 경기만 평화·생태경제벨트 단계적 실행

드 등을 열어 나가도록 한다. 이것은 한반도 평화번영을 이룰 경기만 해역경제공동체로 이르는 길이다.

### 2) 권역별 사업

#### (1) 경기만 남북평화물길 권역

○ 사업: 경기만 염하강 김포 한강하구 조강지역을 경기만 한강남북평화지대로 조성

○ 추진배경 및 목적: 경기만은 DMZ와 함께 한반도 평화번영의 해양 축이다.

경기만 염하를 따라 한강과 물길로 연결하는 것이 경기만 문화와 역사의 복원이며 남북평화의 시작이다. 남북 연근해 평화물길을 연결하고 강화 한강하구 중립수역 평화지대를 조성해 나간다.

○ 세부내용: 조강 남북 평화나루 및 하구포구 복원, 염하 한강물길 해양교통로 연결, 한강하구 평화 배 띄우기, 한강하구 중립수역 평화 물길조성, 남북 생태보호지역 및 한강하구 연근해수산업진흥 등

(2) 경기만 해양마케팅 도시권역

○ 사업: 송도국제신도시 지역을 경기만 해양 국제협력과 해역재생 배후도시로 조성

○ 추진배경 및 목적: 경기만 유일의 해양 국제신도시 송도지구, 도시는 유일한 마케팅 공간인데 그간 내륙개발 등에 치우쳐 연안해양 산업과 해양국제 신도시로서 역할과 기능을 활성화시키지 못하고 있다. 인천 송도 도시지역을 해역재생과 경기만 활성화와 연계된 연안해양 도시마케팅 해양 배후도시로 조성한다.

○ 세부내용: 경기만 해양신산업 및 해양문화 재생플랫폼, 녹색금융 및 국제기금, 해양환경 관련 국제교류 민간업무 협력, 그린에너지 비즈니스 시장, 녹색해양도시네트워크 구축

### 3) 수도권 해양레저생태관광 권역

○ 사업: 시흥·안산·화성 시화호 권역을 수도권 최대의 해양레저문화 생태관광지화

○ 추진배경 및 목적: 시화호 오염이라는 개발 부작용을 겪은 안산·시흥 시화호 권역은 더 이상의 개발보다는 생태적으로 안정화된 시화호 유역권을 중

심으로 인천·시흥·안산·화성 광역도시권과 연계된 수도권 최대의 해양레저관광 생태문화지구로 조성한다. 이에 시화호 대송습지 국가해양자연정원화, 시화호 대부도를 포함 시흥·안산·화성 간척 호수와 습지 등에 이르는 수도권 최대의 연안해양레저 문화관광 권역화 한다.

○ 세부내용: 시화호 대송습지 국가해양정원화, 경기만 해상관광공원, 경기만 선감도 역사평화공원 조성, 우음도 해양생태공원 조성, 화성당성 고대포구 복원, 전곡탄도 친수 해양레저단지 건설

### 4) 경기만 어촌수산 해양복합문화 권역

○ 사업: 화성 화성호와 사강 남양권을 경기만 어촌어업과 해양수산문화 복합도시화

○ 추진배경 및 목적: 화성 남양은 경기만 어촌환경과 연안문화가 유지되고 있는 도·어 복합지역이다. 지속가능한 어업이 유지될 수 있도록 경기만 해역을 살리고 어촌복원과 물길을 잇고 생태환경조성 등에 따른 서신·사강·남양도시 일대를 경기만 수산해양문화 복합도시화 한다. 화성 화성호 재자연화, 어업어촌문화 재생, 화성 남양 해양수산문화 도시전략을 수립한다.

○ 세부 내용: 화성호 재자연화(역간척), 화성호 습지보호지역 확보, 갯벌과 어촌(포구)복원. 경기만 어업과 문화복원. 경기만 신활력 어업수산단지, 사강과 남양 삼각주를 경기 남양 해양문화도시 계획 및 전략 수립

### 5) 항만 및 신해양도시 권역

○ 사업: 평택항만지구를 평택항 시민문화항으로 조성, 도시와 항구가 결합된 항만 혁신도시 및 신 해양도시화

표 2-2. 경기만 평화·생태경제벨트 권역별 사업

| 권역별 총괄사업 | 앵커사업 | 확산분야(클러스트) | 네트워크 |
|---|---|---|---|
| 경기만 남북평화 물길 조성 | • 조강평화나루 조성<br>• 한강공동 생태지구 확보 | • 한강하구생태 및 포구 복원<br>• 염하-한강물길교통로<br>• 한강중립수역평화물길<br>• 연근해수산업 진흥<br>• 평화둘레길 조성 | 경기만 생물권보전 생태네트워크 구축<br>·<br>경기만 생태평화로드 조성(각 권역별 둘레길: 평화누리길, 소금길, 섶길 등).<br>·<br>남북평화& 유라시아 실크로드 해역길 조성 |
| 송도 해양 마케팅 도시 재생 | • 해역 도시 재생마케팅<br>• 녹색국제해양도시권 조성 | • 해양신산업, 해역재생플랫폼<br>• 녹색금융 • 국제기금 조성<br>• 국제연안여객 • 물류단지 조성<br>• 국제연안도시 협력 • 민간활동 | |
| 수도권 해양 레저생태관광 권역 | • 시화호 대송단지 국가해양정원 조성<br>• 경기만 도서해안도립공원 | • 시화호국가해양정원화<br>• 경기만해상관광공원<br>• 경기만선감도역사평화공원<br>• 우음도 해양생태공원 조성<br>• 전곡 탄도 친수 해양레저단지<br>• 시화호권 유네스코생물권역화 | |
| 경기만 어촌수산 해양복합문화 | • 화성호 재자연화(역간척)<br>• 남양 해양문화도시 전략화 | • 화성호 재자연화(역간척)<br>• 화성호 습지보호지역 확보<br>• 갯벌과 어촌(포구) 복원<br>• 화성당성고대포구 복원<br>• 경기만 신활력 어업수산단지<br>• 매향리 아시아평화공원 조성<br>• 남양해양복합문화도시 전략 | |
| 경기만 평택항 신해양도시 조성 | • 시민문화 평택항 조성<br>• 신항만 도시해양클러스트 | • 아산만, 평택항 포구물길 복원<br>• 섶길, 실크로드해륙문화길 조성<br>• 만호지구재생, 친수항 조성<br>• 스마트수산 해양네트워크 구축<br>• 항만시민과학플랫폼 조성<br>• 유라시아해양문화권 조성 | |

○ 추진배경 및 목적: 신해양도시라 함은 기존의 수산·항만과 도시를 통합하는 융복합 해양 생태경제, 해양도시를 말하며, 평택항의 항만·해운, 수산 거점에서 해양도시로 전환을 꿈꾼다. 따라서 연안해양 4차 산업 해양경제 클러스터를 구축하고, 해륙적인 경제문화 교류에 유리한 경기만에 광역경제권을 형성한다면, 동북 허브 유라시아 해양도시의 진화 프로세스로 나아

가는 지점이 된다. 평택항 친수항만 도시재생, 평택항 신해양 문화도시, 유라시아 시민 문화항 창조, 평택항 미래비전 발전유형과 바로 조응하고, 항만은 연안해양 4차산업 핵심(물길과 포구, 해양도시네트워크 가동) 정부도시 항만재생 및 신항만 도시건설을 통한 경기만 활성화를 꾀한다.

○ 세부내용: 평택호 및 평택항 수변구역 조성. 해양과 도시의 통합, 평택항 시민 및 역사문화항 조성, 유라시아실크로드 동아시아 문화교류 연계

## 6. 경기만 평화·생태벨트 추진방향 및 효과

경기만 평화·생태경제벨트는 경기만의 생태와 문화를 복원하고 바다와 해역을 재생해 나가는 생태문명 전환에 입각한 새로운 개발이 되어야 한다. 이제까지 경기만의 역사와 문화 ·생태적 가치를 제대로 드러낼 수 있는 개발이 이루어지지 않았다. 대규모 매립간척 개발로 해양환경과 생태문화 공동체는 파괴되었으며, 중앙의 권력과 자본에 의한 압축적 개발이었다는 점에서 주민과 지역이 주체가 되는 자원순환 경제를 이루지 못했다. 따라서 지역과 주민 주도에 의한 생태문화와 해역복원 가치를 탑재한 경기만 평화·생태경제벨트를 조성하여 경기만의 평화번영과 국가 해양공간화, 또한 평화 생태경제네트워크로서 경기만 해역경제공동체를 펼쳐가고자 한다. 이러한 경기만 평화·생태경제벨트가 현 단계 경기만을 최고의 해양 생태문화 공간으로 활성화하는데 따른 기대효과를 제시해 보면 다음과 같다.

첫째, 경기만 문화권은 해상무역교통로와 군사적 요충지이며 남북접경지로서 환황해의 핵심해역이고 해양생태계의 보고라는 점에서 경기만 해양문화권 부흥을 매개로 공용 공존의 바다를 만들어 나갈 수 있다. 이에 경기만 생태문화 거점 및 국가 해양공간화를 통한 '해역경제공동체'를 구축하여 지역해 공동

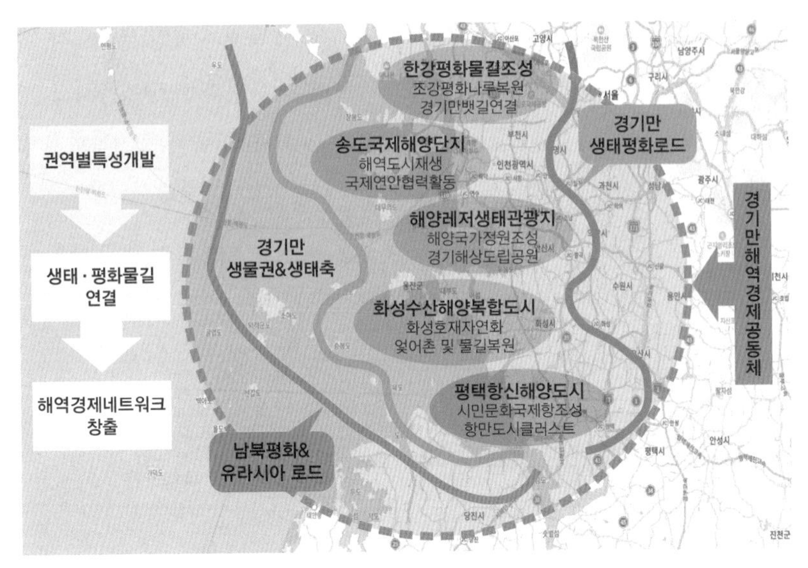

그림 2-7. 경기만 평화 · 생태경제벨트 '경기만해역경제공동체' 운용

해양문화권을 조성해 나갈 수 있다.

둘째, 경기만 남북협력 사업, 특히 한강하구 공동 이용 방안연구 및 사업, 생태계조사, 뱃길복원, 농수산물 유통, 문화 교류 등 역사·문화·생태 자원 활용 등 공동 추진해 나갈 수 있으며 경기만 평화번영 활동을 통해 한반도 평화번영 실현을 도모해 나갈 수 있다.

셋째, 정부 남북평화 통일경제 정책의 일환인 한반도 신경제공동체 환서해 경제벨트[7] 구축 맥락에서 동서교역 및 남북경협 물류 중심지로서 경기만 인천항–평택항 상생교류 활성화를 적극 추진할 수 있다. 경기만 평화·생태경제벨트가 한반도 신경제공동체 환서해 경제벨트를 이끌어 나갈 수 있다.

넷째, 마지막 유라시아 실크로드 종착지인 경기만을 동아시아 평화·생태의 해륙네트워크 시발지로 조성하는 것이다. 경기만 해역은 경제적·문화적 가치뿐만 아니라 평화와 번영, 생태 등 공존 경제해역으로서 가치가 있어, 새로운 해륙문명 건설의 시발지가 되기에 충분하다.

## 주

1. 전종한, 2011.
2. 해양문화공동체는 하나의 해양문화권이 영위되는 해역의 지역사회 개념으로 여기에 해양 생태문화 복원, 해역경제활동 차원에서 생산과 교류협력, 특히 연안 생활세계 네트워크 등을 포함하면서 연안지역 생태문화와 경제가 만나고 연안 주민들의 역량강화 활동을 통한 (주민들의) 지속가능한 연안사회 등을 통칭한다. 이 글에서는 평화·생태경제벨트가 가동되는 '연안사회 문화공동체', '경기만 통합 생산문화권', '해역경제네트워크', '해역경제공동체' 등과 연관되어 서술한다.
3. 정부의 연안해양의 통합정책은 국가해양공간계획으로 추진된다. 정부는 「해양공간계획 및 관리에 관한법률」 시행, '상생과 포용의 바다, 경제와 환경이 공존하는 바다'라는 비전하에 제1차 해양공간관리기본계획(2019-2028)을 수립하고 해역별 맞춤형 해양공간 관리정책을 추진하고 있다.
4. 해항도시와 도시가 연결되는 바닷길과 그 바닷길이 연결된 면이 해역이다. 해역(네트워크)은 명백히 구획된 바다를 칭하는 것을 넘어 인간이 생활하는 공간, 사람·물자·정보가 이동하고 교류하는 장이며 사람과 문화의 혼합이 왕성하게 이루어지는 네트워크 공간이다. 여기서는 해역을 문화와 경제활동 영역(물길 연결 및 교류와 협력)으로 확장시켜서 '해역경제네트워크' 또는 '해역경제공동체'로 이름한다.
5. '한반도 메가리전'은 경기연구원(2020)에서 제시한 서해·경기만 한강하구를 중핵지대로 하는 구상이다. 경기만 남북 초광역도시경제권 비전과 전략으로, 남한의 수도권지역과 북한의 평양권, 남북한의 접경지역이 궁극적으로는 하나의 경제권으로 통합되어 남과 북이 공존 공영할 수 있는 상생의 비전이다. 경기만 평화·생태경제벨트는 남한의 수도권·경기만 권역으로 남북 초광역도시권 연결의 토대가 될 수 있다.
6. 중국 장강 유역의 생태복원과 친환경 발전 생태시스템을 구축하는 중국 최대 연안개발 '장강 경제벨트 전략'은 친환경 발전이라는 중국의 구조 전환과 동부·중부·서부 협력 벨트의 발전을 이끌며, 여기에 '중국의 생태문명 건설 시범지대'를 건설한다는 목표를 두고 있다. 경기만 평화·생태경제벨트를 통해 친수환경개발 문명적 발전인 '생태문명 건설'에 근접하는 사례로 참조할 만하다.
7. 정부의 한반도 신경제공동체 구상은 남북평화 경제교류와 한반도 평화체제 수립을 목표로 3대 경제벨트를 추진하는데, 환동해경제벨트(에너지, 자원), 환서해경제벨트(교통,물류, 산업), 그리고 접경지역경제(환경, 관광) 등으로 조성되고 있다.

## 참고문헌

경기만포럼, 2017, 『경기도와 경기만 경기천년 날개를 펴다』.
경기도의회, 2019, 『연안해양 4차 산업과 평화번영의 경기만 과제연구』.
경기도의회, 2020, 『경기만 발전을 위한 인문 및 생태자원의 활용과 보존방안연구』.
경기연구원, 2020, 『한반도 메가리전 발전구상』, 정책연구.
김갑곤, 2019, 「경기만 해양거버넌스 구축방안」, 경기만평화번영연찬회발표문.
양희철, 2019, 「국가해양공간계획의 시행과 경기만」, 경기만평화번영연찬회발제문.
이문숙, 2018, '경기도 해역재생 토론회 「경기도 해역환경재생방향」', 한국과학기술원.
전종한, 2011, 「근대이행기 경기만의 포구 네트워크와 지역화과정」, 『문화역사지리』 23, 한국문화역사지리학회.
한국해양수산개발원, 2018, 『신해양도시 조성 필요성 연구』, 현안연구.

제3장

# 경기만-한강하구를 남북경제협력과 공동번영의 중추 거점으로

이정훈

경기연구원 북부연구센터장 · 경기학회장

## 1. 문제의식: 남북경제협력의 진화된 방안과 공동 번영의 비전이 필요할 때

우리는 늘 남북의 평화협력, 나아가 통합과 통일을 이야기한다. 이는 어려운 일이지만 국가와 민족적 차원의 대과제이다. 완전한 남북통일까지 이르려면 넘어야 할 산이 많고 적지 않은 시간이 필요하다. 우선 통일과 통합의 과정으로서 남북 간 평화협력을 추진하여 남북이 왕래하고 사회경제적 통합성을 높여갈 필요가 있다. 그러나 이러한 남북 간 평화협력과 통합성을 높이는 과정이 어떻게 진행되어야 하는지에 대해서는 아직 구체적 논의와 전략이 부족하다.

그동안 남북평화협력과 교류에 관한 많은 논의와 선언 등이 있었지만 그것이 구체화된 것 그리고 실행에 옮겨진 것은 그리 많지 않다. 남북 간의 인도적, 사회문화적 교류와 초보적 경제협력, 개성공단 금강산 관광 정도가 구체화된 사업이라고 할 수 있다. 그러나 우리의 목표인 남북 평화협력, 통일과 통합을 이루기 위해서는 보다 진화된 경제교류 및 경제·사회 통합의 실험 단계를 거쳐야 할 필요가 있다. 그리고 이러한 남북 간 경제·사회 통합실험의 성과를 바탕으로 어떻게 남북이 통합의 단계로 나아갈 수 있을 것인지에 관한 구상을 구체화할 필요가 있다.

남북의 경제교류와 통합 실험으로 나아가기 위해서는 지금까지의 남북교류협력보다 진화된 모델과 중장기적인 비전, 구체적 실행계획이 필요하다. 남북한 당국과 국민, 기업이 남북경제협력을 적극적으로 받아들이기 위해서는 남북경제협력과 통합의 필요성과 이점, 실제 과정과 기대효과를 분명하고 구체적으로 연구하여 제시할 필요가 있다.

남북한 모두 남북경제협력에서 시작하여 궁극적으로는 경제통합으로 나아가야 할 충분한 이유와 필요성이 있다. 경제난이 심각한 북한은 외자유치 등의 방법으로 경제를 정상궤도에 올려놓고자 한다. 1990년부터 2017년까지 주요 국가의 1인당 GDP 증가(표 3-1)를 보면 남한 4.6배, 인도 5.3배, 중국 28.2배, 베트남 24.2배 등 발전도상국들이 급격하게 성장한 것으로 나타났으나 북한의 경우 1.8배에 그치고 있다. 대조적인 것은 1990년 베트남의 1인당 GDP가 북한의 1/8 수준인 95달러에 그쳤던 것이 2017년에는 2,344달러로 북한

표 3-1. 아시아 주요 국가의 1인당 GDP 변동 추이

| | 1990(A) | 2000 | 2017(B) | B/A |
|---|---|---|---|---|
| 대한민국 | 6,515 | 11,951 | 29,744 | 4.6 |
| 북한 | 734 | 755 | 1,306 | 1.8 |
| 중국 | 308 | 944 | 8,682 | 28.2 |
| 인도 | 364 | 439 | 1,940 | 5.3 |
| 일본 | 25,160 | 38,323 | 38,217 | 1.5 |
| 베트남 | 95 | 389 | 2,344 | 24.6 |
| 미국 | 23,679 | 36,473 | 59,763 | 2.5 |
| 러시아 | 3,502 | 1,774 | 10,956 | 3.1 |
| 영국 | 19,118 | 27,955 | 39,624 | 2.1 |

출처: 이영성, 2019

1,306달러의 약 1.8배에 이르고 있다는 점이다.

베트남과 북한의 대조 사례는 개방에 성공한 국가와 그렇지 않은 국가 간 성장의 격차를 여실히 드러내고 있다. 베트남 GDP 성장의 이면에는 한국의 주요 기업 투자가 중추적 역할을 하고 있다. 이러한 상황을 종합하여 볼 때 북한이 국민의 삶을 향상시키고 정상적인 국가를 운영하기 위해서는 남한과의 경제협력이 매우 중요하다.

남북한 경제협력의 성공을 위해서는 그동안 남북한이 공동으로 운영하다 멈춰선 개성공단, 금강산 관광 사업보다 진일보한 사업모델과 중장기적 비전을 수립할 필요가 있다. 북한이 중국과 긴밀한 협력관계를 맺고 있지만 중국에만 지나치게 의존하는 것은 경제적으로나 외교, 안보상으로나 바람직한 형태는 아닐 것이다.

한편 남한이 정치적으로 남북의 화해와 통합, 나아가 통일의 위업을 달성하는 것은 민족적·국민적 과제라 할 수 있다. 이러한 당위적 차원뿐만 아니라 남북경제협력을 통해 남한은 새로운 성장동력을 갖출 수 있을 것이라는 점도 중요하다. 현재 남한은 전통적 발전국가 패러다임의 한계에 다다른 가운데 혁신과 선진화 등 한 단계 업그레이드를 모색하고 있다. 그동안 비약적 경제발전의 양대 축이었던 수도권과 남해안권 등 주요 산업 집적지구는 새로운 성장동력을 찾기 위한 노력이 경주된다.

수도권은 과밀화와 혼잡, 높은 지가와 생활비 등의 문제, 새로운 미래성장동력의 확충이라는 난제를 안고 있다. 1960~1970년대에 기초를 다지기 시작한 남해안권 등 비수도권의 산업은 글로벌 환경변화 속에서 구조개혁이 필요한 시점이다. 노동력, 원자재 가격 상승, 지가 등 생산비용의 급격한 증가, 교통체증과 환경비용의 증가, 국제 경쟁의 격화, 빠른 기술혁신 속도 등은 기업에게 위협적 요인이 아닐 수 없다. 이러한 요인 때문에 한국 경제의 잠재성장률은 지속적으로 하락하여 2016~2020년에 2.1%이던 것이 2031~2035년에

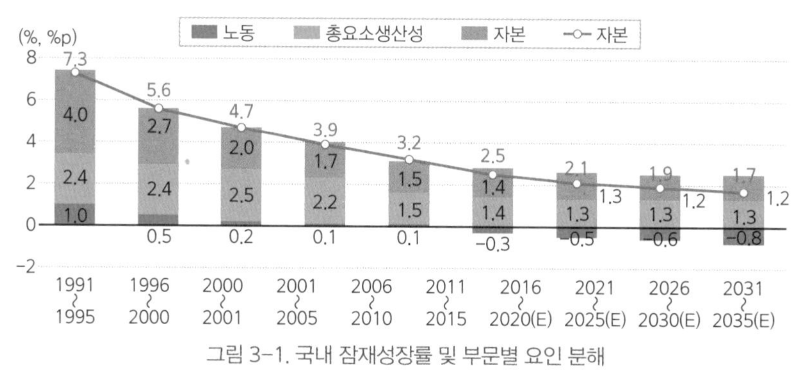


그림 3-1. 국내 잠재성장률 및 부문별 요인 분해

출처: 파이낸셜뉴스, 2019

는 1.7%까지 하락할 것으로 전망된다(현대경제연구원, 2019). 아울러 최근 코로나19로 인한 글로벌 공급망의 붕괴는 제조업 공급체인의 리쇼어링 혹은 니어쇼어링을 통해 위기를 관리해야 할 필요성을 보여 준다. 이러한 점에서 북한의 일정 구역을 개방하여 글로벌 경제지대로 만들 수 있다면 남한의 경제에 새로운 성장 동력으로서 작동할 것으로 보인다.

이와 같은 상황 속에서 남북한이 경제협력과 궁극적 통합을 바탕으로 공동번영을 이룰 수 있는 방안을 더 구체화해야 한다. 남북협력이 본격화되기 위해서는 북핵문제를 포함한 남북한 및 주변 주요 국가들과의 관계가 정리될 필요가 있다. 북핵문제에 대한 일정한 합의와 남북관계의 진전을 이룬다면 북한이 개성공단이나 금강산 관광과 같은 남북협력프로젝트를 수용했듯이 한강하구와 경기만 연안을 새로운 한반도 경제권의 발전 거점으로 만들자는 제안을 원천적으로 거부할 이유는 없을 것이다.

또 남북관계가 완전히 풀리기 이전이라도 남북공동번영의 미래비전을 공유하고 논의한다는 것 자체가 남북관계에 긍정적 영향을 미치게 될 것이다. 이러한 상황 인식을 토대로 경기만-한강하구를 남북한이 협력하는 한반도 경제권의 중추 거점으로 만드는 일에 대해 보다 구체적인 구상과 기획 노력이 필요하다.

남북협력은 협력의 필요성과 이점이 구체화됨과 동시에 북한의 체제에 부정적인 영향을 최소화할 수 있어야 할 것이다. 경제협력의 효과적 측면에서 국제적 고립으로 경제난을 겪고 있는 북한의 산업과 경제 생태계의 발전에 실질적인 도움이 될 수 있어야 할 것이다. 예를 들어 개성공단의 경우 저임금 노동력을 활용한 임가공 수출에 중점을 두고 있어 북한의 산업생태계와는 관련이 적었다. 또한 협력사업의 효과는 개성공단에 취업한 노동자들의 임금소득이 대부분을 차지하였다. 새로운 경제협력은 기술의 종류와 수준도 개성공단에 비해 다양해져야 하며 북한은 노동력뿐만 아니라 원재료나 중간제품, 서비스 등 산업의 다양한 부문에서 연계를 맺어 북한에 대한 경제적 파급효과를 높일 필요가 있다.

이러한 조건을 바탕으로 경기만-한강하구 권역을 중심으로 남북경제협력과 한반도 경제권의 새로운 발전의 중추 거점으로 조성할 필요가 있다. 본고에서는 왜 경기만-한강하구가 미래 한반도 경제권 발전의 중심인가, 참고할 만한 해외사례는 어떠한 것이 있는가, 구체적으로 어떠한 방향으로 추진해야 하는가에 대해서 살펴보도록 한다.

## 2. 왜 경기만-한강하구가 남북경제협력과 한반도 경제권 발전의 중심이 되어야 하는가?

### 1) 경기만-한강하구의 지정학: 한반도 경영과 대외협력의 중추 지역

한강하구는 과거부터 한반도를 경영하고자 하는 세력의 주요 거점이었다. 삼국시대로 거슬러 올라가면 가장 강성했던 세력을 가진 국가가 한강하구를 지배한 것을 볼 수 있다. 신라도 한강하구를 통해 나당연합을 이룸으로써 한반도의 통합을 이룰 수 있었다. 고려도 개성을 도읍으로 삼아 한강하구와 연결된 예성강의 벽란도를 국제항구로 발전시켜 해외 문물이 들고 나는 관문으로 활용하였다.

역사학자 윤명철[1]은 이러한 특징을 갖는 한강하구를 '동아지중해의 관문'으로 설정한다. 동아시아는 아시아 대륙의 동쪽 하단부에 위치해 중국이 있는 대륙, 그리고 북방으로 연결되는 대륙의 일부와 한반도, 일본열도로 구성된다. 한반도와 중국 사이의 황해가 지중해의 성격을 가지고 있어 '동아지중해'라 부를 수 있다. 이러한 역사적·위치적 성격으로부터 한강하구는 한반도의 지정학적 중추이자 대외교류의 거점으로서 이점이 있다.

지리학자 류우익[2]은 '통일국토 기본 구상'에서 '대경기만'을 동북아의 중심으로 규정하면서 경기만은 한반도의 모터 역할을 감당할 지리적 잠재력이 있다고 보았다. 그는 21세기에 서울권이 동경권, 북경권, 상해권과 동북아 경제권의 중심을 놓고 물러설 수 없는 큰 경쟁을 할 것이라고 전망하였다. 대도시권 간 경쟁의 결과가 21세기 한반도의 운명을 가늠하게 될 것이며 이 경쟁에서 지리적 우위를 확보하기 위해서는 경기만을 심장부로 하는 '대경기만 구상'이 필수적이라고 보았다.

류우익의 대경기만 구상은 한강하구에 남북한이 함께 이용할 수 있는 하항(river port)을 건설, 인천항과 연계시키는 한편 김포-강화 일원에 적지를 택하여 텔레포트(teleport)를 겸한 첨단정보산업기지를 건설하는 것이다. 그리고 이를 영종도 공항(airport)과 연결하여 트리플포트(triple port)를 모두 갖추도록 하는 것이다. 경기만은 동북아는 물론 태평양아시아 전역에서 가장 잠재력이 크고 넓은 배후시설을 갖는 세계적 중심지로 부상할 수 있다. 그것은 한국 경제가 가장 경쟁력 있는 입지를 확보한다는 말과 같다. 그 관건은 지금은 휴전선에 걸려 그야말로 잠재력으로 묻혀 있는 한강과 그 하구 지역을 적극적으로 이용하는 데 있다.

류우익에 따르면 한강하구를 포함해 해주에서 서산반도에 이르는 지역을 '대경기만(Great Gyeonggi Bay)'이라 부르고, 동아시아의 심장으로 박동하는 꿈을 품고 남북이 모두 새천년을 노래할 수도를 그려야 하며, 그런 지정학적인 꿈이 실현될 수 있는 곳이 한강하구인 것이다.[3]

이상에서 살펴본 바와 같이 경기만의 지정학적 성격과 역사적 경험, 남북한 경계로서의 특징으로부터 남북의 점진적 개방과 통합, 한반도 경제권을 고려할 때 경기만과 한강하구의 중요성은 더욱 부각될 수밖에 없다.

### 2) 만과 하구, 접경지역 중심의 세계적 발전사례와 모델: 트윈시티와 메가리전

세계적으로 발전된 지역은 단일 도시 단위가 아닌 여러 도시와 지역이 경제적으로 서로 유기적으로 연계되어 있고 도로, 철도, 공항, 항만 등 인프라를 공유하여 마치 하나의 지역으로 작동하는 '메가리전'을 형성하는 경향을 보인다.[4] 메가리전은 통상적으로 인구규모와 면적, 생산액 등으로 보면 보통의 대도시권을 넘어서는 1000만 명 이상의 규모를 보인다.

미국의 경우 두드러진 메가리전으로 11개소가 확인되고 있다(그림 3-2). 만과 연안지역으로는 북동 메가리전(워싱턴-뉴욕-보스턴), 북부 캘리포니아 메가리전(샌프란시스코-새너제이)이 대표적이고, 국경이면서 동시에 만과 연안을 포함하고 있는 경우로 남부 캘리포니아(LA-샌디에이고-멕시코 티후아나) 메가리전, 캐스캐디아 메가리전(시애틀-밴쿠버) 등을 예로 들 수 있다. 미국의 사례에서 알 수 있듯이 세계적으로 널리 알려져 있고 발전과 혁신을 선도하는 곳은 만과 연안, 국경 지역에 있는 경우가 많다.

교류가 활발한 국경 지역에서는 국경을 사이에 두고 마주하고 있는 두 도시가 경제, 행정, 사회문화적 측면에서 서로 긴밀히 협력하며 발전해 가는 경우

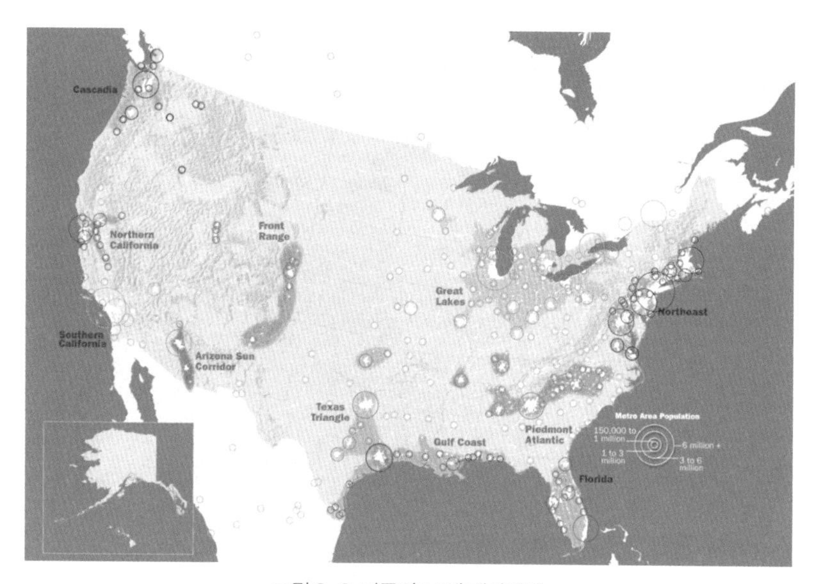


그림 3-2. 미국의 11개 메가리전
출처: Regional Plan Association, 2006

를 볼 수 있다. 이러한 경향을 국경도시의 동조화(twining)로 정의하며, 국경을 마주하고 서로 긴밀한 연계를 맺고 있는 두 도시들을 트윈시티(twin city)라 부른다. 국경 지역의 트윈시티에서 이루어지는 교류협력은 배후의 대도시권, 그리고 전국적으로 확산되는 과정을 거치게 된다. 이로부터 국경의 트윈시티는 초국경 메가리전 형성의 고리로서 역할을 하게 된다. 미국의 접경지역 메가리전의 경우 대부분 초국경 메가리전으로 발전하고 있다.[5]

광둥(선전)-홍콩-마카오로 이루어진 웨강아오 대만구(粵港澳大灣區)도 초기 트윈시티 모델에서 메가리전으로 확대된 경우로 남북경제협력에서 중요한 선행사례가 될 수 있다. 선전 경제특구 설치를 통한 선전-홍콩의 경제협력은 중국 경제개방의 실험적 모델을 구축하려는 의도로 추진되었다. 개방 초기인 1980년대 초반에는 홍콩과 선전의 제한된 지역을 중심으로 협력이 이루어져 왔다. 점차 개방이 이루어지면서 선전에서 동관, 광저우, 중산 등 광둥성 전체

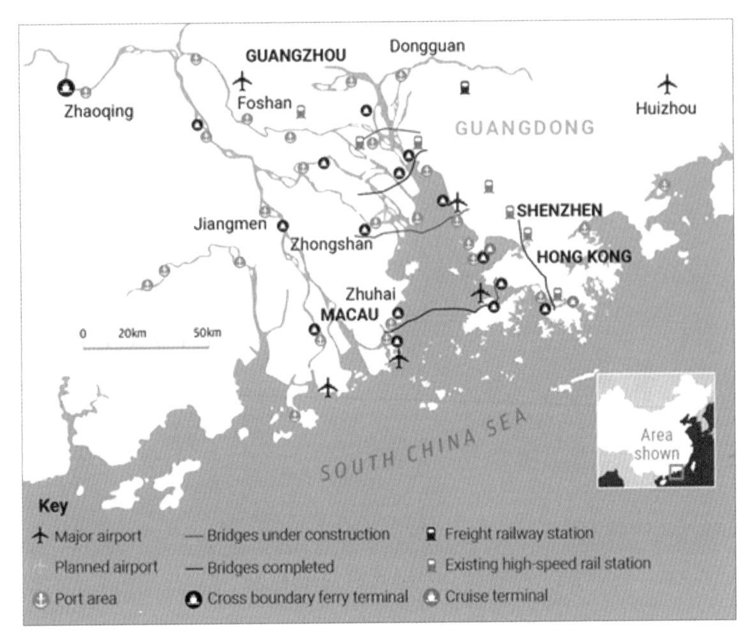


그림 3-3. 웨강아오 대만구

출처: Asia Fund Managers, 2019

로 협력지역이 확장되었다. 최근에는 마카오를 포함하여 주강하구의 만 지역을 거대한 메가리전으로 만들기 위한 철도, 항구, 교량, 공항 등의 인프라와 제도, 거버넌스 등을 구축하여 통합작업을 추진하고 있다(이정훈 외, 2019).

또한 참고할 만한 사례로 북중 접경지역의 신의주·황금평 경제특구와 나진선봉 국제경제무역지대를 들 수 있다. 표 3-2와 그림 3-4에서 보는 바와 같이 두 사례 모두 접경지역에 외자 유치를 통해 IT, 전기·전자, 기계, 화학, 관광, 물류, 금융 서비스 등 새로운 산업을 육성하기 위한 경제개방지대를 조성하고자 하는 것이다. 이 두 사례에서 북한이 원하는 경제 개방의 수준은 개성공단과 같은 임가공 수출단지를 넘어 IT를 포함한 첨단 제조업과 금융업 등 복합적 산업도시의 조성임을 알 수 있다. 이를 통해 북한 내부의 산업과 경제적 연계, 생태계 구축을 통해 전체적인 성장이 가능하다고 생각하기 때문일 것으로 보인다.

입지의 측면에서 북한이 대외개방과 외자유치를 위해 지정한 27개 경제개발구는 북중 국경지대와 평양–남포 도시권에 집중되어 있다.[6] 북한 내에서도 평양권은 인력, 자본, 과학지식 등 연구개발과 혁신에 필요한 자원이 집적되

표 3-2. 나선경제무역지대 및 신의주국제경제지대 개발계획 개요

| 항목 | 나선경제무역지대 | 신의주국제경제지대/<br>황금평·위화도 경제지대 |
|---|---|---|
| 위치,<br>면적,<br>투자규모 | • 함경북도 나선특별시<br>• 면적: 470km$^2$<br>• 투자규모: 100억 달러(약 11.3조 원) | • 평안북도 신의주시 132km$^2$(40km$^2$)<br>• 평안북도 신의주시 신도군<br>– 황금평 14.49km$^2$<br>– 위화도 38km$^2$ |
| 조성<br>배경 및<br>주요<br>추진<br>경과 | • 1991년에 '나진·선봉 자유경제무역지대' 선포<br>• 2010년 1월 나선특별시 승격, 「나선경제무역지대법」 개정<br>• 2011년 북중 간 협정 및 '조·중 나선경제무역지대와 황금평경제지대 공동개발 총계획요강' 작성 | • 2002년 9월 중국의 홍콩–선전특구의 장점을 결합해 신의주를 국제적 항구도시이자 21세기 환경친화형 도시로 개발하기 위해 특별행정구역으로 지정<br>• 「신의주 특별행정구 기본법」(제6장 101조) 제정 |
| 육성<br>분야 | • 6대 산업 육성<br>– 원자재공업, 장비공업, 첨단기술산업, 경공업, 봉사업(물류, 관광), 현대적 고효율 농업 특구 내 지역별로 구분하여 배분 | • 신의주: 첨단기술산업, 무역, 관광, 금융, 보세가공 등을 결합한 복합경제개발구<br>• 황금평·위화도: 정보산업, 경공업, 농업, 상업, 관광업 |
| 주요<br>도입기능<br>및<br>인프라 | • 동아시아의 선진제조업기지, 물류중심, 관광중심 건설<br>• 중계무역, 수출가공, 금융, 봉사 등 연해산업지대<br>• 전력, 급수, 정보통신 등 기초인프라 조성<br>• 훈춘–원정–나진을 잇는 고속도로, 교량, 철도 추진<br>• 공항 – 청진 심해리에 민용비행장 신설<br>• 나진항, 선봉항, 웅상항 정비<br>• 전력: 단기 석탄발전, 중장기–풍력, 태양열 발전 | • 압록강지역에 유원지 등 관광유람구 조성<br>• 국제비행장, 국제항구, 도로망, 철도망 신규 건설<br>• 최신정보기술산업구, 경쟁력 있는 생산산업구, 물류구역, 무역 및 금융구역, 공공봉사구역, 관광구역, 보세항구가 배치되는 종합 경제구, 국제도시 |

출처: 조중공동지도위원회 계획분과위원회, 2011; KDB산업은행, 2015, pp.60~62에서 재인용; 외국문출판사, 2018.

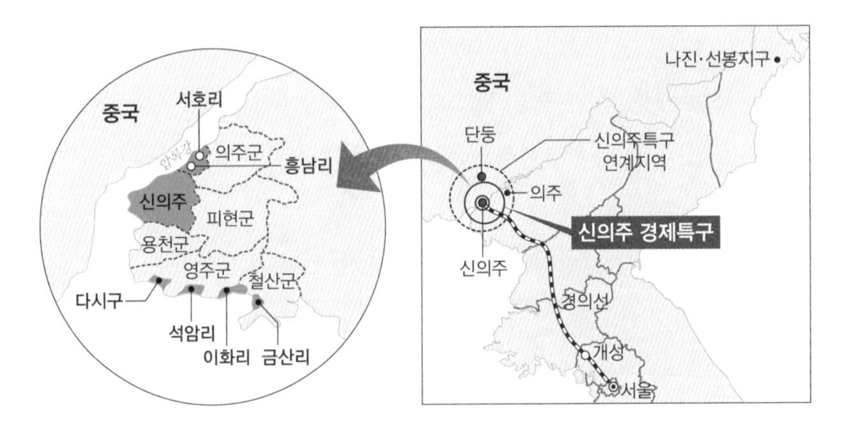


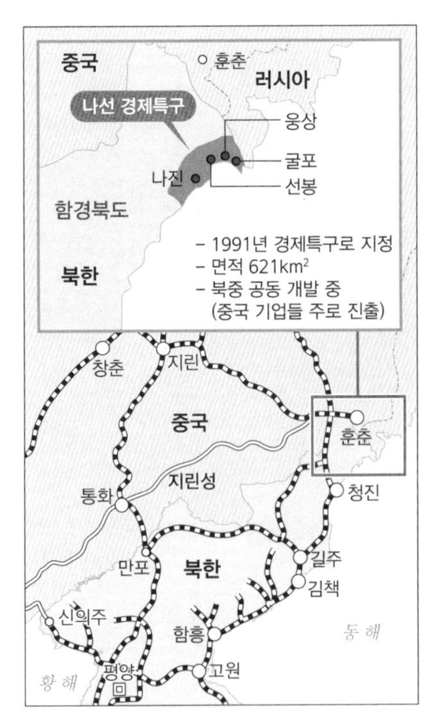


그림 3-4. 북중 접경지역의 라선 경제무역지대 및 신의주 국제경제지대

출처: 동아일보, 2002; 연합뉴스, 2013

어 있다. 반면 북중 국경지대는 중국과 교역 및 인프라 연계 등 대외개방에 적합한 입지조건을 갖추고 있다. 또한 북한은 전통적으로 주요 국가기관 산업을 남북접경지역에서 멀리 떨어진 곳, 특히 북중 접경지역에 집중적으로 육성했다는 점에서 기존 산업과의 연계성을 형성하기에도 유리하다.[7] 실제 신의주, 나선 경제특구 개발계획에서 도로 등 인프라 구축 계획을 보면 북한 내 연결보다는 국경 너머의 중국과 연결에 중점을 두고 있음을 알 수 있다. 신의주, 나선 경제특구의 면적은 단순 생산 단지 수준을 넘어 중급 도시 정도의 규모로 지정하고 있다는 점에서도 특구의 성격을 드러낸다.

이상에서 살펴본 국경지대에서의 교류협력 사례는 남북접경지역에 직·간접적 시사점을 제공해 준다. 홍콩-선전의 경우 사회주의 경제 대외개방의 성공모델이 될 수 있다는 점에서 의미가 있다. 특히 북중 접경지역의 경제특구 사례는 남북접경지역에 대해서도 적용할 수 있을 것이라는 점에서 중요한 의미가 있다. 나선과 신의주 경제특구를 통해 북한이 생각하는 경제 개방의 방향을 읽을 수 있는 것이다.

### 3) 경기만-한강하구의 입지 이점

지금까지 남북협력 논의의 중심축은 서울-파주-개성-평양-신의주로 연결되는 경의축과 서울-의정부-연천-철원-평강-금강산-원산으로 이어지는 경원축을 중심으로 이루어졌다. 그러나 경의축의 경우 육로와 내륙 중심의 협력이라는 점에서 해양과 연안, 하구의 발전 잠재력과 개방적 활용에 한계가 있었다. 한강하구-경기만 연안 접경권을 중심으로 하는 남북협력은 그동안 남북협력 논의에서 새로운 방향을 제시할 수 있다는 점에서 중요하다. 경기만-한강하구가 갖는 지정학적 특성에서 유래하는 남북협력에 대한 이점을 살펴보자.

우선 남북분단 상황 속에서 한강하구가 갖는 지정학적 의미를 확인할 필요가 있다. 나아가 역사적으로 한강하구와 경기만 연안이 한반도에서 차지해 온 기능과 역할을 보아야 한다. 한강하구는 정전협정상 DMZ와 달리 민간 선박의 항행이 가능하다. 군사적 이유로 실행되지는 못했지만 이러한 한강하구의 제도적 상황은 남북한 간 합의를 통해 교류협력의 돌파구가 될 수 있다.

2000년 전후 남북협력 논의가 진행됨에 따라 한강하구의 평화적 활용에 대한 남북 간 협의와 공동 작업이 이루어져 왔다. 실제 2007년 4월 평양 고려호텔에서 개최된 제13차 남북경제협력추진위원회에서 모래채취 등 한강하구의 평화적 협력에 관한 협의가 이루어졌고 이후 실제 공동 실행이 이루어졌다.

한강하구와 경기만 연안에서 남북협력의 잠재력은 이 지역이 갖는 지정학적 중요성과 풍부한 발전 여건에서 찾아볼 수 있다. 경기만과 한강하구는 고려시대 벽란나루, 조선시대 조강포, 강녕포 등 한강하구 주요 포구가 번성했다는 데서 그 근거를 찾아볼 수 있다. 육로와 자동차, 철도 등 근대 교통수단이 발전하기 이전 한반도 각지에서 수도 서울로 운송하는 물산이 연안항로와 한강하구를 통해 이동했으며, 중국 등 외부와의 교류 또한 한강하구를 통해 이루어졌다.[8]

연안항로와 해상물류, 항만은 현대에도 지역발전의 중요한 조건이다. 대외경제교류 협력에 항만과 해상물류의 역할이 중요하다. 남북 간 경제교류협력이 활발해진다면 한강하구와 경기만 연안의 항만과 해상 물류[9]에 대한 새로운 역할이 부여될 가능성이 높아질 것이다. 또 현대의 지역발전에서 쾌적한 자연환경과 연안의 다양한 자원은 지속가능한 발전, 혁신 경제의 중요한 조건으로 작용하고 있기도 하다. 혁신 경제에서 중요한 역할을 담당하는 창조적 인재는 생활환경이 쾌적한 도시를 선호한다. 강 하구와 연안에서 접근 가능한 해양자원과 신재생에너지원 등도 지속가능한 발전의 원동력이 될 수 있다.

경기만 연안 남북 접경권의 또 하나의 강점은 이 지역이 남북의 인구 산업

밀집지역을 배후에 두고 있다는 점이다. 남북 간 협력에 필요한 인력, 기술, 자본, 정치 행정적 지원에 접근성이 높다. 남북교류협력과 통합 실험은 우선 접경지역에서 이루어지는 것이 여러 가지 면에서 용이하다. 접경지역을 협력 거점으로 삼을 경우 북한에서 당장 해결하기 어려운 도로, 철도, 항만, 전력 등 인프라 구축 비용을 최소화할 수 있다. 핵심 인력을 제외한 남한의 인력이나 지원 기능은 북측에 상주하지 않고 남측의 접경지역에 상주하면서 수시로 왕래, 통근을 통해 업무의 수행이 가능해진다.

### 4) 경기만-한강하구 남북 접경권 현황과 미래 발전 잠재력

경기만-한강하구 남북 접경권의 현재 상황과 미래 발전 잠재력을 보다 구체적으로 살펴볼 필요가 있다. 경기만-한강하구 남북 접경권에서 마주보고 있는 주요 도시·지역은 파주·김포·강화 vs 개풍·배천·연안·해주·강령을 들 수 있다(그림 3-5). 이 지역들의 자연환경과 산업, 경제 등 현황과 미래 잠재력을 살펴볼 필요가 있다.

경기만-한강하구 남북 접경권의 주요 지역인 개풍·배천·연안군은 그림 3-5에서 볼 수 있듯이 농업지역이다. 지형적으로는 예성강과 한강의 하구, 서해에 접해 있으며 평탄하고 너른 벌판이 펼쳐지고 있다. 예성강 하류의 좌안인 개풍군에 면적이 110km$^2$(약 3300만 평)인 풍덕벌이, 우안의 배천·연안·청단군에 1,190km$^2$(약 3억 6000만 평)의 연백벌이 광활하게 펼쳐져 있다. 이 지역은 해발고도 100m 내외의 북한 최대의 곡창지대이며 연평균 기온은 10.5℃ 내외로 북한에서 가장 따뜻하다.[10]

그림 3-5 토지이용도에서 볼 수 있듯이 경기만 한강하구의 접경지역에서 북한은 주로 농업지역이고 중간중간에 소규모의 도시 취락이 형성되어 있다. 접경지역에 도시가 발달하지 않은 것은 오랫동안 남북 대립과 분단의 결과라

그림 3-5. 2000년대 말 남북 접경지역 토지이용도

출처: 경기연구원

고 보아야 할 것이다. 따라서 남북한 접경지대는 남북관계가 화해와 협력 모드로 전환되고 통합의 정도가 강해짐에 따라 활기를 띠고 서로 긴밀한 교류를 맺는 국경도시들이 형성될 수 있을 것이다.

개풍과 배천을 남쪽으로 가르면서 흐르는 예성강의 하구에는 고려시대 국제적 무역항으로 수도 개경으로 향하는 관문이었던 벽란리가 있다. 벽란리는 지금은 분단으로 포구의 기능이 소실되었지만 여전히 한강하구의 주요 항구로서 활용될 수 있는 잠재력이 있는 것으로 판단된다. 또 김포와 개풍을 가장 가까이 연결하는 곳은 김포 월곶면 조강리와 북한 개풍군의 상조강, 하조강리이다. 이곳은 예로부터 남북이 나루를 이용해 오가던 곳이기도 하다.[11]

한강하구와 서해가 만나는 곳에서 서북쪽으로 가면 해주시와 강령반도를 만나게 된다. 해주시에는 경기만의 북한 지역에서 가장 큰 항구인 해주항이 있다. 해주항 역시 현재는 그다지 큰 규모가 아니지만 경기만-한강하구에서 남북경제협력이 활발해지면 물류, 해상교통·관광 등에 중요한 역할을 할 것으로 보인다. 해주에서 남서쪽으로 돌출한 강령반도는 수산업, 농업, 해양산

그림 3-6. 한강하구 북한 측 개풍, 연안, 해주, 강령

출처: 구글맵

업에서 높은 잠재력이 있어 이 분야의 남북협력 주요 거점이 될 수 있을 것으로 전망된다.

## 3. 남북 공동번영의 엔진: 경기만-한강하구 남북 공동 경제특구[12]와 한반도 메가리전

이상에서 살펴본 바와 같이 경기만-한강하구 연안 접경지역은 새로운 남북협력의 중심 기지가 될 높은 잠재력이 있다. 그동안 한강하구의 평화적 활용은 생태수로 조사, 준설 및 모래 채취, 남북 어업 협력, 문화역사 조사 및 교류 등에 중점을 두고 이루어졌다. 남북경제협력의 단계를 넘어 중장기적 남북 경제통합의 실험을 위해서는 경기만-한강하구 연안에 남북공동경제특구 설치와 같은 보다 전향적인 프로젝트를 구상하고 남북이 협의할 필요가 있다.[13]

경기만 접경권 남북공동경제특구는 기존의 개성공단보다 한 단계 높아진 남북경제통합의 실험장으로서 조성될 필요가 있다. 해상과 육상을 동시에 활용하고 남북한과 더불어 미국, 중국, 러시아, 일본 등 국제 자본과 기업을 유치하며 단순 수출임가공 수준을 넘어 북한의 산업 및 원료 생산 공급 생태계와 연관된 산업을 육성할 필요가 있다.

또 친환경 디지털 도시형 산업지구로서 개념설계를 하여 미래지향적 국제협력지구로 육성해야 한다. 친환경 에너지 공급, 환경친화적 미래형의 도시교통, 남북 산업구조와 미래 성장에 적합한 업종의 선정, 쾌적한 단지의 주변환경 등의 개념을 선제적으로 도입할 필요가 있다.

이러한 개념을 도입하여 남과 북, 주변 국가들이 공동 투자하는 경제특구를 조성하기에 적합한 공간은 한강하구와 예성강 하구 어귀의 남북한 접경지역을 꼽을 수 있다. 파주–개성공단을 동쪽 끝 한 축으로 하고, 김포·강화–개풍·배천–해주–강령으로 연결되는 한강하구–경기만 연안의 접경지역이 적지라고 할 수 있다. 한강하구의 남북한 접경지역 간 교류협력을 위해서는 도로·철도가 신설되어 남북이 왕래할 수 있도록 하고, 과거부터 운영되었던 포구를 복원하고 항만을 조성하여 남북 간 서해–경기만–한강하구 연결 수로를 개설할 필요가 있다. 경기만–한강하구의 항만물류시스템과 수로 개설을 위해서는 한강하구의 하상 조건과 남한의 물류체계, 남북경제협력이 이루어졌을 때의 물류체계 등을 종합적으로 검토해야 한다. 북한의 경우 육로 인프라가 부족한 상태이므로 수로를 적극 활용한다면 남북 간 경제협력의 효과를 더 이른 시기에 얻을 수도 있다. 북한 지역의 도로 인프라를 전체적으로 구축하기 위해서는 많은 예산과 시간이 필요할 것이기 때문이다.

또 남한의 물류체계도 기존에는 한강하구와 경기만 항만시스템과 수로의 역할에 대한 고려 없이 육상 중심으로 이루어져 온 상황에 대한 근본적 검토가 필요하다. 트럭 중심의 물류로 환경 오염과 교통 혼잡, 비용 증대 등 사회적 비용이 높아진 상황을 재검토하여 한강하구와 연안물류를 중심으로 하는 신환경 수상물류 시스템을 접목시킬 방안을 구체화할 필요가 있다(이성우, 2020).

새로운 경제협력은 개성공단과는 다른 성격의 경제협력지구로 이루어져야 할 것이다. 지금까지보다는 한 차원 높은 남북협력의 새로운 단계를 만들어야 한다. 더 접근이 쉽고, 더 많은 자원을 활용하고, 글로벌 협력을 이끌어 내고 해양의 자원을 활용할 수 있어야 한다. 신기술을 접목하고 북한 내 산업 생태계 활성화에 필요한 다양한 분야에 대한 협력을 기획할 필요가 있다. 개성공단은 한국에서 경쟁력이 낮아진 산업이 북의 값싼 노동력 활용, 수출 목적에 중점을 두었다면 새로운 경제협력단지가 시너지를 높이기 위해서는 북한의 원료, 반제품 등을 활용하고 산출물들이 북한 내부에서 소비될 수 있는 생태계 형성을 또 다른 목표로 삼을 필요가 있다. 사양산업뿐만아니라 IT, 농식품 바이오, 관광, 해륙물류, 신재생에너지, 사업서비스 등 교류협력 분야를 확대할 필요가 있다.[14] 그 이유는 이 교류가 남북한 양측 모두에게 실질적 도움이 되어야 지속가능할 것이기 때문이다. 그러기 위해서는 이 지역이 가지고 있는 입지 잠재력을 최대한 활용할 필요가 있다.

경기만-한강하구 연안의 협력이 향후 남북교류협력의 앞길을 가늠케하는 잣대가 될 것이다. 이 협력을 통해서 북한이 개방에 대한 자신감을 얻고 남북 상호 간 신뢰를 구축하는 기회가 되어야 하기 때문이다. 지역의 협력이 성공하기 위해서는 남북한 산업 생태계상 필요한 부문과 협력지역이 가지고 있는 입지 여건과 배후 지역의 산업 및 자원, 시장 잠재력 등을 모두 고려해야 한다. 나아가 국제적 관점의 관심과 이해관계도 고려해야 할 것이다.

중장기적으로 경기만-한강하구 접경권에서 경제특구 조성을 바탕으로 한 남북경제협력과 통합의 실험이 성공적으로 이루어질 경우 그동안 축적된 남북 간 신뢰와 경험을 바탕으로 교류협력의 범위가 배후 대도시권으로 확장될 수 있다. 북한의 평양-남포도시권과 남한의 수도권, 북한의 평강-원산-금강산권과 남한의 서울-의정부-연천-철원권도 이러한 성공을 바탕으로 새롭게 활성화될 수 있을 것이다.

이 단계에 들어서면 메가리전 전체에 대해 철도, 고속철도, 공항 및 항만 연결, 경제협력프로젝트의 다양화, 사회문화적 통합성 제고 프로그램 실행 등을 통해 남북경제협력이 본격화될 것이다. 이러한 협력의 공간적 확장은 서해-경기만 남북공동경제특구를 중심으로 남한의 수도권과 북한의 평양-남포권을 포함하는 거대한 메가리전의 형성으로 이어질 것이다. 이를 우리는 '한반도 메가리전'이라 부르고자 한다. 한반도 메가리전은 남북협력과 공동번영의 토대가 될 것이며, 동북아의 국제협력지대로서 동북아 경제권의 형성과 발전에 중요한 역할을 할 것이다(그림 3-7).

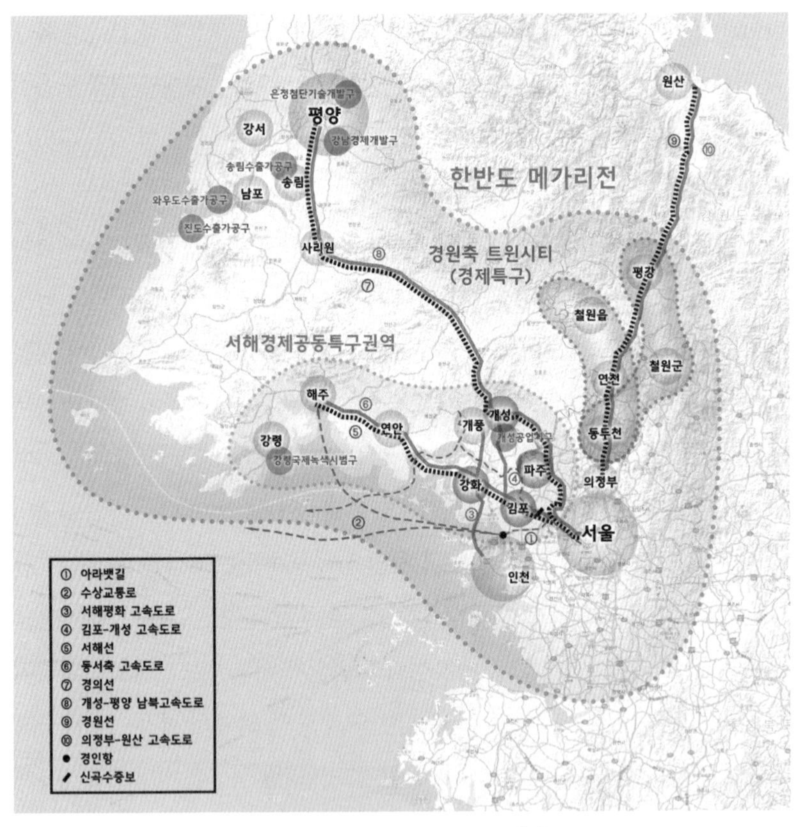


그림 3-7. 한반도 메가리전 구상(안)

출처: 이정훈 외, 2020

## 4. 향후 과제:
## 경기만의 미래, 한반도 평화번영의 미래

남북공동경제특구의 성공을 전제로 북한의 평양권과 남한의 수도권을 하나의 통합된 대도시경제권, 즉 메가리전으로 발전시키기 위한 출발이자 실천이 바로 한강하구의 평화적 활용이다. 우선 분단 이후 제도적으로는 가능하지만 남북 간 군사적 긴장으로 봉쇄되어 왔던 한강하구의 민간 선박 항행을 재개하고 수로와 생태조사, 과거의 포구와 뱃길 복원 등 분단으로부터 회복을 위한 실천을 하나둘 시작하는 것이 중요하다. 이러한 노력이 어느 정도 성과를 거둔다면 서해-경기만 연안 어민들 간의 어업협력, 농수산물 물물교환 등 민간 차원의 교류협력 프로그램을 운영할 수 있을 것이다.

이와 아울러 지금까지 제시한 서해-경기만 접경권의 남북한 연안지역에 남북공동경제특구 조성 방안을 구체화하고 남북이 협의할 필요가 있다. 이 계획은 산업단지, 도시, 경기만-한강하구의 항만 축조와 포구 복원, 항로 개설 및 수상교통 및 물류 시스템 구축, 남북 연결 교량 및 철도·도로 신설, 국경통관 지점의 설치, 남북한 특구지역의 지정과 산업단지, 도시, 에너지 공급 인프라 구축 등의 계획을 구체화할 필요가 있다. 또한 중장기적으로 서해-경기만 지역의 남북공동경제특구와 주변의 남북한 배후 대도시권과 연결하기 위한 인프라-산업-도시 벨트 구축 계획을 마련해야 한다. 북한이 개방을 준비할 수 있도록 관련 프로그램과 제도를 마련할 필요가 있다. 남북 간 문화적 괴리를 좁힐 수 있는 문화통합 프로그램도 장기적으로 중요한 역할을 할 것이다.

요컨대 우선 초기 단계에서 경기만-한강하구의 남북 접경지역을 중심으로 새로운 단계의 남북 경제협력 구상을 실험하고, 점차 협력의 범위를 배후지역인 남한의 수도권과 북한의 평양권까지 확대하자는 것이 '한반도 메가리전 구상'의 골자이다.

이러한 구상과 전망은 남북관계가 원활하게 이루어질 때만이 가능한 것으로 여겨지지만 반대로 남북관계 진전의 필요성이 더 절실해졌을 때 실제 성과를 보다 구체화할 수 있기도 하다. 따라서 이러한 논의는 남북관계가 잘 되어가는 상황이거나 그렇지 않은 상황에서 모두 공유할 만한 비전을 제시할 필요가 있다.

## 주

1. 윤명철, 2016.
2. 류우익, 1996.
3. 류우익, 2004.
4. Florida et al., 2008.
5. 트윈시티와 메가리전에 관한 상세한 논의는 이정훈 외, 2019를 참조.
6. 외국문출판사, 2018.
7. 이정훈, 2019.
8. 경기도박물관, 2002.
9. 해상 물류에 대해서는 이미 남한의 물류체계가 도로와 철도 등 육상물류를 중심으로 편성되어 있다는 점에서 수요의 문제가 제기되기도 한다. 이 점에 대해서는 이성우, 2019과 2020을 참조.
10. 평화문제연구소, 2005.
11. 경기도박물관, 2002.
12. 경기만-한강하구 접경권의 남북공동경제 특구에 대한 상세한 구상에 대해서는 이정훈 외, 2021을 참조.
13. 9·19 선언에서 남북한 당국은 서해경제공동특구와 동해관광공동특구를 조성하기로 합의하였다. 이후 한강하구에 대한 수로생태조사가 남북 공동으로 1회 이루어졌으나 그 이후 남북관계의 냉각으로 후속 조치가 없는 상황이다. 9·19 선언에서 언급된 서해경제공동특구를 어떻게 추진할지에 대해서도 남북한 정부 당국의 공식적인 입장이나 추진 방향은 아직 제시되지 않은 상황이다. 그럼에도 불구하고 북한 당국이 서해경제공동특구와 동해관광공동특구 조성에 동의했다는 사실은 북한이 남북한 접경지역에 개성공단모델을 넘어서는 새로운 경제협력단지를 조성하고자 하는 의지가 있다는 추론이 가능하며, 이 글의 배경이 되기도 한다.
14. 이정훈, 2021.

## 참고문헌

경기도박물관, 2002, 「1. 환경과 삶」, 『경기도 3대 하천유역 종합학술조사 II 한강』, 경기도

박물관 학술총서.
류우익, 1996,「통일국토 기본구상」,『대한지리학회지』31(2), pp.44-59.
류우익, 2004,『장소의 의미 II-유우익의 국토기행』, 삶과 꿈. p.181, 187.
외국문출판사, 2018,『조선민주주의인민공화국 주요 경제지대들』, 외국문출판사.
윤명철, 2013,「한민족 역사공간의 이해와 강해도시론 모델」,『동아시아고대학』23, pp.197-246.
윤명철, 2016,「동아 지중해 모델과 해륙 문명론의 제언」,『한국해양정책학회지』1(1).
이성우, 2019,「한강하구의 평화적 이용을 통한 서울 신물류체계 구상」, KDI 북한경제리뷰.
이성우, 2020,「남북 메가리전 한강하구 물류네트워크 구상」, 이정훈 외,『한반도 메가리전 발전 구상:경기만 남북 초광역 도시경제권 비전과 전략』, 경기연구원.
이영성, 2019, "남북 산업협력의 방향과 도시지역의 혁신", 북한토지주택리뷰, 4(1).
이정훈, 2019,「북한의 경제와 산업」, 박수진 외 편,『북한지리백서』, 푸른길.
이정훈 외, 2019,『트윈시티모델에 기반한 남북한 접경지역 분석과 발전 전망』, 경기연구원.
이정훈 외, 2020,『한반도 메가리전 발전 구상: 경기만 남북 초국경 도시경제권 형성』, 경기연구원.
이정훈 외, 2021,「한반도 메가리전과 서해-경기만 접경권 남북공동경제특구 조성」, 2021 DMZ포럼 발표문.
이정훈, 2022,『한반도 메가리전 발전 구상 II: 서해-경기만 접경권 남북공동경제특구 조성』, 푸른길.
조중공동지도위원회 계획분과위원회, 2011,「조중라선경제무역지대와 황금평경제지대 공동개발 총계획요강」.
최용석·최상희·양창호, 2006,「한강하구지역의 항만시설 개발방안 연구」,『한국항해항만학회 학술대회논문집』1(b2), pp.153-162.
KDB산업은행, 2015,『북한의 산업』, KDB산업은행.
평화문제연구소, 2005,『조선향토대백과』, 평화문제연구소.
Florida, Richard, Tim Gulden, Charlotta Mellander, 2008, "The Rise of the Mega-Region", Cambridge Journal of Regions Economy and Society, 1(3), pp.459-476.
Regional Plan Association, 2006, "America 2050: A Prospectus," (https://rpa.org/work/reports/america-2050-prospectus).

동아일보, 2002, 신의주 경제특구 의미-배경, 2002년 9월 19일 자.
연합뉴스, 2013, 北 경제개발구법 제정…경제특구 확대 추진, 2013년 6월 5일 자.

파이낸셜뉴스, 2019, 현대경제연 "한국 잠재성장률, 2026년 이후 1%대로 하락", 2019년 8월 11일 자.

구글맵(해주시) https://www.google.co.kr/maps.
Asia Fund Managers, 2019, https://www.asiafundmanagers.com.

## 제4장

# 한강하구 남북평화지대 조강: 조강을 중심으로 포구 복원에 관한 소고

**정현채**

김포시 시사편찬위원

## 1. 접경지역 경계 조강에 들어가며

서해에서 밀물을 따라 올라가면 임진강과 한강으로 갈라지는 길목을 만나며, 서울 마포와 연천 고랑포구에서 한강과 임진강의 썰물을 따라 내려오면 두 물줄기가 한곳에서 만난다. 조강(祖江)이다. 조강은 삼기하(三岐河)라고도 하며 밀물과 썰물이 합수하는 바다와 강의 관문이다. 경기도 김포시 조강리와 북한 개풍군 임한면, 경기도 파주시 교하와 강화도가 동서남북으로 만나는 곳이다. 이러한 지리적인 환경이 지명에도 영향을 주었다. 김포시와 개풍군에 조강리가 있으며, 개풍군 임한면의 '임'은 임진강의 '임'이고 임한면의 '한'은 한강의 '한'이다. 임한면과 마주보는 경기도 파주시 교하도 두 갈래의 물길이 교차하고 만난다는 의미다. 조강은 이러한 물줄기가 만나는 중심이다. 즉 가정에서 조부(祖父) 조모(祖母)와 같은 역할이다. 가족이 조(祖)에서 번성하여 나아가고 다시 근본(祖)인 조상의 정신으로 돌아와 이어가듯이 조강에도 이러한 이치가 물길에 담겨져 있다.

조강은 삼한시대부터 근대까지 문물유통과 어업의 중심지로 활발한 움직임이 있던 곳이었으나 1953년 7월 27일 정전협정에 의해 출입할 수 없는 금지구역이 되었다. 항행과 어업활동을 하지 못하고 강안에 있는 포구들도 기능을 상실했다. 어업과 문물유통의 기능만 상실한 것이 아니다. 고려시대부터 근대까지 조강을 항행하는 사람들이 배를 타고 벽란도, 임진강, 한강으로 오고가며 남긴 시(詩)가 이곳에 많았는데 1953년 항행 금지로 지금은 시를 비롯한 문학작품이 이어지지 못하고 있다. 물길과 포구마을의 상실은 경제활동 영역을 차단하여 포구문화뿐만 아니라 경제, 교육, 문학, 예술까지 연쇄적으로 단절했다.

분단 이전에는 남북이 조강을 사이에 두고 같은 지명을 사용하고 왕래했으나 접경지역의 경계선으로 지금은 이웃마을의 동질성까지 잊혀져가고 있다. 분단은 선인들로부터 내려오는 수산업을 비롯한 문화자원을 연결하지 못하고 새로운 미래문화도 생성하지 못하고 있다. 이러한 질곡의 현장을 풀어내는 것은 남쪽의 포구를 먼저 복원하여 물의 문화 복원을 꾀하면서 북쪽의 영정포구를 복원하는 방향이다. 남북이 협력하여 노력한다면 조강은 과거와 현재와 미래가 공존하는 평화지대로 남북의 문화자원을 다시 이어가고 수산업과 수상관광자원으로 활용할 수 있다.

## 2. 정전협정으로 소개된 포구마을

조강에 있던 세 개의 포구마을 조강포구, 강녕포구, 마근포구 마을에 살았던 주민들이 흩이지고 주택과 학교가 있었던 곳이 철책으로 바뀐 것은 6·25전쟁의 결과다. 근거는 1953년 7월 27일 「정전협정」 제1조 군사분계선과 비무장지대에서 볼 수 있다. 본문 1항에 "한 개의 군사분계선을 확정하고 쌍방이 이

선으로부터 각기 2km씩 후퇴함으로써 적대 군대 간에 한 개의 비무장지대를 설정한다. 한 개의 비무장지대를 설정하여 이를 완충지대로 함으로써 적대행위의 재발을 초래할 수 있는 사건의 발생을 방지한다"라고 규정하고 있다. 이로 인하여 조강에 있는 포구마을이 소개(疏開)되었다. 그림 4-1은 조강에 있는 김포시 조강포구 마을이었으나 정전협정으로 마을 전체가 사라졌다. 당시 포구마을에 살았던 어른이 마을을 잊지 않기 위해서 그림으로 남겨 놓은 것이다. 서울과 인접하고 있는 김포에 이러한 민통선 포구마을이 있다는 사실은 알려져 있지 않다.

1953년 정전협정으로 조강이 적용받고 있는 제1조 5항[1]은 "한강하구의 수역으로서 그 한쪽 강안이 일방의 통제하에 있고 그 다른 한쪽 강안이 다른 일방의 통제하에 있는 곳은 쌍방의 민용선박의 항행에 이를 개방한다. 첨부한 지도(1953년 「정전협정」 문서)에 표시한 부분의 한강하구의 항행규칙은 군사정전위원회가 이를 규정한다. 민용선박이 항행함에 있어서 자기측의 군사통제하에 있는 육지에 배를 대는 것은 제한받지 않는다"고 규정하고 있다. 「정전협

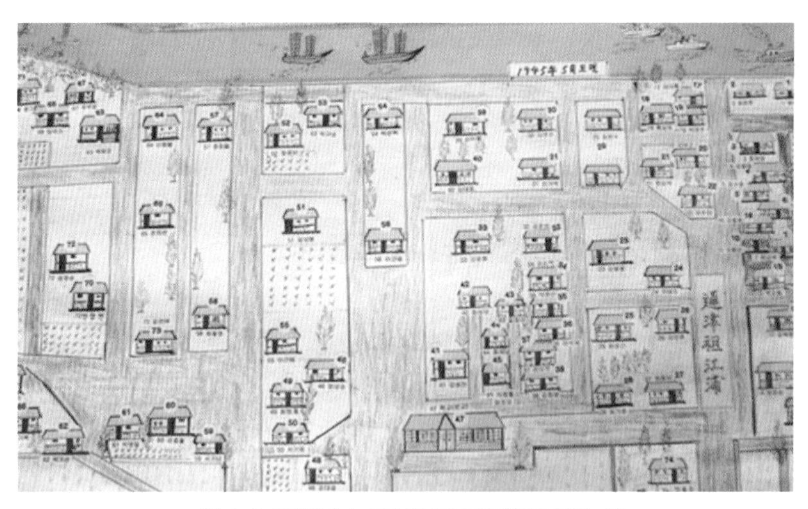


그림 4-1. 1953년 소개된 1945년 조강포구 마을 v림

정」 5항에는 쌍방의 민용선박의 항행에 개방한다고 규정하고 있으나 현재까지 조강은 선박 항행과 어업활동을 금지하고 있다. 「정전협정」 5항과 후속 합의서의 규정을 풀어가는 것이 조강 항행과 포구 복원의 과제다.

## 3. 한강유역 김포지명의 변천과 특징

### 1) 김포의 지명 변천

백제 온조로 대표되는 부여계가 남하하여 한강 북쪽 한성(漢城)에 건국한 이후에 이곳은 백제에 속했다. 백제 4세기 말(475)에 고구려 장수왕이 3만의 군사로 남하하여 백제 개로왕(재위: 455~475)을 죽이고 한강유역을 차지한 후 고구려 영역으로 검포(黔浦)가 되었다. 이때 임진강, 한강 주변지역인 김포·파주·연천, 인천, 강화가 백제에서 고구려 영토가 되면서 지명이 바뀌었다. 이후 백제 성왕이 한강유역(551~553)을 고구려로부터 다시 수복하였으나 신라와 전쟁으로 백제 성왕이 전사하고 553년에 검포는 신라 영토가 되었다. 삼국시대에 백제, 고구려, 신라 삼국의 한강유역 전쟁으로 김포는 70년 동안 세 번이나 나라가 바뀌었다.

문무왕 668년에 삼국을 통일하고 신라 경덕왕(757년)이 한반도 행정구역 명칭을 개정한다. 이때 검포가 김포가 되었다. 고려, 조선시대를 거치면서 행정구역이 변화되고 1914년 4월 1일 일제 강점기에 김포군을 중심으로 통진군과 양천군(현재 서울 양천구·강서구)이 통폐합된다. 통진군은 1914년 김포군으로 통합되년서 양촌면, 월곶면, 대곶면, 하성면으로 재편되었다. 양천은 1963년 서울로 편입되었다. 1995년 검단이 인천으로 편입되고 1998년 4월 1일 김포군은 김포시로 개편하여 오늘에 이르고 있다.

그림 4-2. 남북이 함께 사용했던 조강

출처: 정현채, 2021, p.170

삼국시대 한강하구를 중심으로 김포는 백제, 고구려, 백제, 신라의 영토로 바뀌는 혼란의 시대를 겪었다. 지금은 조강 이웃 마을을 갈 수 없는 분단도시다. 김포 역사 이래 전체 도시가 철책으로 성(城)이 되고 북으로는 왕래와 교류가 단절되는 시기를 겪고 있다. 자연생태계는 철책으로 육지와 강이 분리되어 새를 제외하고는 동물들도 왕래할 수 없는 구조다. 인문생태계도 70년 동안 문화가 단절되고 군사지역으로 강화되어 포구마을 문화는 사라지고 포구와 강을 활용하는 경제활동도 제약을 받고 있다.

### 2) 김포, 김포반도, 섬

김포가 서해안의 변산반도나 태안반도처럼 바다로 둘러싸여 있는 곳이 아님에도 불구하고 김포반도라고 불렸던 것은 삼면이 강이기 때문이다. 월곶, 대곶의 곶(串)의 지명도 그러한 이유다. 이렇게 반도라 불렸던 김포는 아라뱃길(경인운하)이 건설되면서 '섬'이 되었다. 일반적으로 김포는 한강하구에 있는 도시로 알려져 있으며, 김포 행정구역에는 고도강, 조강, 염하의 강이라는 이름이 존재하고 있다.

『신증동국여지승람(新增東國輿地勝覽)』 김포현(金浦縣) 기록에 고도강(孤島江)은 “현 북쪽 5리 지점에 있는데, 양화도(楊花渡) 하류이다. 굴포(堀浦)는 현 동쪽 17리 지점에 있다. 물 근원이 인천부(仁川府) 정항(井項)에서 나오는데, 북쪽으로 흘러 고도강을 지나서 통진현 연미정(燕尾亭)으로 흘러든다”라고 고도강을 기록했다.

굴포운하공사는 조운(漕運)항로였던 손돌목 항로가 험난하자, 손돌목, 조강을 거쳐서 마포로 가지 않고 중간에서 김포를 가로질러 마포로 직접 연결하는 공사였다. 고려 고종 때 최이가 시도했으나 실패했다. 이때 수로 공사를 했던 지역이 굴포천이다. 조선 중종 때 김안로가 수로 건설을 추진했으나 도중에 암반 지질이 발견되어 중도에 포기했다. 굴포천은 김포평야의 중요한 관개수로 역할을 했다.

노무현 정부 때에는 환경에 미치는 영향과 사업타당성 부족으로 계획을 중단했다. 이명박 정부 때에는 4대강 사업과 연관하여 사업계획 및 타당성을 재검토하여 2008년 민자사업에서 공공사업으로 전환해 2009년 3월 착공했다.

그림 4-3. 김포반도에서 섬으로

출처: 정현채, 2021, p.173

2011년 말 완공하고 2012년 5월 25일 개통된 이 수로는 경인아라뱃길이다. 이로 인하여 김포(金浦)는 포구도시에서 섬이 되었다.

## 4. 복원이 가능한 포구와 마을문화

### 1) 포구와 나루터

나루터는 나룻배가 닿고 떠나는 일정한 장소다. 나루는 강에서 배가 일정한 곳을 건너다니는 곳이다. 대곶면 대명나루는 김포 대명리에서 강화 초지진으로 건너다니는 곳이다. 염하에 있는 대명나루터는 현재 대명항이다. 나루는 교통로와 연결되어 발달한다. 그러나 다리가 건설되면 나루의 기능은 축소되거나 사라진다. 따라서 조강에 있는 포구 복원 계획을 수립할 때 남북 교량을 건설하려면 위치 선정부터 설계까지 포구 복원의 기능을 고려해야 한다.

포구(浦口)는 배가 드나드는 개의 어귀다. 포(浦, 개포)는 조수가 드나드는 곳으로 배가 들어오고(入) 나가는(出) 곳이다. 포는 물가, 바닷가를 말하며 강가에 있는 강상포구와 바닷가에 있는 해상포구로 구분된다. 김포는 강상포구로 볼 수 있다. 김포시 행정구역에 있는 포구와 나루는 서울 일부(양천)와 인천으로 편입(검단)되기 전까지 24개가 있었으나 지금은 11개가 남아 있다. 그러나 남은 포구마저도 포구 기능을 하는 곳은 대명항과 전류리포구 정도다. 특히 조강에 있는 세 개의 포구(마근포, 조강포, 강녕포)는 포구의 기능이 정지되어 있다. 이곳에 있었던 포구와 포구마을은 철책과 논으로 바뀌어 앞으로 포구 원형 복원이 가능한 곳으로 남아 있다. 대부분의 강상포구는 간척지 개간으로 둑으로 막아 놓았던 것이 도로로 증설되어 포구 복원이 어려우나 조강에 있는 강녕포구와 마근포구, 조강포구는 훼손되지 않고 강안도로가 없어서 원형 복원이 가능하다.

### 2) 김포 포구와 나루터 종류[2]

① 섶골나루(김포시 고촌읍 풍곡리)

한강을 오르내리던 어선이나 나룻배들이 식량을 구하러 정박했던 어촌마을이다. 임진왜란 때는 행주산성 전투에서 왜국 전선(戰船)이 지날 때 장작에 불을 붙여 왜선을 불태워 장작마을이라는 뜻에서 섶골이라는 지명이 유래했다.

② 감암나루(김포시 운양동)

고려시대와 조선시대에 고양군 이산포나 서울 마포를 오고 가던 나룻배가 정박했던 곳이다.

③ 운양나루(김포시 운양동 1245 일원)

서울 마포와 고양군 법족리를 왕래하던 나루다. 운양나루는 용화사 창건설화가 전해 온다.

④ 전류정나루(김포시 하성면 전류리)

봉성산의 동쪽 돌출부가 한강과 접해 절벽을 이룬 곳에 있던 나루터로 『조선지지』에 전류리 주막이 있었다고 한다. 마을의 명칭은 임진강과 한강의 큰물이 합수하여 일으키는 회오리라는 데서 예부터 전류라 하였으며 마을에는 전류정이 있었다.

⑤ 마근포(김포시 하성면 마근포리 일원)

고려시대와 조선시대 물화를 실은 배들이 북한의 개풍군 임한리 사이를 왕래했던 곳으로 6·25전쟁 이후에는 나루 기능이 상실되었다. 마근개 주막이 있었다.

⑥ 조강포(김포시 월곶면 조강리)

이규보의 조강부, 토정 이지함의 조강물참, 백원항, 신유한 등 고려, 조선의

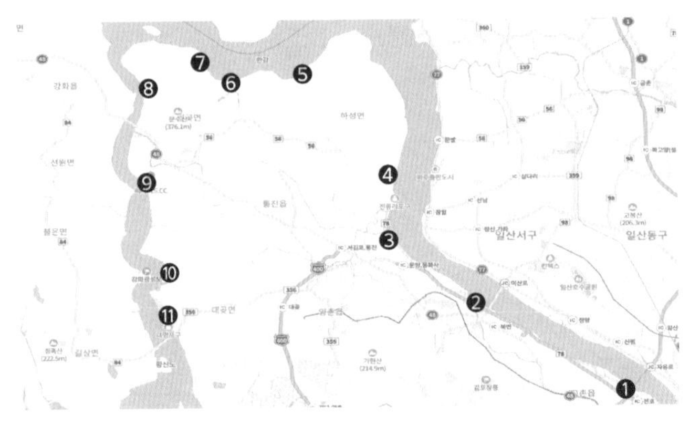


그림 4-4. 김포 포구와 나루

그림 4-5. 조강포, 강녕포, 마근포구

문인들이 글을 남긴 곳이다. 포구에서 전승된 용왕제와 치군패가 있었으나 현재는 민속예술인 치군패만 복원되어 전승되고 있다.

⑦ 강녕포(김포시 월곶면 용강리 일원)

1914년 일제가 흥룡리와 강녕포를 합하고 두 마을에서 한 글자씩을 취하여 현재의 용강리가 되었다. 이계월 주막과 묘가 전해오고 있다.

⑧ 갑곶나루(김포시 월곶면 성동리 263-10번지)

정묘호란에 인조가 건넜던 곳이며 병자호란 때에는 봉림대군이 건넜고 병인양요 때에는 프랑스군과 격전을 벌인 곳이다. 갑곶나루 석축은 조선 세종

(1419)때 혜숙공 박신이 통진에서 유배 생활을 하면서 사재를 들여 축조한 선착장으로 1970년 강화대교가 건설되기 전까지 김포, 강화도 갑곶리를 연결해 주던 곳이다.

⑨ 원머루나루(김포시 월곶면 고양리)

강화도 화도를 오고 가던 나루터이며 정월에 용왕제를 지냈다.

⑩ 신덕포(김포시 대곶면 신안리 일원)

대곶면 신안리와 강화도의 광성보 사이를 왕래하던 뱃길이다.

⑪ 대명나루(김포시 대곶면 대명리)

김포 대곶면과 강화도 초지리를 왕래하던 나루터로 현재는 대명항이다. 음식을 팔고 유숙하는 점막(店幕)이 있었다.

### 3) 복원이 가능한 조강에 있는 세 개 포구

접경지역 경계선에 있는 조강포, 강녕포, 마근포는 1953년도까지 포구마을이 있었던 곳이나 정전협정으로 마을이 소개되어 현재는 철책과 논이 되었다. 이곳에 살았던 마을 사람들은 인근 마을로 이주하여 정착하거나 다른 지역으로 이주하였다. 6·25전쟁 이전에는 어업이 주를 이루고 있었으며 서해안으로 조업활동을 하는 등 수산업 영역이 조강을 포함하여 밀물과 썰물에 맞추어 서해안까지 오고 갔다. 현재 김포 대명항 어촌계의 어업 활동과 비슷하다.

강녕포구와 조강포구 마근포구 본래 마을은 민통선 지역으로 이곳에 있었던 주막, 집, 창고는 논으로 바뀌어 복원이 가능하나 점차적으로 자동차도로에서 이곳으로 진입하는 주변이 공장과 주택이 들어서고 있어서 복원계획 수립과 행정절차가 시급하다.

### 4) 조강 3개 포구와 마을문화

조강은 김포시 하성면 시암리 돌곶이를 지나면서부터 유도 앞까지의 한강 하구를 조강이라 부른다. 염하는 짠물이라는 뜻으로 유도 밑에서부터 강화대교를 거쳐 원머루나루와 덕포, 덕포진을 지나 대명항 아래로 이어진다. 염하는 김포와 강화가 마주하는 강이다. 염하는 근대에 형성된 명칭으로 고지도에는 나와 있지 않다. 조선시대 고지도에는 갑곶강, 삼남수로 명칭이 있다. 조강과 관련된 이름은 조강리, 조강도, 조강물참, 조강포구, 상조강, 하조강, 조강거리 등이다.

#### (1) 조강포구 마을

고려와 조선시대에 충청도와 전라도에서 올라오는 세곡선과 물화를 실은 배들이 개성과 한양으로 가기 위해 거쳐 가던 포구다. 서울로 들어가는 어구며 한강과 임진강이 합쳐지는 곳으로 수로 교통의 요충지다. 이곳은 서해안 해산물의 집산지요 고기잡이 포구로 『동국여지승람』에 조강도로 기록되어 있다. 이곳은 토정 이지함(李之涵)이 조수간만(潮水干滿)의 때를 측정하여 "조강물참"이라는 일화를 남긴 곳이다. 토정은 조수간만의 차이를 찾으며 강화와 유도 및 강녕포구를 거쳐 조강포로 오면서 조강포구 뒷산에 있는 큰 우물 둥치에 움막을 짓고 달뜨는 시간과 좀생이별을 보면서 밀물과 썰물의 기준을 잡았다고 한다. 조강의 "조(祖)"를 할아버지 조로 사용하는 이유는 조수간만의 기준이 된다는 뜻도 담고 있다. 조강포구에서 선박들은 밀물 때를 이용하여 마포로 올라가고 썰물 때에는 조강으로 내려왔다.

조강포구마을에는 1950년 80호가 살았다. 이곳에 있던 강습소는 일제 강점기 회관과 학교 역할을 하던 곳으로 인근의 가금리와 개곡리 일대에서 배우러 왔다고 한다. 홍수 때는 집 마루까지 물이 차기도 하였으며, 화물(나무 등)은 강녕포구를 이용하고 사람들(객선)은 주로 조강포구를 이용했다고 한다.

### (2) 강녕포구 마을

유도(머머리섬)와 근접하고 있으며 강녕(康寧)포구와 문수산 사이에 들판이 형성되어 있어 1950년 6·25전쟁 전까지는 반농반어 촌으로 수로와 육로의 교통이 발달된 곳이다. 고려시대에는 300여 호의 촌락이 구성될 정도로 조강포와 함께 큰 마을을 형성했던 곳이다. 강 건너 북한에 있는 영정포구는 개성으로 가는 관문으로 이곳 또한 300여 호의 촌락으로 이루어 졌었다고 한다. 강녕포구는 영정포와 마포, 문산포, 조강포와 함께 한강 5포로 불리었다. 1953년 휴전 이전에 강녕포구에는 50호가 거주하였으나 민통선으로 확정되면서 소개되어 강녕포구 사람들은 현 용강리 자리로 나오게 되었다.

### (3) 마근포구 마을

사날들과 해지기들 인근에 마근포(麻近浦)가 있다. 마근포가 있는 부엉바위산에는 부엉이가 깃들던 바위가 있다고 해서 그렇게 불렸으며, 용왕제를 지냈던 산으로 당집이 있었다. 용왕제는 조강 주변 각 포구마을에서 공통으로 지냈으며, 조강포구에서는 사일간에 걸쳐 지냈다고 한다. 마근포도 강녕포구와 조강포구와 마찬가지로 6·25전쟁 이후에 마을이 소개되어 마을 사람들 전체가 이주했다. 현재는 포구 마을이 흔적조차 없이 사라지고 마을의 자취는 문서상에 지번으로만 남아 있다. 마근포는 나루터의 기능도 했던 곳으로 북한의 개풍군 임한면 정곶리 사이를 왕래하던 곳이다. 조선지지자료에 "마근개 주막"이 등재되어 있다.

# 5. 동서남북으로 연결하는 조강

### 1) 개풍군의 조강 기록

『동국여지지』 제2권 경기(京畿) 우도(右道) 풍덕군 편에는 “조강은 덕수 폐현에 있으며, 한수(漢水)와 단수(湍水)가 합쳐져 이 강이 되고 서쪽으로 바다로 들어간다”고 기록하고 있다. 풍덕군은 개풍군이다. “조강도(祖江渡)는 덕수 폐현에 있다. 길이 통진과 부평으로 통하고, 서쪽으로 해구(海口)와 연결되어 있으며, 강물이 빠르고 세차다. 고려 이규보(李奎報)가 우보궐(右補闕)에 재임 중 탄핵을 받아 계양수(桂陽守)에 제수되었는데, 조강을 건너다 폭풍을 만나 곤란을 겪은 뒤 건넜다. 이로 인하여 〈조강부〉를 지었다”. 조강을 사이로 개풍군과 김포에서 사용하는 조강과 조강도 기록이다.

### 2) 조강임한 교하

조강(祖江)은 한반도 서해안을 중심으로 남쪽과 북쪽의 중앙에 있다. 서해안에서 밀려오는 밀물이 합하여(合水) 임진강과 한강으로 나뉘는 기수역이며, 썰물에는 한강과 임진강에서 내려오는 물이 합수하여 서해안으로 나간다. 조강 건너 북한의 임한면은 임진강과 한강이 만나는 곳이라 해서 임진강의 ‘임’과 한강의 ‘한’자를 합하여 ‘임한(臨漢)’으로 했으며, 파주의 교하(交河)도 임진강과 한강이 만난다는 의미를 담고 있다. 김포 시암리 돌곶이는 한강물과 조강물이 돌아서 밀물과 썰물로 왕래한다는 의미다. 돌곶이는 파주에도 있으며 김포 전류리 봉성산 한강쪽은 돌머리라고 불렀다고 한다. 모두 조강을 중심으로 개풍군, 김포시, 파주시에서 사용하고 있는 이름이다.

### 3) 조강으로 모이는 남북의 정맥

祖江(조강)의 할아버지 祖는 조상이요 江은 큰 내강으로 넓고 길게 흐르는 큰 물줄기다. 사전적 풀이다. 이곳은 밀물과 썰물이 모이는 곳이며, 김포와 개풍군 사이를 흐른다. 한강은 하늘에 펼쳐지는 은하수와 같은 모습[象]이며, 임진강과 한강이 만나는 별[星]과 같은 곳이 조강의 모습이다. 한강과 임진강이 이곳에서 만나고 갈린다고 해서 삼기하(三岐河)다.

조강에서는 강[水]만 만나고 나뉘는 것은 아니다. 산맥[土]의 흐름도 모인다. 안성 칠장산에서 시작하여 김포시 문수산에서 맺는 한남정맥의 끝이 조강이다. 평강 추가령에서 시작하여 파주 장명산에서 맺는 한북정맥과 강원도 개연산에서 시작하여 풍덕읍치에서 맺는 임진북예성남정맥도 조강에서 맺는다. 우리나라 1대간 1정간 13정맥 중 조강에서 3개 정맥이 만난다. 물과 산맥이

그림 4-6. ▲임진북예성남정맥(개풍군) ▲한남정맥(김포시) ▲한북정맥(파주시)

모이는 조강은 시작과 끝나는 동일점으로 시종(始終)의 장소다.

옛날부터 산이 있는 곳에 물이 있고 물이 있는 곳에 산이 있다고 했다. 그리고 산이 병풍처럼 마을을 막아주고 앞으로는 물이 흐르는 배산임수(背山臨水) 터에 마을이 형성된다. 물이 없이는 도시도 주택도 문화도 생명체도 생성하지 못한다. 그만큼 물이 중요하다. 조강은 통진을 먹여 살렸다는 일화가 있었듯이 문물유통의 중심지였으나 남북분단으로 정지되었다. 임진강과 한강이 만나고 바다의 강물이 만나고 산맥이 만나는 곳이 조강이다.

### 4) 김포시 통진과 개풍군 풍덕군의 지리

조강을 사이에 두고 있는 동진현과 풍덕군의 지리에 관한 『신증동국여지승람』에 있는 기록을 일부 옮긴다. 조강은 수산업 활동과 문물이 유통되는 한강과 임진강의 거점 역할을 했던 곳이다.

> 통진현 지리는 동쪽으로 김포현 경계까지 33리이고, 남쪽으로 부평부 경계까지 33리이며, 서쪽으로 강화부 경계까지 9리이고, 북쪽으로 풍덕군(豐德郡) 경계까지 15리인데, 서울과는 1백 14리 거리이다. 풍덕군(豐德郡) 지리는 동으로 장단부계(長湍府界)까지 39리, 남으로 통진현계(通津縣界)까지 34리, 서로 개성부계(開城府界)까지 17리, 북으로 개성부계까지 15리, 서울과의 거리는 1백 79리이다.

풍덕군은 1419년 해풍군(海豊郡)과 덕수현(德水縣)을 합쳐서 풍덕군(豊德郡)이 되었으며, 풍덕부는 1866년(고종 3년) 11월에 설치되었다. 1866년 9월에 프랑스군이 강화도를 침범한 병인양요를 막아내는 과정에서 강화부를 배후에서 지원할 지방관아가 필요했기 때문이다. 1895년 개성부에 소속되었고 1896년에는 다시 경기도에 소속되었다가 1914년에 개성군에 흡수되어 폐지되었다.

통진현은 신라시대 757년(경덕왕 16)에 분진현(分津)이 되었다가 고려 940년(태조 23) 통진현으로 변경했으며, 1914년 일제 강점기에 김포군에 통폐합되었다. 현재는 각각 김포시와 개성부에 있는 면 단위이나 지금도 조강(祖江)을 사이에 두고 접경지역으로 존재하고 있다.

『신증동국여지승람』의 통진현의 기록에는 조강도(祖江渡)가 현 동쪽 15리 지점에 있으며, 한강과 임진강이 합쳐져서 이 강이 된다고 했다. 『대동지지(大東地志)』에는 조강진(祖江津)은 현의 북쪽으로 10리이고 이곳으로 개성(開城)으로 통한다. 풍덕군의 기록에는 인녕도(引寧渡)는 덕수현에 있으며, 세속에서는 인월곶(引月串)이라고 부른다. 군에서 남쪽으로 40리 떨어졌고 양화도(楊花渡) 하류다. 조강도는 덕수현에 있다. 통진현과 풍덕군의 기록에도 똑같이 기록하고 있는 것이 조강도다. 풍덕군의 인월곶과 유사한 통진의 지명은 현재 사용하고 있는 김포시 월곶(月串)이다. 조강을 중심으로 양쪽의 지형이 비슷하기 때문이다.

# 6. 포구 복원에 필요한 문화자원

## 1) 수산자원과 관광산업 요소

"통진현의 해산물은 토화(土花), 숭어, 낙지, 진어(眞魚), 밴댕이[蘇魚], 굴[石花], 황어(黃魚), 붕어, 웅어, 농어[鱸魚], 오징어, 조기, 호독어(好獨魚), 소금, 게, 청해(靑蟹), 중하(中蝦), 쌀새우[白蝦], 곤쟁이[紫蝦]이다. 풍덕군의 해산물은 조기[石首魚], 숭어, 농어, 붕어, 낙지, 굴, 토화, 조개, 게, 쌀새우이다".[3]

통진현과 풍덕군은 포구가 발달된 곳이다. 북한의 영정포구에서도 조강에서 서해안으로 나가 조기를 잡았으며, 조강의 황어(황대어)는 조선시대 진상품 이었다고 한다. 조강에서도 어로를 하고 서해안에서 해산물을 직접 잡아서 생활했던 곳이다. 조강은 강과 바다에 있는 물고기가 혼합되어 있다. 그리고 수산업 활동지역이 조강만이 아니다. 서해안과 직접 연결되어 있다. 김포시에서 현재 황복을 비롯한 치어를 매년 방류하고 있으나 접경지역으로 강을 이용한 수산업 활동은 제약을 받고 있다. 앞으로 조강에 있는 남북의 포구가 공동 복원되고 항행이 자유롭게 되면 과거의 수산업을 부흥시킬 수 있을 것이며, 벽란도, 조강, 임진강, 한강을 연결하는 수상관광산업도 활성화 할 수 있는 지리적 요건을 갖고 있다.

### 2) 조강포구 마을 풍경

조선시대 신유한(申維翰, 1681~1752)이 지은 조강행(祖江行)은 조강포구 마을 풍경에 관한 시로 표현한 기록이다. 신유한은 숙종과 영조 시대의 문신이다. 본관은 영해(寧海)이며 자는 주백(周伯), 호는 청천(靑泉)이다. 『청천집』에 있는 신유한의 조강행(祖江行)은 6·25전쟁 이후 흔적도 없이 사라지고 출입이 정지된 조강포구 마을 모습을 다음과 같이 그리고 있다.

청전은 봄날에 작은 배를 타고 한강을 유람하던 중에 조강포구에 다다른다. 날은 저물고 조강포구 선착장에 배를 대고 주변의 주막에서 하룻밤을 묵으면서 포구의 촌로로부터 조강이 한강, 임진강이 합수하는 곳임을 듣는다. 해질 무렵에 포구의 거리를 거닐면서 베(명주실, 옷), 고기, 소금, 과일, 쌀 등을 산처럼 쌓아놓고 매매하는 상점들의 풍경과 아름다운 미녀들이 단장하는 모습을 묘사하고 있다. 술을 파는 젊은 기생들과 수작하는 뱃사공, 길손들이 주고받는 노래 소리와 날마다 새롭게 흐르는 강물에 빗대어 술잔을 기울이고 팁을 주는 주막의 모습들을 묘사하고 있다. 일천 척이 넘는 많은 배들이 강에 떠 있거나 작은 배들이 선착장에 베틀의 실을 짜는 북처럼 일렬로 붙어 있는 모습을 통해 청천은 대동강도 조강에 견줄 만한 풍성하고 번성하는 항구라는 사실을 조강행에서 이야기하고 있다.

> 조강행(祖江行)4
>
> 작은 배로 조강에 정박하고 / 해질 무렵에 강촌 주막에 묵노라 /큰 물결은 눈이 뿜어내는 것과 같고 / 큰 물결 출렁이며 하늘로 오르누나 / 강촌의 노인은 귀밑머리 희끗한데 / 이 항구에 사는 사람이라 말하네 / 조강은 일명 삼기하라 / 이곳에서 세 강이 합하여 큰 바다로 향한다 / 남으로는 호서요 서로는 낙랑과 통하며 / 배들이 서로 잇닿은 것이 배틀의 북과 같고 / 고기 소금 과일 베와 쌀이 산을 이루니 / 이 항구는 하루에 천척의 범선이 지나간다 / 황모 쓴 장년[뱃사공]은 어느 고을 사내인가 / 상인들은 푸른 비단실과 금파라[술잔]를 팔고 있고. / 모두 한강은 건너기 어렵다고 하면서 / 주막에서 술파는 미녀와 웃으며 얘기하네 / 나부는 머리를 처음 올리고 / 막수는 눈썹을 그린 듯 / 가늘디 가는 버드나무 허리로 / 춘면가를 농염하게 부르누나 / 강물은 매일 봄 술 변하듯 흘러가고 (후략)

### 3) 선박 관광자료 장단적벽선유일기

장만(1566~1629) 장군은 서울에서 태어났다. 아버지 장기정은 김포 통진에 집을 마련하고 벼슬이 없을 때는 통진에서 기거했다. 장만은 통진을 고향으로 삼게 되었고 벼슬을 쉴 때마다 이곳에서 머물렀다. 장만의 본관은 인동(仁同), 자는 호고(好古), 호는 낙서(洛西)이며 유고로는 『낙서집』이 있다.

「장단적벽선유일기」는 장만 장군이 통진 상포리를 출발하여 조강 건너 북한 개풍군 임한면 이호 별장에서 1박을 하고 다음 날 임진강 뱃놀이를 하면서 남긴 일기 중에서 앞부분만 소개한다. 장군의 일기에 등장한 통진의 포구와 임진강 강변에 있는 포구, 율곡의 정자 등은 스토리텔링 자료로 활용될 수 있으며 조강과 임진강을 선박으로 운행하는 관광자료로 활용할 수 있다. 「장단적벽선유일기」는 『낙서집』 제4권에 있다.

광해군 7년 1615년 4월 2일~4월 6일 임진강 뱃놀이 일기(50세)5

임진강 상류에 석벽(石壁)이 있어 경치로 세상에 알려져 구경하는 자는 반드시 초여름과 늦가을에 한다. 대개 석벽(石壁) 위에는 풍수(楓樹, 단풍나무)와 철쭉꽃이 많기 때문이다. 내가 젊었을 때부터 한번 찾고자 한 것이 오래였으나 생활에 끌려 능히 엄두도 못낸 것이 수십 년이다. 지난 겨울 영남의 방백(方伯)으로 병이 심하여 돌아와서 통진 상포리에 지냈다. 봄에 이르도록 문을 닫은 채 신음하다가 여름이 다 되어서 비로소 문밖을 나선다.

4월 2일

배로 석곶(石串)을 건너 이호(梨湖)의 별장에서 묶었다. 경보 형제와 나의 조카들과 함께 거문고를 연주하고 노래하는 기생 5인도 같이 따라갔다.

4월 3일

배로 이호(梨湖: 별장)를 출발하여 아침 조수를 타고 갯바위와 일미(一眉)도를 지나니 아침 해가 솟아올랐다. 화장포(花莊浦)를 지나 동강(桐江)을 거쳐서 낙하(洛河)에 이르니 어선(漁船)이 많다. 주자(舟子: 배주인)를 불러 물고기를 사서 찬거리를 준비했다. 정자포와 덕진당을 지나 임진나루머리를 보니 오고 가는 행인이 개미 행렬처럼 끊이지 않는다. 동남풍이 일어 배가 나가지 못하여 노를 재촉하여 1~2리쯤에서 율곡 선생 화석정 아래에 배를 대고 밥을 지었다. 밥을 먹은 뒤 배를 띄워 거슬러 올라가 배를 장포(場浦)에 메고 석벽(石壁) 위를 올라 한참 뒤에 내려오니 때는 석양(夕陽)이 산에 있고 산(山) 그림자가 물에 거꾸러지니 강(江)에 가득 붉고 푸른 것이 배 밑에서 출렁이며 노래와 북이 떠들썩하니 즐거움을 말 못한다. 골짝에 사람 살아 촌부(村婦)와 야부(野夫)가 밭 갈다 말고 와서 본다. 곁에 정자 있어 높다랗게 솟으며 꽃과 버들 가리 우고 비치는지라. 내가 경보등과 옷을 걷으며 올라가서 두루 보려고 하나 주인이 문을 닫고 드리지 아니한다. 우리들은 섭섭하게 돌아와 강북(江北)의 인가(人家)에서 잤다. (후략)

## 7. 남북 수상평화터미널을 기대하며

포구 복원과 선박 관광 연구에 참고할 수 있는 자료는 「장단적벽선유일기」와 미수 허목의 「무술주행기」가 있다. 「무술주행기」는 미수가 일행과 함께 배로 마포에서 한강을 거쳐 임진강으로 가는 기행문이다. 이외에도 고려시대 이규부가 조강을 건너며 남긴 「조강부」와 조선시대 김시습의 『금오신화』 중 「용

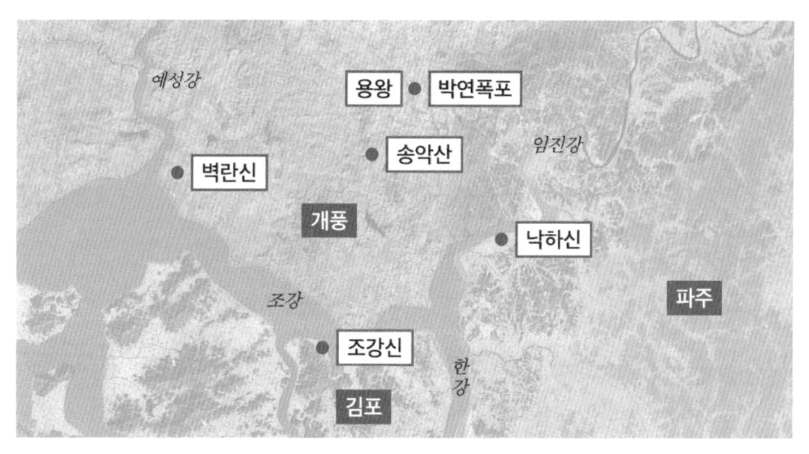


그림 4-7. 김시습 금오신화 용궁부연록 소설배경 조강

궁부연록」은 조강, 임진강, 예성강과 박연폭포를 배경으로 하는 소설이다. 고려시대 백원항, 조선시대 남효온·허백당·정두경·무명자 윤기 등 많은 문인들이 벽란도, 조강, 임진강, 한강을 오고 가며 남긴 작품이 전해 오고 있다. 이러한 자취는 북으로는 개성과 마주하고 동남으로는 파주, 고양, 서울과 인천, 서로는 강화와 이웃하고 있는 김포의 지정학적 특성이 조강과 포구를 중심으로 전개되었기 때문이다

지리적인 요인뿐만 아니라 역사적으로도 2000년 동안 수로교통의 중심 지역이었다. 이러한 역사적 사실과 문화자원을 포함하여 조강에 있는 포구를 원형으로 복원할 수 있는 장점은 남북 분단의 단절이 역으로 강안도로와 교량 건설, 바다와 강을 가로막는 하굿둑을 건설하지 못한 것이다. 이곳은 지금까지 기수역이 유지되고 자연생태가 살아 있으며 바다에서 선박이 직접 출입할 수 있는 환경이다. 북으로는 개성과 평양, 남으로는 서울과 인천의 대도시와 김포공항과 인천국제공항이 인접하고 있는 것도 포구 복원의 강점이다.

항행과 출입이 금지된 조강을 현실적으로 다루는 것은 어렵다. 출입을 할 수도 없고 민통선으로 마을이 사라져 조사도 어렵고 제약을 받고 있기 때문이다. 아무리 훌륭한 자원과 설계가 있어도 남북의 노력이 절대적으로 필요하다. 가칭 조강수상평화협정을 맺어 경제적·문화적 동질성을 열어가는 평화지대로 남북이 공동으로 복원해야 하는 의지와 결단이 중요하다. 조강과 조강에 있는 자유로운 항행과 포구 복원을 시작으로 한민족의 비전을 담은 경기만의 남북 평화문화와 평화경제 수상평화터미널이 되기를 기대한다.

### 주

1. 이시우, 2008.
2. 경기도, 2007.
3. 『신증동국여지승람』

4. 정현채, 2021.

5. 장만, 2018.

## 참고문헌

경기도, 2007, 『경기도 물길이야기–경기도 나루터 · 포구현황』.

김시습, 임채우 역, 2020, 『용궁부연록』, 김포문화원.

김포군, 1995, 『지명 유래집』, 김포군.

김포군지편찬위원회, 1993, 『김포군지』 김포군.

백상태 · 장석규, 2018, 『장만평전』, 주류성.

이시우, 2008, 『한강하구』, 통일뉴스.

장만, 장만장군기념사업회 번역위원회 역, 2018, 『낙서집 번역본』, 장만장군기념사업회.

장석규, 2009, 『장만장군』, 기장.

정현채, 2008, 『우리동네이야기』, 통진두레놀이.

정현채, 2021, 『김포역사와 문화』, 착한이엠협동조합.

제5장

# 경기만 생태네트워크 구축: 미래세대를 위한 경기만 바다 살리기

김순래

국가 습지위원회 위원 · 한국습지NGO네트워크 운영위원장

## 1. 네트워크하다

네트워크란 "지리적으로 떨어져 다른 위치에 있는 컴퓨터 등의 장치들이 파일을 공유하거나 정보를 교환하는 등 유기적으로 동작할 수 있도록 여러 하드웨어와 소프트웨어를 사용하여 이들을 연결한 시스템으로 컴퓨터에 의해 작동되는 데이터 통신망을 말한다."라고 한다. 컴퓨터 통신망에서 시작된 단어가 이제는 우리 일상에 깊이 들어와 사람과 사람, 단체와 단체 사이에도 네트워크라는 말이 일반명사로 쓰이고 있다.

경제·사회·문화적 발전을 목적으로 교류를 한다. 그 외에도 사람들은 다른 다양한 목적으로 고리를 만들어 연결하고 또 연결하는 작업을 하고 있다.

우리 주변의 네트워크는 점에서 시작하여 선으로 연결되고 그것이 공간이 된다. 공간 속에 우리는 점이다. 인간이 점과 선과 공간을 만들고, 공유하면서 살아간다. 인간이 점유하고 있는 공간은 인간의 힘만으로 유지하기 힘들다. 예부터 우리는 의식주를 해결할 공간을 확보하기 위해 부단한 노력을 했다.

그림 5-1. 경기만의 위치

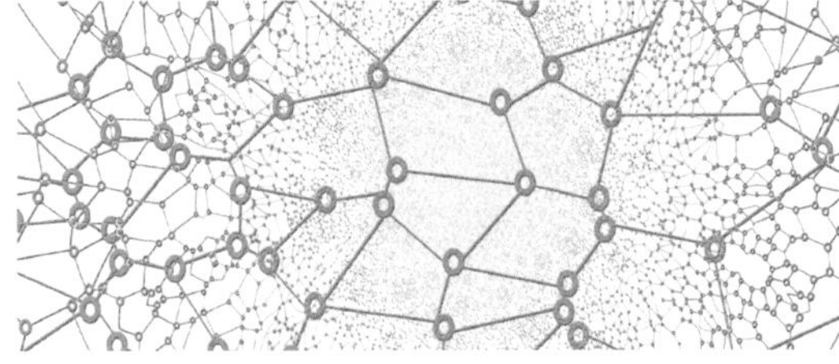
그림 5-2. 네트워크

공간에는 우리를 비롯한 수많은 생명이 있었으며 우리는 그들을 이용하거나 도움을 받는 등 우리 주변 자연 생태계와 네트워크하면서 살았다.

## 2. 경기만은 한강과 임진강, 예성강의 하구이다

경기만은 황해남도 옹진반도와 충청남도 태안반도와 사이에 있는 반원형의 넓은 바다이다. 리아스식 해안으로 들어가고 나간 만과 곶이 발달하여 있고, 크고 작은 200여 개의 섬이 있다. 수심이 50m 이내로 얕고, 조차가 커서 썰물 때는 갯벌이 넓게 펼쳐진다. 경기만은 황해남도, 인천광역시, 경기도, 충청남도를 모두 안고 있다. 사람이 만든 행정 지역에 따라 해주만, 강화만, 남양만, 아산만으로 불리는 작은 만이 포함되어 있다.

한강과 임진강 그리고 예성강을 따라 계곡을 따라 빠르게 흐르면 물은 평야를 만나 느려지고 다시 빨라지며, 이리 휘고 저리 돌기를 반복하면서 많은 양의 침식물이 조강을 통해 경기만으로 쏟아져 들어간다.

경기만은 얕은 수심, 육지 침식물 유입, 강한 조류와 큰 조차 등의 수리적 특징에 의해 가깝고 먼 바다의 활발한 해수 교환과 주요 하천과 지천으로부터 들어오는 각종 물질이 혼합되어 다양한 생물이 살 수 있는 공간을 제공한다.

### 1) 경기만 갯벌이 사라진다

#### (1) 인천지역의 갯벌 매립

18세기 후반에 제작한 『경기도부충청도』, 「팔도지도」를 비롯한 조선시대 지도를 보면 경기만의 리아스식 해안과 올망졸망한 섬 그리고 강이 살아 움직이는 모습을 볼 수 있다. 고려 고종(11세기 중반)때 강화도 간척이 이루어진 이후 현재까지 서해안, 특히 경기만 갯벌의 간척은 농업, 염전, 항구, 도시화, 산업단지 등의 필요에 따라 활발하게 이루어졌다. 경기만의 대부분 간척지는 산지와 서해와 만나는 해안가이다. 해안의 산과 산 사이 만과 곶이 발달한 지역은 갯벌 또는 물에 의한 운반된 흙과 모래가 높게 쌓인 땅이 펼쳐져 있었다. 산업이 발달하지 않았던 고려시대나 조선시대에도 이런 지형은 당시의 토목 기술과 자본으로 쉽게 간척할 수 있었다. 이후 일제 강점기를 지나면서 일단 형성된 해안 도시는 근대 토목 기술과 자본을 바탕으로 바다 쪽으로는 간척을, 내륙은 산과 산 사이의 저습지를 매립하면서 도시를 확장하고, 농토를 넓히고, 산업단지를 유치하며 수탈의 대상으로 변하였다.

경기만에 위치한 인천 갯벌은 1910년 이후 대규모 간척이 이루어지기 전에

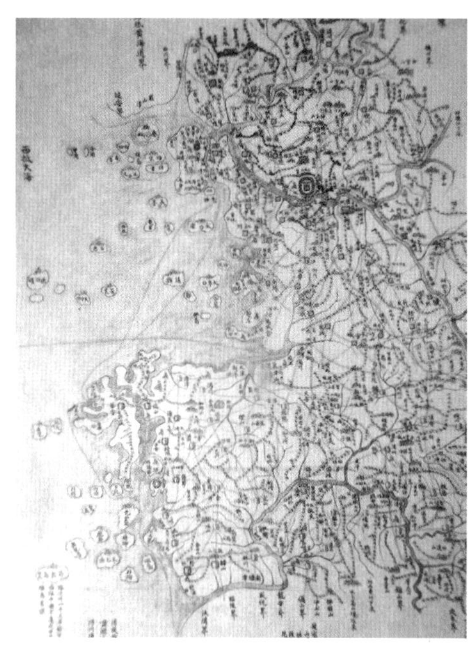

그림 5-3. 『팔도지도』 「경기도부 충청도」 18세기 후반

그림 5-4. 갯벌 매립으로 만들어진 송도신도시

는 김포갯벌, 송도갯벌, 남동갯벌로 세분할 수 있었다. 김포갯벌은 인천 북부 지역에 비교적 고도가 높은 산지가 분포하여 육지로부터 유입되는 지표수가 풍부하여 갯골이 잘 발달하였다. 갯골이 발달한 지형은 주로 펄갯벌로 갯지렁

이와 칠게, 농게 같은 갯벌 생물과 가무락 같은 조개가 서식하기 좋은 환경이었다. 김포갯벌은 1990년대 동아건설이 매립을 마치고 현재 청라국제도시와 수도권매립지 그리고 극히 일부 지역이 농업 용지로 이용되고 있다. 송도갯벌은 김포갯벌에 비해 규모는 작으나 연안으로부터 펄갯벌, 혼합갯벌, 모래갯벌로 이어지면서 갯벌의 대상 분포가 뚜렷하여 생물다양성이 매우 높은 곳이었다. 특히 매립 이전 동죽, 바지락 등 조개 생산량이 국내에서 가장 많았던 지역이었다. 간척 이후 현재는 송도신도시로 이용되고 있다. 인천 갯벌 중 가장 먼저 간척이 시작된 남동갯벌은 1980년대 이미 간척이 완료되어 공업단지로 이용되고 있다. 남동갯벌은 내륙 깊숙이 발달한 갯벌로 외해의 영향을 적게 받아 비교적 쉽게 간척이 이루어졌다. 이후 영종공항 건설을 위한 영종도·삼목도·용유도 매립, 준설토 투기장 확보를 위한 운염도 갯벌 매립 등 개항과 함께 이루어진 인천의 간척과 매립 사업으로 인천의 갯벌은 대부분 사라졌다.

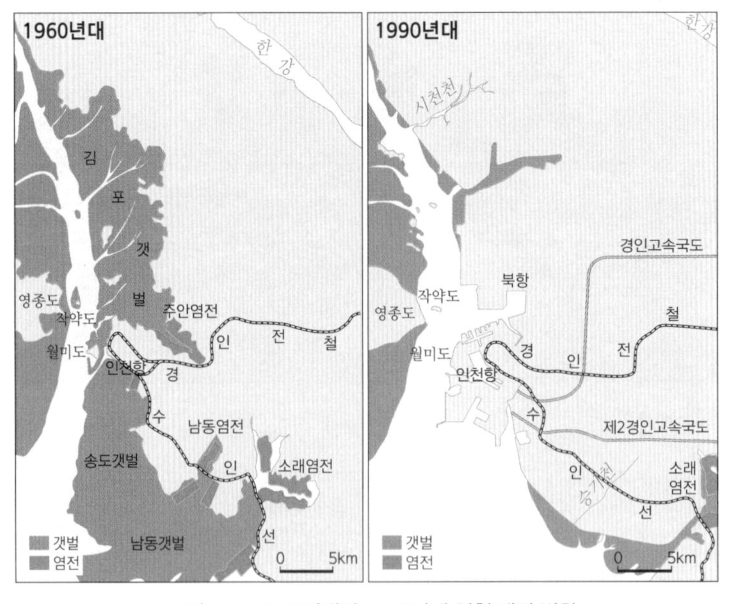


그림 5-5. 1960년대와 1990년대 인천 갯벌 변화

### (2) 경기도의 갯벌 매립

경기도의 간척과 매립은 시흥, 안산, 화성에서 집중적으로 이루어졌다. 시흥 지역의 대표적인 간척사업은 1721년 포동에서 하중동 사이의 갯벌에 방조제를 축조하여 농경지로 조성한 호조벌 간척사업이다. 이후 1920년대와 1930년대 일제 강점기에 천일염 생산을 위한 군자염전과 소래염전을 만들었다. 1984년부터 시화지구 개발 사업이 추진되면서 군자염전 간척사업으로 시화공업단지와 배후 시가지를 형성하였다. 월곶 신도시는 1992년부터 실시된 간척사업을 통해 시가지가 만들어진 곳이다. 배곧 신도시는 1997년 군용 화약류 종합 시험장으로 사용하기 위해 군자 매립지 간척사업이 실시되었으나 2003년 총포 화약 성능 시험장 설치 허가가 취소되어 유휴지로 방치되었고 이후 군자 매립지가 시흥시로 소유권이 이전되면서 탄생되었다.

안산 지역의 간척은 반월국가산업단지와 시화국가산업단지로 대표된다. 시화지구개발사업은 경기도 안산시와 시흥시, 화성시에 이르는 넓은 갯벌에 방조제 12.7km를 축조하고, 수도권의 인구 분산, 공업 용지 확보, 수자원을 확보를 통한 전천후 영농 마련, 농어촌 관광 위락단지의 여건 조성을 통한 도서지역 균형발전 등 다양한 목적으로 1994년 1월 시화호가 만들어졌다.

화성 지역은 1991년 방조제 공사를 시작하여 2002년 끝물막이 공사로 화성호를 만들었고 축산·채종·관광농업 복합단지 구축이라는 목적을 달성하지 못하여 현재도 개발 논의가 이루어지고 있는 현재진행형인 곳이다.

평택 지역 역시 안성천, 진위천 주변의 하천부지를 중심으로 간척이 이루어졌다. 이 지역의 간척은 조선 전기 하천변부터 시작하여 한국전쟁으로 정착한 피난민의 정착을 위하여 넓은 갯벌 해안을 간척하였다. 경기도 평택시 포승면과 화성시 우정읍 사이에 남양만 하구를 막은 남양만 방조제와 아산시와 평택시 사이의 아산만으로 흘러드는 안성천 하구에 아산만 방조제를 건설로 평택 모습이 갖추어지게 되었다. 이후 2000년 초부터 포승읍 만호리 일대에 '아산

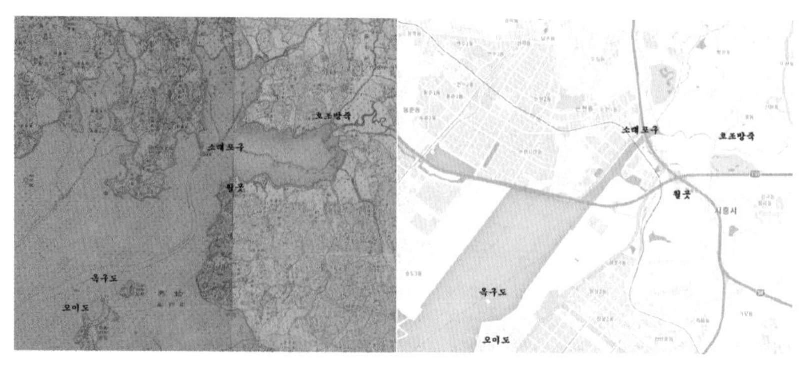


그림 5-6. 1910년대와 현재 시흥 일대 지도 비교

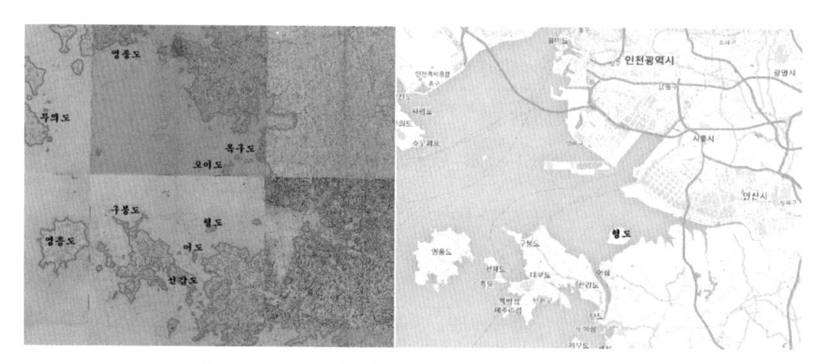


그림 5-7. 1910년대와 현재 시화호(시흥) 일대 지도 비교

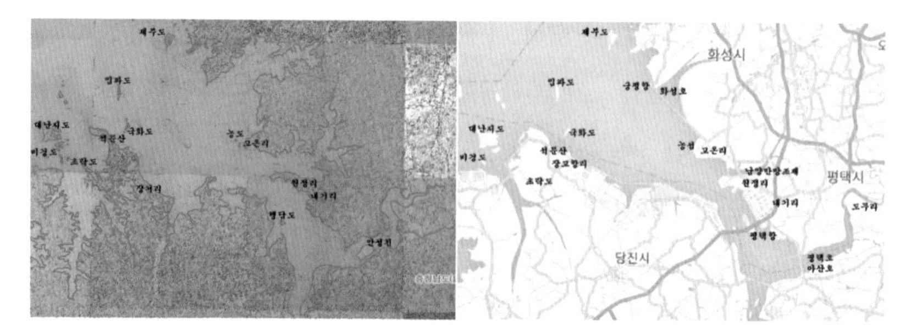


그림 5-8. 1910년대와 현재 화성호·남양호·아산호(평택호) 일대 지도 비교

국가산업단지 포승지구' 건설을 위해 갯벌을 매립하였고, 면적을 확대할 예정이다.

### 2) 경기만에 새가 날다

갯벌 면적은 1987년 조사를 기준으로 2018년까지 우리나라 갯벌의 약 30%가 감소하였다. 그러나 한강은 계속 물을 퍼 나르고, 달과 태양은 바닷물을 끌어당기면서 갯벌을 지키려고 노력하고 있다. 그 갯벌에 새가 날고 있다.

새는 이동 형태에 따라 크게 텃새, 철새, 나그네새로 구분한다. 텃새는 대부분 자기가 나고 자란 곳에서 삶을 시작하고 마친다. 철새는 이동 계절에 따라 여름철새와 겨울철새로 구분한다. 저어새나 백로처럼 여름철에 우리나라에서 번식하고 추워지면 동남아시아로 이동하여 월동하는 종을 여름철새라고 한다. 반면 두루미나 오리·기러기처럼 북쪽에서 여름을 지내면서 번식을 하고 겨울이 되면 조금 더 따뜻한 우리나라에서 월동하는 개체를 겨울철새라고 한다. 나그네새는 겨울철새처럼 추운 지방에서 봄과 여름을 지내면서 번식을 하고, 추워지면 여름철새처럼 적도 부근의 아주 더운 지방으로 이동하여 추위를 피하는 새로 주로 도요물떼새가 여기에 속한다. 도요물떼새는 추운 지방에서 더운 지방으로 1년에 두 차례 장거리 여행을 할 때 우리나라 서·남해안 갯벌에서 잠깐 머물면서 먹이를 먹고 에너지를 비축하고 다시 이동한다. 봄 이동 시기에는 북쪽으로, 서늘한 가을이 되면 남쪽으로 이동한다.

텃새이든 철새이든 나그네새이든 관계없이 서·남해안 갯벌은 그들에게 매우 중요한 장소이다. 그들이 이용하는 갯벌은 한 마리 새에게는 점을, 이동하는 무리에게 선을, 대규모 집단에게는 공간을 제공한다. 새들은 네트워크가 뭔지는 모를 것이다. 하지만 그들은 생존을 위하여 먹이터와 쉼터와 포식자의 방해를 받지 않는 안정적인 피신처가 있어야 한다. 그들의 서식지는 한 곳에만 있지 않다. 이곳저곳 옮겨 다니며 그들만의 공간을 확보하기 위해 피나는 노력을 한다. 그들에게는 갯벌 자체가 네트워크이며 새들은 네트워크를 이동하며 삶을 이어간다.

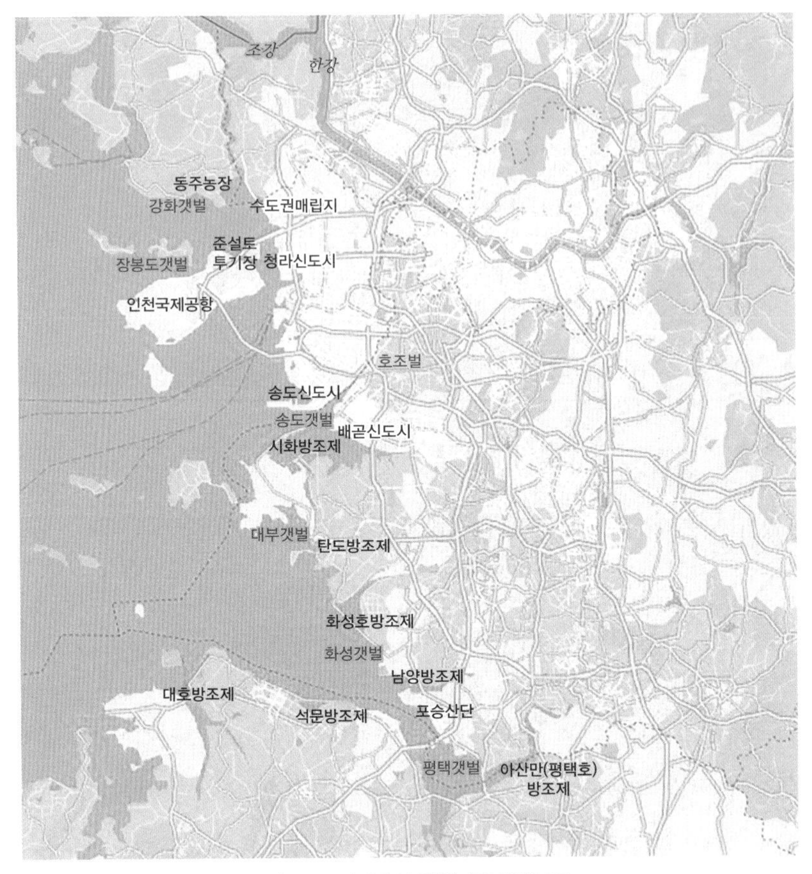


그림 5-9. 경기만의 간척지와 갯벌분포

❶ 저어새와 노랑부리저어새
❷ 노랑부리백로
❸ 고니
❹ 알락꼬리마도요
❺ 장다리물떼새

그림 5-10. 경기만의 새

경기만에 새를 머물게 하는 가장 큰 요인은 갯벌이다. 갯벌은 휴식처, 피난처 그리고 아주 중요한 먹이터가 된다. 경기만의 갯벌은 1차 생산자인 규조류를 비롯한 식물플랑크톤을 시작으로 갯벌 생태계와 먹이그물이 만들어지는 곳이다. 새우, 게, 지렁이로 이어지는 중간 포식자와 저어새, 알락꼬리마도요에서 마지막 포식이 이루어진다. 생태적으로 다양하고 건강한 갯벌이 경기만에 새를 불러들이고 철새들의 이동을 도와주며 EAAF(East Asian-Australasian Flyway)에서 철새 보호가 가능하게 한다.

EAAF는 호주 대륙과 동아시아 그리고 북극과 알래스카 사이를 이동하는 새들의 이동 공간이다. 전 세계의 새들은 패턴을 가지고 번식지와 월동지를 이동하는데 이를 철새 이동 경로(Flyway)라고 하며 전 세계에는 EAAF를 비롯하여 9개의 철새 이동 경로가 있다. 그중 EAAF는 우리나라를 중심으로 이동하는 철새 이동 경로이다. EAAF에는 22개 나라가 있으며, 세계적 멸종 위기 조류 36종을 포함하여 250종 이상 5천만 마리의 이동 철새가 서식하고 있다. EAAF를 관리하는 사무국(EAAFPartnership)[1]이 인천 송도에 있다.

이동하는 동안 철새는 휴식과 먹이를 위해 생산성이 높은 습지 특히 우리나라 갯벌에 의존하여 이동의 다음 단계에 필요한 충분한 에너지를 얻는다. 따

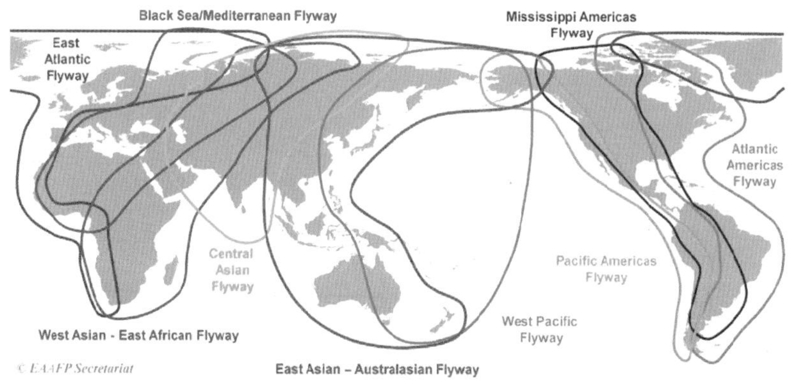


그림 5-11. 전 세계 철새 이동경로 모식도

출처: EAAFP 홈페이지

라서 EAAF 이동 범위에 걸친 국내 갯벌과 국제 협력은 이동하는 철새와 서식지를 보존하고 보호하는 데 필수적이다.

## 3. 갯벌의 보호를 넘어 살리기를 시작하자

보통 갯벌법으로 불리는 「갯벌 및 그 주변 지역의 지속가능한 관리와 복원에 관한 법률」이라는 매우 긴 이름의 법이 있다. 갯벌법은 "갯벌 및 그 주변 지역의 지속가능한 이용을 위하여 갯벌을 보전·관리하고 복원에 관한 사항을 정함으로써 생산적이고 건강하게 갯벌을 유지하는 것"을 목적으로 한다. 갯벌법에서 '갯벌복원'이란 '갯벌에 서식하는 생물의 다양성을 증진하기 위하여 개발사업 등의 영향으로 훼손된 갯벌 등의 물리적 형태와 생태적 기능을 본래 갯벌 등의 상태로 회복·증진시키는 것'으로 정의하고 있다.

경기만에는 조강(한강, 임진강, 예성강의 합수), 강화 동락천을 비롯한 22개 지방하천, 신천, 장현천, 반월천, 안산천, 자안천, 남양천, 발안천, 황구지천, 안성천, 곡교천, 삽교천, 성연천, 마충천 등 많은 하천이 있다. 경기만의 하천은 육지의 흙을 운반하여 경기만의 건강한 갯벌을 만들었다. 그 갯벌에는 해산물이 그득하고, 철새들의 서식지를 제공하고, 대기를 깨끗하게 하며, 기후까지 조절하는 등 우리에게 주는 가치는 무한하다.

그런데 하천을 흐르던 물이 멈췄다. 더 이상 흐를 곳을 찾지 못하고 같은 자리를 헤매고 있고, 더 이상 갯벌에 흙 품은 물을 넘겨주지 못하고 있다. 동락천은 농업용수 공급을 위해 하구에 수문을 만들어 기수역이 사라졌다. 반월천과 안산천은 시화방조제로 막히고, 화성호는 자안천과 대성저수지를 출발한 남양천이 만난 물을 가두어 놓는다. 남양방조제는 발안천을 가로막아 갯벌과의 만남을 방해하고, 아산호(평택호)는 황구지천과 안성천을 괴롭힌다. 곡교천과 삽교천을 끌어안은 삽교호, 삼봉저수지의 물과 성연천과 마충천을 흘러온 물을 멈추게 한 대호방조제는 경기만에 갯벌을 만들 흙을 넘겨주는 것을 거부하고 있다.

갯벌이 사라지고, 육지로부터 흙을 받지 못한 갯벌은 점차 변해 가고 있다.

### 1) 시화습지를 걷는다

농어촌진흥공사는 1987년부터 1994년까지 6년 반에 걸친 공사 끝에 군자만을 막아 시화호를 만들었다. 시화호는 간척지에 조성될 농지나 산업단지의 용수를 공급하기 위한 담수호로 계획되었다. 그러나 반월공업단지, 시화공업단지, 반월도금공업단지 등으로부터 발생한 오·폐수가 주변 하천을 따라 유입됨으로써 오염이 시작되었다. 물 오염의 부작용 외에도 시화 간척지의 소금과 건조한 퇴적물 먼지 흩날림에 의한 대부도 일대 포도 농작물 피해, 수십만 마리 물고기의 떼죽음, 시화호 방조제로 인한 해파리 급증 등 각종 폐해가 발생했다. 결국 1998년 11월 정부는 시화호의 담수화를 사실상 포기했고, 농업용수 사용 방침 철회를 결정했다. 2000년 2월에 해양수산부는 시화호 및 인천연안을 특별관리 시범 해역으로 지정하였고, 정부는 2001년 2월 공식적으로 해수호로 인정했다.

방조제 완공으로부터 27년, 해수호 인정으로부터 20년의 세월이 흘렀지만, 시화호는 개발과 생태계 보전 정책은 아직도 진행 중이다. 시화호 북측 1330만 평의 땅 대송단지는 2008년 황해경제자유구역으로 지정되어 평택·현덕지구와 연계한 서해안의 포트 비지니스 벨트 조성을 목표로 하고 있다.

시화방조제 끝 방아다리에서 대부도 공원을 끼고 들어가면 대송단지 초입에 철망 구조로 된 큰 문이 있다. 관리인으로부터 열쇠를 넘겨받아 문을 밀고 들어가면 우측에는 시화호가 오른쪽에는 넓은 담수호와 농경지가 펼쳐진다.

발길을 옮겨 대송단지라고 불리는 농경지 사이의 큰 호수로 간다. 호수 위에 하얀 점들이 가득하다. 수백 마리의 고니들이 한가롭게 물 위를 떠다니거나 잠수하면서 먹이를 먹고 있다. 시화호에서 볼 수 있는 고니류는 대부분의 큰고니이며 일부 고니와 혹고니를 볼 수 있다. 특히 혹고니는 동해의 경포호 등에 도래하는 겨울철새임에도 요즘은 시화호로 이동 경로를 바꿔 이동하고 있다. 먼발치에서 혹고니 몇 마리를 보고 다시 필드스코프를 돌리면 물꿩, 홍머리오리, 청둥오리, 흰뺨검둥오리, 알락오리, 청머리오리, 황오리, 혹부리오리, 뿔논병아리, 논병아리, 검은목논병아리, 큰기러기, 쇠기러기, 붉은부리갈매기 등 수천 마리의 새가 시화호를 가득 메우고 있다.

시화호는 조력발전소 건설 이후 해수호로 변하면서 조석 주기에 따라 갯벌을 볼 수 있다. 이른 여름 어느 날 길게 늘어선 송전탑까지 물이 빠져 드러난 갯벌에 많은 사람이 무엇인가를 잡고 있다. 물이 들어오는 때라 몇 사람은 주섬주섬 망태기를 챙겨 뭍으로 나오고 있다. 망태기를 열어보니 바지락과 동죽이 가득하다. 시화호가 막히기 전 만큼은 아니어도 바닷물이 왕래하면서 갯벌이 어느 정도 살아난 것이다. 살아난 갯벌을 증명이라도 하듯 환경부 지정 멸종위기야생생물 2급이며, 해양수산부에서는 「해양생태계의 보전 및 관리에 관한 법률」에 의한 보호대상 해양생물로 지정해 관리하는 법적보호종인 흰발농게가 출현하기도 한다. 시화호 갯벌은 조력발전소가 우뚝 서 있는 댐과 길게 늘어선 송전탑만 지워 버리면 어느 동네 갯벌과 그다지 다른 풍경이 아니다.

비록 시화방조제로 바다를 둘로 갈랐지만, 안산갯벌은 그 가치가 무궁하다. 시화습지와 대부도 갯벌, 제부도 해수욕장 등과 연계한 해양관광·문화·수산 등 해양활동 공간의 합리적 배분과 복합적 활용을 통한 가치 증진이 필요하다. 대부도 갯벌의 해양생태·문화관광 자원화 사업, 제부도 해수욕장의 해양공간에서 관광과 레저의 잠재성을 발굴하여 지역 경제 활성화, 마을어장 및 양식업 보호 등 어업활동 보장 그리고 시화습지의 철새도래지 유지를 바탕으로 국가 정원 등 해양 활동의 다양성과 이용성 그리고 보존성을 고려한 관리 계획 수립이 필요한 이유이다.

### 2) 화성호 물의 흐름을 허하라

2002년 화성시 서신면 궁평리와 우정읍 매향리를 연결하는 9.8km 방조제의 완공으로 커다란 인공호수가 만들어졌다. 화성호 간척과 개발 계획은 아직 진행형이다. 한국농어촌공사는 수질개선 등을 통한 담수화 사업으로 친환경 농축산 단지로 활용할 계획이다. 경기도는 친환경 자동차 연구개발단지와 푸드바이오밸리, LED 산업단지, 바다 농장 등으로 개발하는 종합발전계획을 세우고 있다. 수원시와 국방부는 수원 전투비행장 이전 예비부지로 선정하였다. 화성시와 시민단체는 '하늘과 바다와 사람의 생명을 이어주는 화성습지'를 슬로건으로 습지보호지역 지정,[2] 이동성물새 사이트 지정,[3] 람사르 습지 지정 추진 등 다양한 습지 관련 정책을 펼치고 있다. 이처럼 같은 공간을 두고 바라보는 눈이 다양하다.

화성습지는 EAAF의 주요 이동경로에 자리하고 있어서 철새들의 중간 기착지 등 서식지로 이용되고 있다. 2021년 국립생태원 겨울철새조사 결과 이곳에는 멸종위기 야생생물 I급 4종(혹고니, 황새, 흰수리꼬리, 매)과 II급 11종(노랑부리저어새, 독수리, 물수리, 새매, 쇠검은머리쑥새, 수리부엉이, 잿빛개구리매, 참매, 큰고니, 큰기러기, 큰말똥가리) 등 총 124종, 2만 3,132마리의 철새가 화성습지에 서식하고 있는 것을 확인하였다. 화성환경운동연합 등 지역 시민들의 조사 결과도 봄·가을 도요물떼새 이동 시기에는 하루 3만~5만 마리의 새들이 관찰하였고, 화성습지는 큰기러기, 큰고니, 노랑부리저어새, 저어새, 매, 흰꼬리수리, 검은머리물떼새, 알락꼬리마도요 등 8종의 법적보호종 서식 등을 발표하고 있다.

화성습지는 지역의 노력으로 습지보호지역 지정, EAAFP 철새이동경로 사이트 지정 등 해양생물 서식지 유지와 해양 생태계 보전을 위한 기반을 마련하였다. 이 과정에서 어민들의 요구인 어업활동을 제한하지 않고 지속가능한 수산자원 이용을 지원하고, 화성습지의 생물다양성 보전을 통한 가치 창출을 위한 노력이 필요하다. 화성시와 화성환경운동연합이 공동으로 주최하는 '화성습지 국제심포지엄'[4]에서 논의되고 있는 파트너십을 기반으로 하는 습지의 미래, 화성습지의 보전과 습지의 현명한 이용 등의 제안에 대한 행동 계획 수립이 필요하다.

화성호는 전쟁과 평화, 개발과 보전 등 쉽게 해결하지 못하는 문제들이 혼재되어 있다. 그러나 기후변화 등 지구 위기를 겪고 있는 현시대에서 화성호의 미래는 확실하다. 최근 화성습지가 가진 생태적 가치가 국내외로 알려지면서 평화와 보전을 중심으로 미래지향적인 해결 방향을 마련하고자 하는 노력이 큰 힘을 얻고 있다. 우리의 미래가 아닌 미래의 미래를 위해 물길을 내어주는 것이 화성호가 해야 할 첫걸음일 것이다.

# 4. 경기만 생태네트워크

### 1) 해양 생태축과 경기만 생태네트워크

21-40 K-SDGs[5] 전략에서 '미래 세대가 함께 누리는 깨끗한 환경' 전략을 세우고 목표 14에 '해양생태계 보전'을 명시했다. 또한 목표 14의 세부 목표로 '14-9 해양과 해양 자원의 보전과 지속가능한 이용에 대한 국제법을 국내법적으로 수용함으로써 해양과 해양 자원의 보전 및 지속가능한 이용을 강화한다.'를 신설 목표로 제시했다. 이는 국제적 협력을 강화함으로써 국내 해양 보

전과 지속가능 발전을 위한 발판을 마련하겠다는 정책으로 볼 수 있다.

연안 생태계 보전과 현명한 이용은 생물다양성이 우수한 연안을 보전하고, 지속가능 발전 전략 수립과 실천을 통해 현세대와 미래세대 모두의 삶이 건강하고 평화롭게 하는 일이다. 연안 생태계는 어느 지역 한 곳의 보전 노력으로 보전이 가능한 것이 아니다. 이를 위해서는 연안에 서식하는 생물종을 중심으로 그들의 생태환경 적응과 이용 능력에 따른 생태축을 구축하고 보전하려는 노력이 필요하다. 「자연환경보전법」[6]과 「해양생태계 보전에 관한 법률」[7]에서 이미 생태축의 중요성에 대해서는 다루고 있다. 해양수산부는 해양 생태축 설정·관리 로드맵(2019~2023)에 따라 갯벌 생태계를 연결하는 '서해안 연안습지 보전축', 해양 보호 생물의 회유 경로인 '물범·상괭이 보전축', 다양한 해양생물의 산란과 서식처를 제공하는 '도서해양생태 보전축', 한류의 계절적 영향을 받는 '동해안 해양생태 보전축', 지구온난화에 따라 우리나라 해역의 아열대화 진행을 관찰·진단하고 대응하기 위한 '기후변화 관찰축' 등 5대 핵심 해양 생태축을 설정하여 통합관리를 추진하고 있다. 해양수산부는 5대 핵심 해양 생태축의 체계적인 관리를 위해 평가지표 개발, 훼손되거나 단절된 해양생태계에 대해서는 복원계획 등 2021년까지 해양 생태축의 특성과 공간 범위를 고려한 축별 관리계획을 수립할 계획이다. 이를 바탕으로 시·도 경계를 넘는 경기만 생태축 설정과 이를 체계적으로 관리할 '경기만 생태네트워크' 구축이 필요하다.

### 2) 경기만 생태네트워크의 공간 관리

국토연안 생태네트워크[8]는 백두대간, 비무장지대와 함께 우리나라 자연환경의 근간을 이루는 3대 핵심 생태축 가운데 하나이다. 연안은 국토의 34%를 차지하고 보호가치가 높은 생태계와 생물종으로 이루어져 있음에도 불구하고 연안 생태계에 대한 관리는 물론이고 정부 차원의 관심과 위상도 낮다. 연안 지역은 하구·사구·갯벌·철새도래지·석호 및 무인도서 등 다양하고 중요한 환경이 분포하고 있으며, 이러한 가치 있는 자연환경을 보전하기 위해서는 적어도 백두대간이나 비무장지대와 같은 핵심 생태축과 동등한 수준의 위상을 확보할 필요가 있다.

경기만 연안 생태계는 흰발농게(멸종위기 야생생물 II급, 해양보호생물), 저어새(천연기념물 제 205호, 멸종위기 야생생물 I급, 해양보호생물, IUCN 위기종) 등 다양한 생물종이 서식지로 이용하며, 육상과 해양의 전이지역으로 해안사구·하구·무인도서·갯벌·염습지·인공호수 등 생산성이 높은 생물 서식 공간이 존재하여 생태적 가치가 높음에도 불구하고 그 가치와 특성을 충분히 대접받지 못하고 있다.

이는 경기만 연안 생태계에 대한 가치와 중요성에 대한 조사·연구와 체계적 보전 노력의 부족으로 인한 결과이다. 지역 주민들에게 경기만이 가지고 있는 고유한 자연 생태환경을 느낄 수 있는 기회 제공 등 경기만 연안의 생태자원이나 생물서식 환경, 해안 경관 등에 대한 조사·연구와 보전 계획을 수립하여 지속가능한 공간관리방안을 모색하여야 한다.

### 3) 경기만 생태네트워크 구축을 위한 합의

경기만 생태계는 짧은 기간 동안 경제성장과 산업화, 도시화로 인한 자연 자원 훼손 및 경기만 생태계 단절이 심화하고 있고, 경기만 생태계를 하나의 유기체로써 보전·관리하는 것에 대한 어민, 주민, 담당 관리자 등 이해당사자들의 인식이 부족하다. 경기만에는 강화갯벌·송도갯벌·장봉도갯벌·대부도 갯벌·화성 습지 등 보호지역이 존재하고 있음에도 이에 대한 관리 방안 미흡하며, 일부 훼손이 이루어지거나 위협 요인이 있는 갯벌에 대한 보호지역 확대

지정 등 보존 정책이 부족하다.

이를 해결할 방안은 '인천·경기·충북 초광역 생태네트워크-이하 경기만 생태네트워크' 구축을 기반으로 경기만 생태계의 생태계 단절 및 훼손 방지 노력과 훼손된 갯벌 복원의 주제로 시·도를 넘는 육역과 연안역의 통합적 관리 계획이 필요하다. 경기만 생태네트워크 구축을 통해 경기만의 환경용량을 지속적으로 유지하고 새로운 생태적 가치를 창출하고 자연자산을 적극적으로 활용한 현명한 녹색성장을 유도할 수 있을 것이다.

와덴해 공동사무국(CWSS), 호주 곤드와나 연결 프로젝트(Gondwana Link Project), 미국과 캐나다의 옐로스톤에서 유콘-CPAWS 유콘(Yellowstone to Yukon-CPAWS Yukon) 등은 국가 또는 행정 구역을 넘어 생태축과 네트워크를 성공적으로 설정하고 관리하는 지역이다. 그리고 우리나라에서는 파편적이기는 하지만 보성·순천 갯벌, 신안 갯벌, 고창 갯벌, 서천 갯벌이 '한국 갯벌'이라는 이름으로 유네스코 세계유산 목록에 등재[9]하여 지역을 넘은 공동 관리가 가능하게 된 최초의 사례다.

경기만을 공유하고 있는 지자체는 인천광역시(강화군, 옹진군, 서구, 동구, 미추홀구, 연수구), 경기도(김포시, 시흥시, 안산시, 화성시, 평택시), 충청남도(당진시, 서산시, 태안군, 아산시) 등의 3개 군 4개 구, 8개 시가 있다. 북한의 황해남도(옹진군, 벽성군, 강령군, 해주시, 연안군, 배천군), 황해북도(개풍군, 개성시)까지 하면 그 범위는 매우 넓어진다.

경기만을 끼고 있는 지자체들의 생태네트워크 연결고리는 보호구역(습지보호지역, 해양보호구역, 람사르습지, FNS[10], 천연기념물), 연안습지 생물(해양보호생물, 천연기념물, 멸종위기생물), 인공습지(시화호, 화성호, 평택호, 삽교호, 부남호, 간월호), 길(강화 나들길, 시흥 늠내길, 안산 둘레길, 화성 둘레길, 평택 바람숲길, 서산 아라메길), 지자체를 상징하는 새(두루미-인천시·당진시, 저어새-강화군, 까치-시흥시, 노랑부리백로-안산시, 알락꼬리마도요-화성시, 백로-평택시, 가창오리·장다리물떼새-서산시)가 있다. 이외에는 항·포구나 생태공원 등 도시 습지 그리고 어민, 활동가, 시민단체, 전문가, 공무원 등 수많은 이해당사자도 있다.

경기만은 해안을 따라 수백만의 인구 활동, 기후 변화에 따른 해수면 상승, 해안지역의 급속한 경제발전, 자연 자원의 과도한 사용, 산업과 농업 폐기물 증가, 과도한 어획, 갯벌 매립 등으로 연안 생태계가 위협받고 있다. 이 결과 어민들은 수산물 생산량 감소로 인한 경제활동 위축과 이직·도시 이주, 갯벌 등 연안 생태계의 생물다양성 감소, 갯벌 및 생물 서식지 소실로 인한 갯벌 가치와 기능 하락, 외부 인구 대거 유입으로 구도심 등 지역 중심 지역 및 지역 주민 소외 현상이 발생하고 있다.

경기만에 소재하고 있는 지자체의 경제·문화·역사·사회·환경·생태의 중심은 경기만이다. 따라서 경기만이 경제·문화·역사·사회·환경·생태적으로 건강할 때 경기만이 살아날 것이다. 경기만의 주요 자원은 갯벌이며 갯벌을 중심으로 경기만 생태네트워크가 형성되어야 할 것이다.

경기만 생태네트워크는 공간에 분포하는 자원과 환경을 관리하는 제도적 수단이며, 경기만 생태계의 가치, 지속가능 이용 등을 고려하여 이해당사자의 삶의 질 향상을 실천할 수 있는 도구로 사용될 수 있어야 한다.

경기만 생태네트워크는 3개 광역시·도와 3개 군 4개 구, 8개 시의 네트워크로 기초지자체와 광역지자체별로 이해관계가 첨예하게 중첩된 지역이다. 같은 생태적 공간이어도 선 하나로 담당 지자체가 갈라져 서로 다른 이용 계획이 수립될 수 있다. 2021년 7월 유네스코 세계유산 목록에 등재한 '한국 갯벌'에서 볼 수 있듯이 강화갯벌부터 낙동강 하구에 이르는 우리나라 갯벌이 지자체의 관과 민의 이해관계에 의해 포함되지 못하는 경우를 보았다. 이는 우리나라 서·남해안에 연속적으로 발달하여 있는 갯벌과 갯벌을 이용하는 물새들의 생태적 특성을 고려하지 못한 행정적 결정이다. 갯벌과 물새는 행정과 지리적으로 구분하고 보호지역을 결정할 수 있는 것이 아니다. 점과 선 그리고 공간으로 이어지는 생태계 연속성이 유지되기 위해 행정과 지리적 한계를 뛰어넘어야 한다.

경기만 생태네트워크 구축을 위해서는 3개 광역시·도와 3개 군, 4개 구, 8개 시의 참여는 필수적이다. 이후 필요성, 목적, 기준, 관리 방안 등이 구체적 합의가 필요하다.

#### 4) 경기만 생태네트워크가 우리에게 주는 선물

경기만 생태네트워크는 생물종, 물질·에너지 순환이 원활하게 이루어질 수 있도록 핵심지역을 보호하고 단절된 지역은 연결하여 본래의 생태적 기능을 수행할 수 있도록 해야 한다. 경기만 생태축은 핵심지역, 완충지역, 복원지역으로 구분하여 관리하고 네트워크로 연결함으로서 다음과 같은 결과를 기대할 수 있다.

##### (1) 경기만 연안의 보전·관리 정책의 효과성 제고

핵심지역 등 보전 지역 지정과 보전 체계를 구축하여 효율적 보전과 개발 사업으로 인한 경기만 생태계의 훼손을 사전에 예방하고 경기만의 주요 생물종과 생태계를 충분히 고려한 환경계획 마련과 공간 환경 특성을 고려한 지속가능한 개발을 유도할 수 있다.

##### (2) 국가 해양 생태축과 조화 유도

해양수산부의 해양 생태축 설정·관리 로드맵(2019~2023)에 의한 5대 핵심 해양 생태축 중에서 갯벌 생태계를 연결하는 '서해안 연안습지 보전축', 해양보호생물의 회유 경로인 '물범·상괭이 보전축', 다양한 해양생물의 산란과 서식처를 제공하는 '도서해양생태 보전축' 등 3개 축은 공간적으로 경기만과 밀접한 관계를 맺고 있다. 경기만 생태네트워크는 국가 해양 생태축과 상호 조화를 유도할 수 있다. 이를 통해 경기만에 접해 있는 도시들의 균형발전을 기대할 수 있다.

### (3) 유네스코 자연유산 '한국 갯벌'의 완성

유네스코는 '한국 갯벌' 등재를 결정하면서 2025년까지 한강하구와 경기만에 분포하는 강화갯벌, 화성습지 등 한국을 대표할 수 있는 갯벌을 세계자연유산에 포함하여 갯벌 자연유산 구역을 확대하고, 연속 유산의 통합관리계획을 마련하며, 추가적인 개발 압력을 막을 것을 주문하였다. 또한 중국 옌청 갯벌과 협력하여 동아시아–철새 이동경로(EAAFP)를 보호할 것을 요구하였다. 경기만 생태네트워크는 경기만 갯벌의 지속적인 관리를 통해 연안 생태계의 위기를 극복하고 생태적으로 건강한 공간을 확보할 수 있다. 사회적 · 정치적 합의와 과학적 조사를 통해 유네스코 등재 기준인 '탁월한 보편적 가치(Outstanding Universal Value, OUV)'를 확인하고 경기만의 자연유산을 추가 등재함으로써 '한국 갯벌(Getbol, Korean Tidal Flats)'을 완성할 수 있을 것이며, 경기만 생태네트워크를 중국과 북한이 참여하는 황해 갯벌 생태네트워크로 확대하여 국제 협력을 통한 황해 갯벌의 가치를 보존하고 황해 연안 도시와 시민들의 삶의 질을 향상할 수 있을 것이다.

### (4) 기후위기 극복

바다는 갯벌 매립, 무분별한 어업, 기름 유출, 해양 쓰레기 등으로 심각한 위기에 처해 있다. 특히 기후위기 문제는 바다에 미치는 피해가 심각하며 또한 기후 위기를 해결할 열쇠를 바다가 쥐고 있다. 30×30[11]은 최근 국제 사회가 기후 위기 대응에 열쇠를 쥐고 있는 바다의 중요성을 인식하고 해양 보호를 위한 자구책으로 마련한 결의안이다. 우리나라는 P4G 서울 정상회의[12]에서

2030년까지 해역 30%를 보호구역으로 지정하는 '세계해양연합'에 동참 의사를 밝혔다. 지금까지 미국, 영국, 독일, 스페인 등 60여 개국이 30×30 방안에 공식 지지를 선언했다.

바다는 중요한 탄소흡수원으로서 기후 위기에 대응할 수 있는 핵심 도구다. 특히 블루카본(Blue Carbon)은 갯벌, 잘피, 염생식물 등 연안에 서식하는 식물과 퇴적물을 포함한 해양생태계가 흡수하는 탄소로 해양수산부는 폐염전, 폐양식장 등 훼손·방치된 갯벌을 생명이 살아 숨 쉬는 갯벌로 복원하는 등 블루카본의 보고인 해양생태계를 보호하기 위해 최선을 다하고 있다. 경기만 갯벌의 탄소 포집 및 저장 능력은 대기 중 이산화탄소 증가율을 감소시키고 지구 온도 상승 폭을 줄이며, 기후 위기 피해를 완화할 수 있다.

(5) 경기만 연안의 주민 삶의 질 향상에 기여

경기만 연안의 생태적 만족도를 높일 수 있는 친수 공간 이용 계획을 수립하여 탐방객들에게 다양한 생태 및 생물 환경을 체험할 기회를 제공하고 연안에 거주하는 주민들이 친수 공간 이용 관리에 적극 참여함으로써 주인 의식을 높이고 지역 경제 활성화를 기대할 수 있다. 또한 경기만 생태네트워크의 핵심지역 등 보존지역은 지속가능한 어족자원을 유지하거나 확대 가능성이 있다. 이는 경기만을 지켜 온 어민들의 경제적 이익을 지킬 수 있을 것이다. 이를 위해서는 경기만 연안에서 친수공간 관리, 보전 지역 보전 활동, 시민 과학, 생태관광 계획 수립 등에 주민이나 이해관계자의 참여를 촉진해야 할 것이다.

## 5. 글을 마치며

생태네트워크란 생태적으로 중요한 지역들을 유기적으로 연결해 국토 또는 국가 간 생태환경을 통합적으로 관리하는 것을 말한다. 네덜란드, 독일을 비롯한 유럽 대부분 국가는 이미 국토계획이나 도시계획과 같은 공간계획에 이를 활용하고 있다.

경기만은 하구의 침식물 유입, 큰 조석 차, 얕고 완만한 해안 경사, 복잡한 리아스식 해안이라는 자연환경 때문에 고려시대부터 갯벌의 간척과 매립으로 연안 환경 변화와 생태계 훼손이 이루어져 왔다.

강 하구의 갯벌은 인류의 문명이 처음 만들어진 곳이며, 철새를 비롯한 다양한 생물들의 서식지로 이용되는 공간이다. 경기만의 갯벌은 지금까지 농지 확보, 농업용수 공급, 산업단지 유치, 신도시 건설 등의 필요에 따라 생태환경은 무시한 채 무분별하게 간척이 이루어졌다.

그동안 모르고 있던 갯벌의 가치와 기능이 서서히 밝혀지고 우리는 갯벌 생태계 서비스에 의존하며 사는 기생충 같은 존재임을 인식하고 있다. 갯벌은 육지의 경작지처럼 사람에 의해 가꾸어질 필요가 없는 공간이다. 이제 경기만은 행정적 경계를 넘어 하나의 유기체로 유지되고 관리되어야 한다.

경기만의 가치와 기능을 지속가능하게 유지하기 위해서는 경기만 생태네트워크 구축은 필수적이다. 이를 위해 정치적·사회적 합의 단계를 비롯한 경기만 생태네트워크 추진전략을 수립해야 할 것이다.

2030경기만 생태공동체를 목표로 시민, 전문가, 관련 단체, 공무원 등이 참여하는 '경기만 생태네트워크 구축 정책 포럼'을 구성하여 세미나, 워크숍, 원탁회의 등 다양한 협의 구조를 통해 '경기만 생태네트워크 구축안'을 개발할 것을 제안한다.

**주**

1. 동아시아-대양주 철새 이동 경로 파트너십(EAAFP: East Asian-Australasian Flyway Partnership).

2. 2021년 7월 20일, 해양수산부. 경기도 화성시 매향리 갯벌 14.08km²를 습지 보호지역 지정.
3. EAAFP. 2018년 지정.
4. 2018년 화성습지의 EAAFP 등재를 계기로 화성시가 이동성 물새 모니터링, 보존 및 연구활동, 협력 등을 목적으로 2019년부터 개최하고 있는 국제심포지엄.
5. 정부 관계부처 합동. 제4차 지속가능발전기본계획.
6. 「자연환경보전법」 제2조(정의) 8항 "생태축"이라 함은 생물다양성을 증진하고 생태계 기능의 연속성을 위하여 생태적으로 중요한 지역 또는 생태적 기능의 유지가 필요한 지역을 연결하는 생태적 서식공간을 말한다.
7. 「해양생태계 보전에 관한 법률」 제2조(정의) 5항 "해양 생태축"이라 함은 해양생태계 및 해양생물다양성을 통합적으로 보호·관리하고 생태적 구조 및 기능의 연속성을 유지하기 위하여 생태적으로 중요한 지역 또는 생태적 기능이 유지되고 있는 해역의 생태계를 연결하는 서식공간의 연결망을 말한다.
8. 환경부, 2019.
9. 2021년 7월 26일. 제44차 세계유산위원회. 세계유산목록에 한국 갯벌(Getbol, Korean Tidal Flats) 등재 최종 결정.
10. EAAFP이 지정 관리하는 철새이동경로사이트(Flyway Network Site, FNS).
11. 2016년 세계자연보전총회(WCC)에서 채택된 '2030년까지 전체 해양의 30% 이상을 보호구역으로 지정하자'는 결의안.
12. 정부 기관과 민간부문인 기업·시민사회 등이 파트너로 참여하여 기후변화대응과 지속가능한 발전목표를 달성하려는 글로벌 협의체. '포용적인 녹색회복을 통한 탄소중립 비전실현'을 주제로 2021년 5월 30일~31일 우리나라에서 2차 정상회의 개최.

## 참고문헌


국립생태원습지센터, 2021, 멸종위기종 황새, 집단으로 화성습지에서 겨울보냈다, 보도자료(2021-3-5).

김근한 외, 2014, 「광역생태축과 국토환경성평가지도를 활용한 지자체 광역생태네트워크 구축 방안」, 『환경정책연구』 13(3).

박석두, 2014, 「시화간척지 대송단지의 농업적 토지이용계획 수립」, 한국농촌경제연구원.

박종순, 2018, 국토계획과 환경계획 연계(생태축 적용을 중심으로), 국토부(국토 제435호).

박창석 외, 2008, 국토연안생태네트워크 구축과 계획적 관리방안(I), KEI.

박창석 외, 2009, 국토연안생태네트워크 구축과 계획적 관리방안(II), KEI.

장동호 외, 2009, 「충남연안생태네트워크구축을 위한 해안지형 평가」, 『한국사진지리학회지』 19(1).

정부관계부처 합동, 제4차지속가능발전기본계획 2021~2040. 발간번호 11-1480000-001181-01.

최대석 외, 2007, 동북아 NGO 네트워크의 유형과 발전의제, 담론201-10(1).
한국환경정책·평가연구원, 2002, 한반도 생태네트워크 구축 착수, 보도자료(2002-7).
환경부, 2019, 제5차 국가환경종합계획(2020~2040)-대한민국의 녹색전환을 위한 2040 비전과 전략.
환경부, 2017-2018년도 겨울철 조류 동시 센서스.
해양수산부, 2020, 경기도. 경기 해역 해양공간관리계획(안).
해양수산부, 2020, 해양 생태계 잇는 '해양 생태축' 만든다, 보도자료(2020-8-3).

안산뉴스, 2018, 멸종위기종 흰발농게·흑고니, 시화호 서식, 2018년 12월 12일 자.
연합뉴스, 2016, 안산시 대송단지 철새 도래 '자연생태지구' 지정 추진, 2016년 3월 11일 자.

디지털안산문화대전(시화호와 간척사업) http://ansan.grandculture.net/ansan.
화성환경운동연합 홈페이지(화성시 150만 평 갯벌 매립, 이제 그만!) http://kfem.or.kr/?p=188037.
환경부 우리나라 생태관광이야기(안산 대부도·대송습지) http://eco-tour.kr/front/tour/choice/detail/6.
2021 P4Gg 홈페이지. https://2021p4g-seoulsummit.kr/index.do?htmlLang=.
Gondwana Link Project. http://www.gondwanalink.org.
Waddensea 공동사무국. https://www.waddensea-worldheritage.org.
Yellowstone to Yukon. https://cpawsyukon.org/yellowstone-to-yukon.

# 제2부
# 경기만 역사문화 환경과 세방화

## 第6장

# 경기만 문화자원의 활용방안

**김용국**

아시아문화연구원 원장·안양대학교 겸임교수

## 1. 서론

유구한 역사 속 경기만(京畿灣)은 어민들에게는 삶의 터전이었고, 국내외 교류의 바닷길이었으며, 한반도의 변화를 촉발한 통로였다. 경기만은 생명을 잇는 길이었지만 한편으로는 침략의 길, 피난의 길이기도 하였다.

또한 경기만은 교류의 통로였다. 중국과 일본으로 오갔던 사신(使臣)들의 바닷길이 경기만이었다. 오도(悟道)의 꿈을 안고 구도(求道)의 길을 나서던 것도 주된 바닷길은 경기만이었다. 실크로드의 출발지도 도착지도 경기만이었다.

서구의 열강들이 한반도 침탈을 위하여 들어서려던 곳도 경기만이었다. 한국전쟁의 발발로 고향을 등지고 떠나야 했던 이들의 피난길도 경기만이었고 그들이 정착한 곳도 경기만의 연안 지역이었다.

그러니 경기만에는 사람들의 교류를 통한 사연이 있고, 문화적 교류의 유산이 있다. 이는 구비전승과 민속을 통하여 전하고 있으며 경기만의 정체성으로 전승되고 있다. 그런데 경기만의 환경에는 이미 많은 변화가 발생하였으며 변화는 지속되고 있다. 어패류와 바다에서 서식하는 조수(鳥獸)가 변화된 환경에 따라 삶의 장소를 옮기어 가듯 바다에서 나고 자라는 것들에게서 바다환경의 변화를 감지해 낼 수 있는 것이다. 경기만의 인문환경도 마찬가지이다. 전통이 사라진 것은 환경이 변화되었다는 의미이다.

## 2. 경기만의 교류사

경기만이 중국과 일본은 물론 한반도 해상교류의 거점이었음은 여러 전적(典籍)을 통하여 확인된다. 인적, 물적 교류는 물론 문화적 교류의 통로도 경기만이었다. 실크로드의 출발지도 도착지도 역시 경기만이었다.

### 1) 당성

『신증동국여지승람(新增東國輿地勝覽)』에서는 당성(唐城)을 "… 본래 고구려 당성군(唐城郡)이다. 신라 경덕왕(景德王)이 당은(唐恩)으로 고치었다가, 고려 초년에 예전 이름을 회복하였고 … 본조(本朝) 태종(太宗) 13년에 예에 의하여 도호부로 고치었다."[1]라고 기록한다. 이를 통하여 경기도 화성시의 당성은 고구려로부터 오늘에 이르기까지 이 지역의 역사를 간직하고 있는 성곽의 이름이면서 지역의 명칭임을 확인할 수 있다. 그리고 『동문선(東文選)』에서 최치원이 당성을 통하여 당나라를 오고 갔음을 그의 시를 통하여 확인할 수 있다.[2]

"… 뉘 알았으리, 이 해변에 와 불 줄이야(來向海邊吹) … 선왕을 이제 뵈올 수 없으니(攀髯今已矣)…" 선왕(先王)이 누구인지는 확실치 않으나 "여유당성(旅遊唐城)"이라 한 구절을 통하여 최치원이 당나라를 다녀온 이후에 쓰인 것임을 짐작할 수 있다. 여러 정황을 참작한다면 작품이 쓰인 연대는 885년 이후부터 894년 사이가 아닐까 한다.[3] 이렇듯 당나라를 향하여 가고 드나들던 통로가 당성이었음을 확인할 수 있는 자료이다.[4]

그리고 사신들이 왕래하던 통로가 당성이었음은 이곳이 군사적으로도 요충지였음을 통하여도 확인된다. "신라는 연변(沿邊)의 요해지에 진(鎭)을 설치하였다. 당은군(唐恩郡)은 바닷가의 요로가 되기 때문에 문을 폐지하고 당성진을 설치하여서 사찬(沙飡) 극정(極正)으로 하여금 지키게 하였다."[5]라는 기록을 통하여 당성에 진을 설치한 것이 829년으로 파악된다. 그러니 최치원이 당나라로 떠나기 이전 이미 이곳은 사신들이 오갈 수 있는 여러 여건을 구비하였던 것으로 판단된다.

### 2) 화량

당성 못지않게 화량(花梁) 또한 대외 교류에서 군사적 요해처(要害處)였음은 "주문채(注文寨)·장봉채(長峯寨)·덕포채(德浦寨)·정포채(井浦寨)·영종채(永宗寨)·덕적채(德積寨)·화량채(花梁寨)—이상 경기(京畿)."[6]라고 기록한 것을 통하여 확인할 수 있다. 화량에 '채(寨)'를 설치하여 바다를 방비[海防]했음을 짐작할 수 있다.

> "남양(南陽) 줄박서(乼朴嶼) 화량(花梁)에 속함."[7]
>
> "양성(陽城), 수원, 남양(南陽)의 화량(花梁) 옛적엔 수사영(水使營)을 두었었는데 성종(成宗) 때에 영을 폐하고 첨사를 설치하였다."[8]
>
> 수영(水營)을 처음엔 화량진(花梁鎭)에 설치했다가….[9]
>
> 남양(南陽)의 대부도(大阜島)는 화량진(花梁鎭)에서 바다 건너 10리인데, 모두 어민들이 산다.[10]

이렇듯 화량은 진을 설치하기도 하고, 수사영을 두기도 하였으며, 첨사를 설치하기도 하면서 그 중요성을 유지하였던 것으로 파악된다. 당성과 화량의 군사적 의미는 실제로 이곳이 외국으로 나가는 나들목으로써 얼마나 중요하였는가를 확인할 수 있는 자료라면 마산포는 실제로 어떤 사람들이 어디를 가기 위하여 이곳을 찾았는지를 확인할 수 있는 근거가 된다.

### 3) 마산포

마산포(馬山浦)는 청나라, 당나라와의 교류뿐만이 아니라 일본과의 교류에서도 중요한 지역이었다. 박대양(朴戴陽)은 일본에 가기 위하여 인천항을 경유해 마산포로 가려 하였으나 바람으로 뱃길이 막혀 배 안에서 시국을 개탄하며 시를 짓기도 했다.

> "저것이 바로 마산포(馬山浦)입니다. 그리고 그 바다 위에 푸른 섬이 있고 섬 위에 연기가 희게 보이는 것은, 섬이 아니고 청국(淸國)의 화륜선(火輪船 기선汽船의 별칭)입니다."[11]
>
> "… 청국의 흠차(欽差, 황제가 보내는 사신使臣) 오대징(吳大徵)과 부사(副使) 속창(續昌)의 배가 마산포에 와 닿았다."[12]
>
> "즉시 남양(南陽) 마산포(馬山浦)로 가서 다시 여순구(旅順口)로 나아가 배를 세내어서 동경(東京)으로 바삐 가도록 하라. 목공(穆公)은 서울에서 곧바로 남양으로 가서 기다린다."[13]
>
> "… 전권대신 일행이 오래 마산포에 머물기는 어려울 것이니 본읍에 옮겨 머무는 것이 좋겠다."[14]

이를 통하여 인천과 마산포를 잇는 해로(海路)를 살펴볼 수 있다.[15] 김윤식

(金允植)의 『운양집(雲養集)』에서도 마산포에서의 감회를 읊는데 박대양의 시에서와 마찬가지로 나라에 대한 근심과 걱정이 배어 있다.[16] 박대양과 김윤식이 마산포에서 공통적으로 나라에 대한 걱정을 담은 시를 지었다는 것은 무슨 의미일까? 이는 마산포가 역사적, 군사적, 외교적인 면에서 매우 중요한 지점이었기 때문이 아닐까. 마산포가 내륙으로 향하는 길목이었음도 확인할 수 있다. "…밤에 구포(鷗浦)의 들판에 진영을 펼치고 노숙을 하였는데…."[17]에서 화성신 송산면의 구포는 정조(正祖)대에 수원에 있는 화성(華城)을 축성하면서 물자를 수송하던 통로이기도 하였다.[18] 마산포가 외국과의 교류에 있어 중요한 통로였다는 점은 다음의 기록을 통하여도 확인된다. "…영국 영사관(領事官) 호이(好二)가 함장(艦長) 1인과 … 마산포(馬山浦)로 나갔습니다…."[19]

"오늘 오 제독(吳提督)이 수행원 24인, 병대 18명을 거느리고 마산포(馬山浦)를 향해서 출발했습니다. 감히 아룁니다."[20] 마산포가 군사적으로도 중요한 요충지였음을 확인하게 한다.

#### 4) 조강포

조강포(祖江浦)는 18세기 초부터 지명이 등장한다. 그런데 한자의 표기가 조강(祖江), 조강(阻江), 조강(漕江) 등 매우 다양하게 기록되어 있다. 조강(祖江)은 물살의 흐름을 중심으로 한 이름이며, 조강(阻江)은 물 밑의 지형을 중심으로 한 이름이고, 조강(漕江)은 기능을 중심으로 한 이름으로 각 명칭의 유래된 것으로 판단된다.

조강(漕江)에 대하여 『각사등록(各司謄錄)』[21]은 다음과 같이 기록하고 있다.

"… 균역청(均役廳)에 상납하는 대동미(大同米) 1천 12석을 3월 22일에 싣고 4월 12일에 본창(本倉)에서 배가 출발하여 … 28일에 통진(通津) 조강(漕江)에 도착하여 유숙하였습니다….”[22]

『신동국여지승람(新東國輿地勝覽)』 경기 통진현(通津縣)에 조강원(祖江院)에 대한 기록이 있는데 “조강원(祖江院)은 조강 언덕에 있다.”라고 하였다. 그리고 조강진(祖江津)이 있는데 개성(開城)과 통한다고 하였다. 이렇듯 조강은 중국 사신들이 왕래하던 거점이었을 가능성도 높아 보인다.[23]

지역의 원로들께서도 어른들에게 들은 이야기라고 전제하면서 중국사신들이 머물던 곳이 동을산리 상야(上野)의 당제산이었으며 그러한 연유로 상야에서 산신제를 모시게 되었다는 것이다. 오래전에는 상야를 지나 하성을 통하여 한강으로 들어갔다는 이야기이기도 하다.

## 3. 경기만의 문화자원

### 1) 문화교섭

〈선유락〉과 〈사자무〉가 경기만을 통하여 교류되었다는 것은 매우 중요한 의미라고 생각한다. 왜냐하면 경기만이 군사적 요해처였을 뿐만아니라 사신들이 오가던 통로였으며 또한 사신들의 교류와 인적인 교류를 통하여 많은 문화가 유입되고 전파되었기 때문이다.

#### (1) 선유락

〈선유락(船遊樂)〉은 사신들을 전별함에 무사한 행해를 기원하는 의미를 담고 있다. 〈선유락〉이 화랑에서 초연되었다는 것은 경기만을 통한 문화의 수수(授受)와 교섭(交涉)을 보여 주는 예가 아닐 수 없다.

〈선유락〉은 조선 후기 궁중 연향에 도입된 향악정재(鄕樂呈才)의 하나로서 어부사(漁父詞)를 부르며 연행되는 뱃놀이의 형식을 띤다. 최초의 기록인 박지원(朴趾源) 『열하일기(熱河日記)』의 「막북행정록(漠北行程錄)」(1780)에 따르면, 〈선유락〉은 본래 민간에서 서도지역의 〈배따라기곡〉을 춤으로 형상화한 것으로 보인다. 또 훗날 지방 관아에서의 공연 모습이 담긴 정현석(鄭顯奭) 『교방가요(敎坊歌謠)』의 〈선악(船樂)〉 역시 〈선유락〉의 공연과 거의 흡사한 면모를 드러낸다. 한편 〈선유락〉은 선상기(選上妓)를 통해 궁중 정재에도 채택되어, 정조 19년(1795) 화성 능행과 부대 행사에 관한 『원행을묘정리의궤(園幸乙卯整理儀軌)』와 『화성능행도(華城陵幸圖)』 중 「봉수당진찬도(奉壽堂進饌圖)」에 공연 그림이 보인다.

또 조선 말기의 문신인 최영년(崔永年, 1856~1935)이 쓴 『해동죽지(海東竹枝)』 「속악유희」(俗樂遊戲) 편의 〈선유락〉 항목에는 "사신을 남경[24]에 보낼 때 수로로 조천을 갔는데 많은 사람이 가지만 다 돌아오지는 못했다. 매번 남양과 선천의 선진 이 두 곳에서 떠난다. 떠날 때 바닷가에서 전송하였는데 여러 기생이 이를 연출하여 놀이를 만들었다. 그것을 이름하여 〈선유락〉이라고 한다. 시속에서는 〈배따라기〉라고 일컫는다."[25]는 기록이 있다. 이를 통해 보건대, 〈선유락〉의 발생이 명·청 대립기에 바다를 통해 중국으로 가던 사행에서 비롯되었다는 설이 유력하다.

### (2) 사자무

우리나라에서는 사자놀이로부터 출발하여 〈사자무(獅子舞)〉로 전개되는 바 그 대강은 다음과 같다.

신라말 최치원(867~?)의 『향악잡영(鄕樂雜詠)』 「5수(五首)」에도 사자놀이가 등장하고 있다. 또한 사자놀이는 고려시대 이색(1328~1396)의 「구나행」이라는 한시에서도 나타나며, 조선 성종 19년인 1488년 유득공의 『경도잡지(京都

雜誌)』에도 산희(山戲)에 사자가 등장하고 있다. 그리고 1796년(정조 20년) 〈낙성연도(落成宴圖)〉에도 사자(해태)가 등장하고 있음을 확인할 수 있다. 이후 1887년의 연행(演行) 기록인 『정재무도홀기(獅子舞項莊舞舞圖笏記)』를 통하여 사자놀이가 궁중의 정재(呈才) 종목으로 수용됨을 확인할 수 있다.

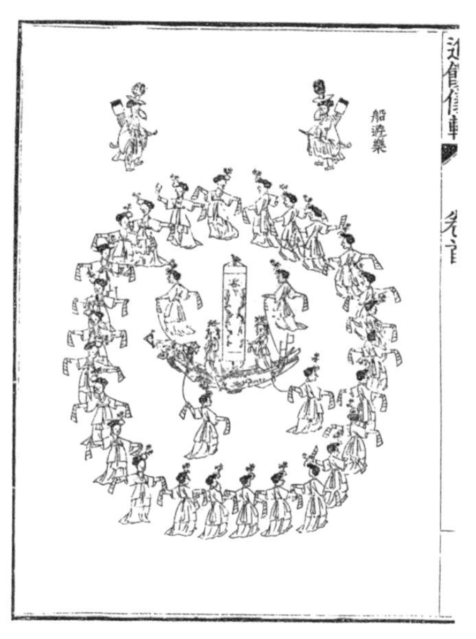

그림 6-1. 『순조기축진찬의궤』(1829)의 「선유락(船遊樂)」

사자놀이 자료로 첫 번째 기록은 「이사부 열전」에 "이사부(혹은 태종)는 성이 김 씨요. 내물왕의 4대손이다. 지로왕 때 연해 국경지역의 지방관이 되었는데 거도의 꾀를 답습하여 마희로써 가야국을 취하였다. 지증왕 13년 임진(512년)에 이사부는 아슬라주(현재의 강릉시) 군주가 되어 우산국(울릉도)의 병합을 계획하고 있는데 그 나라 사람들이 어리석고 사나워서 위력으로 항복받기 어려우니 계략으로 복속시킬 수밖에 없다 생각하였다. 이에 나무사자를 많이 만들어 전함에 나누어 싣고 그 나라 해안에 이르러 "너희들이 항복하지 않으면 이 맹수를 풀어 밟아 죽이겠다."[26]고 하자, 사람들이 두려워서 곧 항복하였다고 한다.

이색의 「구나행(驅儺行)」을 보면 "구나 의식을 거행한다는 말을 듣고 삼가 써서 사관(史官)에게 올려 보낸다." 하였는데 그 내용은 다음과 같다.

> "… 충의심에 격앙되어 액막이를 대신하여, 기괴한 걸 다 베풀고 뭇 광대를 따라서 오방귀와 백택의 춤을 덩실덩실 추고"[27]

『경도잡지』「성기(聲技)」조 나래도감에 속하는 산희에 사자가 등장한다. 그런데 『경도잡지』에 기록된 사자놀이는 사자만이 등장하는 것이 아니라 사호(獅虎)라 하여 사자와 호랑이가 함께 등장하였던 것으로 보인다. 이러한 변형은 『동국세시기(東國歲時記)』에도 나타나는 데 "산극은 시렁을 매고 포장을 치고 사호(獅虎), 만석(曼碩), 승무(僧舞)를 상연한다."[28]고 하였다.

1796년 정조 20년 화성행궁에서 펼쳐진 낙성연을 기록한 그림에 사자로 보이는 짐승과 호랑이로 보이는 짐승이 함께 등장하는 장면이 나타난다. 이때까지만 하여도 사호(獅虎)놀이 또는 사자놀이가 연행되는 공간은 일반 백성들 사이였다. 아직 사자놀이가 궁중의 정재로 편입되기 전이다.

## 2) 구비전승

### (1) 지명과 대외교류

경기만은 해외로 진출하거나 한반도로 진입하기 위한 관문이었다. 삼국시대부터 개항기에 이르기까지 해외 세력과의 군사적 충돌을 비롯하여 사신의 교류 등이 활발하게 전개되었던 지역이다.

> "경기만은 남중국의 강소성·절강성 등을 오가는 항로의 기점이자 한반도 중심부의 관문이었다. 역사 속에 등장하는 예성강 하구의 벽란도, 인천의 능허대, 남양 반도의 당성 등은 그러한 역사지리적 배경에서 등장했던 고대~중세 경기만의 대표적인 기항지들이었다."[29]

이를 뒷받침하는 자료가 지명을 통하여 전하고 있다.

평택시 도두리(棹頭里)는 중국 사신의 왕래와 관련된 지명이다. 군문동(軍門洞) 군문마을은 1894년 고종 31년 청일전쟁 당시 청군(淸軍)이 이곳에 주둔하면서 사람이 모여 마을이 형성되면서 원군문으로 불렸다고 전한다.

화성시 마도면(麻道面)은 고려 중엽부터 중국 사신이 배를 타고 건너와 면소재지인 방죽머리에 배를 대고 한양을 왕래하던 곳으로 중국 사신이 베옷을 입고 다니는 길이라 하여 마도라 부르게 되었다 한다. 백곡리의 다리실, 전곡리의 당고지·당곶(唐串), 마산포(馬山浦), 용포리(龍浦里), 화령, 매향리의 가로지(可老地), 화산리의 일원동(日院洞), 수당산(水唐山) 등의 지명은 중국과의 교류가 빈번하였다는 증거가 된다.

안산시 왜두둘기, 소래산(蘇萊山), 김포시의 대명리(大明里), 마전리(麻田里), 강화군 삼산면 주문도리(注文島里), 교산리의 신포(新浦) 등 경기만이 내륙과 바닷길을 잇는 중요 통로였음을 증명하는 지명도 다수가 전한다.

(2) 설화

설화는 지역을 기반으로 형성된 것만을 살펴보았으며 그 가운데에도 해당 지자체를 대표할 만한 것을 소개하기로 한다.

○ 손돌

손돌 전설은 김포에서 왕성하게 전승되고 있다. 손돌의 묘는 강화도에 있으나 손돌공 진혼제는 김포에서 거행되고 있다. 이는 행정 경계가 문화의 경계가 아님을 말해 준다.

손돌은 음력 10월 20일에 억울한 죽음을 맞이하였다. 이후 해마다 이날이 되면 세찬 바람이 부는데 이바람을 손돌바람이라 부르며, 손돌이 죽은 여울은 손돌목이라 불린다. 이날은 뱃일을 꺼리며 겨울옷을 준비하는 풍습이 생겼다고 한다.

○ 임경업

어민들에게 어업의 신으로 칭송받으며 섬겨지는 이가 임경업 장군이다. 경기만은 물론이고 서해를 관통하면서 임경업 장군을 기리고 풍어를 기원하는 마을공동체 신앙이 넓게 분포한다. 연평도의 임경업 사당을 비롯하여 충청남도 서산군 황금산, 전라북도 부안군 위도 치도리를 비롯하여 어업의 신격으로는 아니나 충청북도 충주시와 북한 땅 의주(義州)에도 임경업 사당이 있다. 경기만을 중심에 두고 서해를 관통하는 어업 신앙의 스토리텔링이 될 수 있는 자료이다.

○ 왕신 독갑이

안산시 풍도에 전하는 이야기 가운데 '왕신 독갑이'가 있는데 육지에서의 도깨비와 그 기질이 같다. 섬 지역에서는 어업의 신으로서, 장난기 많은 도깨비이다. 부정하여 징치해야 할 잡귀 모습을 하고 있다는 점이 흥미롭다. 그리고 이를 통하여 육지와 섬 지역의 인식에 어떠한 차이와 유사점이 존재하는지도 확인할 수 있다.[30]

○ 왕무대

화성시 서신면 용두리에는 왕무대(王舞臺) 또는 왕모대(王母臺)라는 지명이 있는데 다음과 같은 이야기가 전한다.

"가까이 바다가 있고 파도가 밀려와 경관이 좋은 곳으로 옛날 어느 임금이 이곳에 와서 춤을 추며 놀던 곳이라 하여 왕무대라 부르기도 하며, 왕의 어머니가 이곳에 머물러 있어 왕이 친히 배알하러 다니던 곳이라 하여 왕모대로도 부르게 되었다 한다."

○ 왕지물

서신면 제부리에는 '왕지물(王指井)'에 얽힌 이야기도 전한다. 또한 왕지물의 유래와 같은 이야기가 안산시 대부도에서도 '인조 임금과 대부도 처녀'라는 제목으로 전하고 있다. 인근의 지역에서 같은 내용의 설화가 지역의 이름만을 달리하면서 전하는 이유는 어디에 있을까? 지역과 지역의 겨루기 유형이기도

하다.

○ 홍법사 연기설화

서신면 홍법리의 홍법사(弘法寺)에는 '연기설화(緣起說話)'로 전하는 이야기가 있다.[31]

○ 옹진군의 설화

옹진군 서포리에는 '장사신선바위'가 전하는데 "선녀와 장사(壯士)들이 돌을 날라 신선들의 놀이 장소를 만들어 놓았다 하여 장사신선바위라 부른다."고 한다. 백령도(白翎島)에는 '몽고(蒙古)종다리', '용담리(龍潭里)', '남북리(南北里)', '을왕리(乙旺里)' 등지에 경기만이 내륙과 해외를 잇는 통로로써 간직한 지명의 유래가 전한다.

### 3) 생활문화

경기만 연안에는 생업이 어업 또는 반농반어인 지역의 민속 문화와 한국전쟁으로 인한 피난과 정착 과정에서 생겨난 이북과 이남의 전통문화가 교섭된 형태의 생활문화가 나타난다.

#### (1) 공동체신앙

공동체신앙이란 공간적 범위가 마을 단위이다. 그런데 마을이란 한글 가운데 거의 유일하게 개념(槪念)을 나타내는 어휘라고 생각한다.[32] 그렇기에 행정구역과 공동체신앙의 참여 범위는 다르다. 자치단체의 경계를 넘기도 하고 동과 동, 리와 리, 시와 시의 경계를 넘기도 한다.

예로 김포시의 조강(祖江)문화는 김포에만 국한되지 않는다. 북한의 개풍군에서도 조강이라는 명칭을 사용하고 있다. 조강치군패놀이는 강화도와 임진강의 고량포에서도 유사한 형태로 전해지고 있다. 다소의 다름은 존재하나 물길이 닿는 서울의 마포와 강화도의 용왕제가 김포시 조강의 용왕제와 맞닿아 있는 것도 이러한 맥락에서 이해될 수 있다.

○ 김부대왕신앙

신라의 마지막 임금인 경순왕을 마을의 최고의 신격으로 모시고 있는 공동체신앙이 경기만에서 집중적으로 전승되고 있다. 시흥시와 안산시, 화성시가 그러하다. 그리고 수원시의 서부지역에서도 김부대왕을 주신격으로 섬기는 마을 공동체신앙이 전승되고 있다.

군자봉은 안산시와 시흥시뿐만 아니라 인천과도 접하고 있는 산이며 봉우리의 이름이다. 또한 군자(君子)라는 지역의 이름은 안산시와 시흥시에서 공히 행정구역의 명칭을 군자로 사용하기를 원하였던 만큼 군자봉은 시흥과 안산지역을 상징하고 대표하는 자연자원이며 인문자원이다. 이와 같이 안산시에서도 군자봉의 성황제는 중요한 공동체 문화라 하겠다.

경순왕이 군자봉에 이거하면서 안씨와 생활하다가 개성으로 가서 서거하였다. 이러한 소식을 모르고 기다리던 안씨는 안산 땅에서 살다가 고혼이 되었다. 송나라 사신으로 서희 장군이 출행하게 되었는데 그때 안씨의 영혼이 나타나 많은 기행이적(奇行異蹟)으로 그의 행차 길을 도와주었다. 이에 서희 장군

그림 6-2. 우음도 본당의 화분(김부대왕)

은 안씨의 현령(顯靈)과 약속하기를 안산 군자봉에 경순왕 영정을 모시고 소원당을 지어주기로 하였다고 전해진다.

군자성황제는 1993년 9월, 제8회 경기도민속예술경연대회에 참가하여 입상하였다. 그 후로도 매년 10월이면 경순왕과 안씨, 친정어머니인 홍씨 부인 혼령에게 제를 지내오고 있으며, 시흥·안양·안산 지역은 물론 전국의 무속인들이 이곳을 찾고 있다.[33]

잿머리성황당은 안산시 단원구 성곡동 해봉산 정상에 자리 잡고 있다. 매년 음력 10월 3일 오전 10시에 무당들이 중심이 되는 당굿의 형태로 제를 지내고 있다.

잿머리성황당은 군자봉 성황제와 유래는 다르지만 잿머리와 마주하고 있는 화성시 송산면 고정리 우음도의 당과 연관성을 맺고 있다는 점이 특이하다. 또한 잿머리와 우음도가 서로 자신들의 당이 형님당(堂)이라고 주장하는 점도 특이하다. 단순히 본다면 지역과 지역 간의 겨루기 유형의 유래담이겠지만 경순왕을 주 신격으로 모시고 있다는 점 등이 의미가 있다.

잿머리성황의 유래담은 이러하다. "고려 제6대 성종(982~997) 때 내부시랑

그림 6-3. 우음도에서 잿머리 '아우님!'을 부르면서 청배(請陪)하고 있다.

그림 6-4. 우음도 본당의 신격명패

서희(徐熙)가 송나라 사신으로 가는 길에 폭풍우를 만났는데 꿈에 나타난 혼령(경순왕인 김부대왕의 비 홍씨와 친정어머니 안씨)의 한을 풀어주기 위해 사당을 짓고 제를 지내준 후 무사히 임무를 수행했다는 이야기이다." 제당에는 신라 마지막 임금인 경순왕의 비(妃) 홍씨와 장모인 안씨를 모시고 있다. 1990년에 현재의 당집을 복원하여 제7회 성곡동 잿머리 성황제를 성대하게 치룬 후 오늘에 이르고 있다.[34]

○ 임경업 장군신앙

임경업 장군은 어업의 신으로 기억되고 있으며 신앙의 대상이 되고 있다. 경기만의 연안 도서에는 평택시와 강화도, 옹진군 등에 임경업 장군과의 깊은 관련 있음이 나타나고 있다.

제한된 지면에 전부 다 기록할 수는 없지만 화성시의 경우 우음도의 당제 등에서 임경업 장군 신앙이 나타나고 있다. 이를 면밀히 조사한다면 경기만 연안 도서지역에서는 어렵지 않게 생업인 어업의 안전과 풍어를 기원하였던 신앙의 대상으로서의 임경업 장군에 대한 자료가 추가로 발굴될 것이라 여긴다.

평택시 오성면 양교리의 오봉산(五峯山)에는 다음과 같은 이야기가 전승되고 있다.

"오봉산은 오성면과 청북면 2개면을 잇는 산으로 비슷비슷하게 생긴 형제봉이 5개가 나란히 서 있다는 형세를 본따서 지은 산명이다. 봉(峯) 위에는 높이 3m, 둘레 5m되는 괴암이 있다. 약 300년 전부터 있었다는 이 바위는 임경업(林慶業)장군이 앉았다는 곳으로 지금도 그 자리가 남아 있다고 전하여 오고 있다."라고 한다.

그리고 강화도 내가면 외포리에는 '늑대장군' 당집이 있다고 하면서 다음과 같이 유래를 설명하고 있다.

"외포리 26번지의 임경업 장군을 모셔놓은 집으로 서해 고기잡이 풍어제를 지내던 곳이다. 선박을 가지고 있는 사람 모두가 음력 정초 선박 출항에 앞서 선박기(旗)를 가지고 올라가 제사를 지낸 후에 출항하였다."라고 하였다. 그러나 '늑대장군'이 누구인지에 대하여는 명확하지 않다. 다만 지역에서 '득태장군'[35] 이라고도 전하는데 경기도 지명 유래 조사 당시에 '늑대장군'을 어업의 신이라 하였던 것을 미루어 임경업 장군을 지칭하고자 하였음에 신빙성이 있다고 생각한다.

옹진군 백령도 중부리 당산에 임경업 장군의 신위를 모신 사당인 충민사가 있다. 충민사의 유래에 대하여 다음과 같이 설명한다.

"임경업 장군께서 연평도 주민의 생활 터전인 조기잡이를 할 수 있게끔 '안목'이라는 어장을 개설하셨다."라고 한다. 그리고 전하는 전설로 "풍수지리에 능한 장군께서 신사리(산세) 세 곳을 보신 후 세 곳에 계란을 묻고 육지로 돌아가 이듬해에 지금 사당이 있는 자리에서 계란이 닭으로 부화되어 활개를 치며 울었다."고 하여 명당자리라 인정하고 사당을 짓게 되었는데 "'충민사'는 장군의 넋을 위로하고 조기를 잡게 하신 그 고마우신 은혜를 기리는 마음에서 세워진 사당으로 장군의 시호인 충민을 따서 붙인 이름이다."라고 하였다.

## 4. 결론 및 제언

경기만은 삼국시대로부터 고려 조선 개화기에 이르기까지 한반도의 세력다툼도 있었고, 서구 세력의 한반도 침탈을 위한 통로가 되기도 하였다. 한국전쟁 이후로는 피난길로 이어졌다. 그러니 이러한 역사의 자료들은 전쟁과 평화가 점철된 경기만의 특성을 잘 보여 주고 있다.

한편으로 경기민은 대내외적으로 교류가 왕성하였던 지역이다. 당나라로부터 명나라, 원나라, 청나라와의 교류가 있었음이 역사 기록에서 지명의 유래를 통하여 전하고 있다. 단순히 역사적 사실을 기록할 것이 아니라 지명 등의 유래를 더하여 스토리텔링을 한다면 관광과 역사탐방의 코스로 개발될 수 있을 것이라 본다. 특히나 화성시 당성의 경우는 실크로드의 출발지이자 도착지로 추정되고 있으며, 원효가 구도(求道)를 위하여 찾았던 곳으로 추정되고 있는 지역이다. 그리고 소서노(召西奴)의 이야기도 경기만을 통하여 전하고 있다. 고운(孤雲) 최치원이 당나라 유학을 떠난 지점도, 사신을 맞이하고 전별(餞別)하였던 곳도 경기만이었으며 〈선유락(船遊樂)〉이 초연(初演)되었던 곳도 경기만임을 확인하였다.

이러한 일화와 역사적 기록, 그리고 지금까지 전해 오는 지명의 유래를 융합한다면 경기만의 가치를 알리는 콘텐츠로 활용될 것이라 판단한다.

### 1) 주제별 활용 방안

① 설화로 돌아보는 경기만 코스 개발

평택으로 부터 백령도에 이르기까지 임경업 장군과 관련된 설화가 전하며, 소서노와 관련이 되었을 것으로 추정되는 화성시 왕모대, 원효와 당성 등 경기만의 인문지리적 환경에서 발생되었을 것으로 보이는 설화들이 다수 존재하고 있다. 이를 잘 엮어 내면 이야기로 돌아보는 경기만의 콘텐츠로 개발할 수 있을 것이다.

여기에 더하여 서희 장군, 신라의 마지막 임금이었던 경순왕이 마을의 신격으로 좌정하고 있는 화성시와 안산시, 시흥시를 하나의 권역으로 묶어 내는 방법도 강구(講究)할 수 있을 것이라 여긴다.

○ 풍어의 신 임경업: 대청도 → 연평도 → 강화도 → 김포 → 화성 → 평택

○ 경순왕의 길: 시흥 군자봉 → 안산 잿머리 → 화성 우음도

○ 원효의 길: 전곡항 → 당성 → 평택 수도사

② 전통연희 콘텐츠 개발

경기만의 통로로 유입된 선유락의 경우 사신들을 전별(餞別)하기 위하여 연행(演行)되었던 종목이다. 그리고 그 초연지(初演地)가 지화리일 것으로 판단된다. 이에 이러한 전통연희(傳統演戲)를 경기도의 대표적 작품으로 특화하는 것도 경기만의 가치뿐만이 아니라 과거에 경기도의 역할이 어떠하였으며 앞으로 대한민국에서 경기도의 역할이 어떠하여야 하는지를 보여 주는 작품이 되리라 여긴다.

○ 사신과 관리 복장을 하고 연회를 베푸는 가운데 〈선유락〉 공연

○ 〈선유락〉과 〈사자무〉가 함께하는 공연

### 2) 경기만 콘텐츠 활용 방안

① 평화로운 만남의 문화제: 민속과 설화

○ 조강: 바다와 강의 만남

○ 통진두레: 농업과 어업의 만남

○ 손돌진혼제: 오해와 이해의 만남

'평화'라는 명사를 사용하면 상대적으로 '전쟁'을 떠올리게 된다. 그러나 '평화로운'이라고 하면 모든 갈등을 하나로 합칠 수가 있다. 그리고 김포의 조강은 남한과 북한이 가장 최단거리에서 마주보는 지역으로 통일의 길도 가장 빠르게 열릴 수 있는 지점이다. 이를 활용하여 김포시의 인문자원이 활용되기를 바란다.

② 생생, 상생문화제: 연희와 설화

○ 백마를 타고 등장하는 경순왕과 함께하는 공동체 문화 코스

○ 시흥 군자봉 → 안산 잿머리 → 화성 우음도

③ 어도의 꿈, 마산포의 기억: 연희와 역사

흥선대원군이 청나라 천진(天津)을 가는 길이 경기만의 마산포였다. 행정구역의 명칭으로는 송산면 고포리 포구이다. 마산포에서 북쪽으로 보이는 섬이 어도이다. 치욕의 역사이며 아픔의 역사를 간직하고 있는 지역이다.

○ 흥선대원군과 사신들이 참여한 어도의 굿판

#### 주

1. 『신증동국여지승람(新增東國輿地勝覽)』, 제9권, 경기(京畿) 남양도호부(南陽都護府).
2. 『동문선』 제9권. "당성(唐城)에 나그네로 놀러 갔더니 선왕(先王) 때 악관(樂官)이 서(西)로 돌아오

려 하면서, 밤에 두어 곡(曲)을 불며 선왕의 은혜를 그리워하여 슬피 울기에, 시를 주면서[旅遊唐城有先王樂官將西歸夜吹數曲戀恩悲泣以詩贈之].

3. 최치원은 헌강왕 11년(885년)에야 신라에 도착한다. 7월에 헌강왕이 사망하고 정강왕이 즉위하였다. 이후 최치원은 진골 귀족들에게 밀려 외직(外職)인 태산군(太山郡)의 태수(太守)로 나가게 된다. 정강왕 2년(887년). 진성여왕 8년(894년) 시무(時務) 10여 조(條)를 상소해서 아찬이 되었다.

4. 당성이 신라와 당나라가 교류하던 중요 지점이었음은 그간 필자의 현장조사와 『화성시 구비전승 및 민속』을 통하여 그 근거를 확보하였다. 나당통로(羅唐通路), 송대(送垈), 소륵(疎勒) 등의 지명 그러하며, 마도(麻道), 해문(海門) 등 또한 사신들의 왕래 통로와 밀접하다.

5. 『동사강목(東史綱目)』 기유년 흥덕왕 4년(당문종 태화 3년, 829년) 춘2월 당성진(唐城鎭)을 설치하였다.

6. 『경세유표(經世遺表)』 제15권 하관수제(夏官修制) 진보지제(鎭堡之制).

7. 『만기요람(萬機要覽)』 재용편 3 면세식(免稅式).

8. 『만기요람(萬機要覽)』 군정편 4 해방(海防) 서해 남부[西海之南].

9. 『만기요람(萬機要覽)』 군정편 4 해방(海防) 서해 북부[西海之北].

10. 『연려실기술(燃藜室記述)』 별집 제17권 변어전고(邊圉典故) 해랑도(海浪島). 『추강집(秋江集』 제3권에도 칠언절구(七言絶句) 남양(南陽) 화량진(花梁鎭) 영중(營中)에서 흥취를 느껴 5수가 전한다.

11. 『동사만록(東槎漫錄)』 일기(日記) 갑신년(1884, 고종 21) 10월 "彼乃馬山浦° 而其海上島靑° 島上烟白者° 非島也° 乃淸國火輪船云."

12. 『동사만록(東槎漫錄)』. 일기(日記) 갑신년(1884, 고종 21) 11월 12일.

13. 『동사만록(東槎漫錄)』. 일기(日記) 갑신년(1884, 고종 21) 11월 9일 "使之卽向南陽馬山浦° 轉進旅順口. 賃船駛往東京. 穆公自京卽往南陽等候云."

14. 『동사만록(東槎漫錄)』. 일기(日記) 갑신년(1884, 고종 21) 11월 13일.

15. 『동사만록(東槎漫錄)』, 「동사만영(東槎漫詠)」 "인천항에서 물길을 경유하여 마산포에 갔으나 바람에 막혀 전진하지 못하고 밤에 물결 몰아치는 곳에 누워서 입 속으로 사율 한 수를 지었다."
"강호에 방랑하는 한 포의가(放浪江湖一布衣)/태평한 시대에 스스로 한가하게 지내려 했더니(明時自謂任閑機)/시국의 형세 살펴보니 위험함이 많기에(試看局勢多危險)/국교를 말하여 시비를 가리고자 하네(欲說邦交辨是非)/아득히 먼 물결 저편에 일본의 하늘은 나직하고(日域天低波杳杳)/해 저문 사신의 배에 눈이 쏟아져 내리네(星槎歲暮雪霏霏)/부끄럽다 나의 종사관벼슬 재질도 역량도 없어(愧吾從事無材力)/시인들에 국록만 먹는다는 기롱받을 것이 두렵네(恐被詩人素食譏)"

16. 『운양집(雲養集)』 제3권 석진우역집(析津于役集)
마산포에서 야숙하며 위정에게 보이다〔野宿馬山浦示慰庭〕
"술병이 비면 술독도 부끄럽고(甁空罍亦恥)/울타리가 견고해야 내실이 편안한 법이라네(藩固室斯安)/처세에 있어서는 지기가 중하니(處世重知己)/그대와 함께 어려움을 구제하네(與君共濟艱)/비 맞은 돛 안개 낀 항구는 저물어(雨帆煙港晩)/차디찬 마산포에서 노숙을 하네(露宿馬山寒)/부디 평생의 뜻에 힘쓰고(庶勉平生志)/이날의 위난을 잊지 말기를(毋忘此日難)"

17. "余隨淸兵赴國難. 舟泊南陽馬山浦. 夜列營露宿于鷗浦之野. 有以命案事投狀于陣中者."

18. 송산면에 전하는 '검다지'라는 지명이 마산포로부터 빈정포를 거쳐 서울로 이르는 길목임을 확인해 준다. 이렇듯 해로와 육로의 연결고리로써의 지명뿐만이 아니라 앞에서도 살핀 바와 같이 사신들이 오가던 길목이었음을 확인해 주는 여러 지명이 전한다. 필자는 2001년부터 2010년까지 화

성시 리(里) 단위의 마을은 물론, 리안에 속한 방(坊)과 곡(谷)을 두루 조사하면서 그 지역 토박이들의 족보를 통하여 이러한 사실들을 채록하고 기록하여 왔다(김용국, 2015). 그 밖에 마도면, 서신면, 양감면 등의 조사에서 이러한 자료들을 기록하여 두었다.

19. 『승정원일기(承政院日記)』. 고종 19년 임오(1882, 광서8) 9월 12일(을미).

20. 『승정원일기(承政院日記)』. 고종 20년 계미(1883, 광서9) 2월 10일(신유).

21. 1868년 고종(高宗) 5년. 각사등록(各司謄錄) 충청수영계록(忠淸水營啓錄).

22. 김상환, 2013.

23. 김용국, 2013.

24. 화성시 송산면 지화리에 남경산이 있다. 이는 중국의 남경을 떠나고 오던 지역이라는 의미에서 명명된 것으로 보인다. 한편 양감면 요당리에는 중경산이라고 불리는 산이 있는데 이도 역시 중국 중경과의 연관성 속에서 생각할 수 있는 지명이라 여긴다.

25. 船遊樂. 送使于南京, 以水路朝天, 多去而不還. 每發于南陽及宣川宣津兩處. 臨行餞送于海頭群妓演此爲戱. 名之曰, 船遊樂. 俗稱 배ㅆ따라기. 有唱詞. 『海東竹枝』, 「俗樂遊戱」條.
지국총 지국총 이별곡으로(芝菊叢芝菊叢離別曲)/황화 만리에 행인을 보내네(皇華萬里送行人)/홍초에 독한 기운의 비가 내리는 곳, 사행의 배는 멀어져 가네(紅椒瘴雨星槎遠)/내년 봄 기러기와 함께 돌아와 붉은 대궐에 아뢰소서(春鴈同歸報紫宸)

26. 『삼국사기(三國史記)』 권제 44, 列傳 第四 이사부전. "異斯夫 或云苔宗 姓金氏 奈勿王四世孫 智度路王時 爲沿邊官 襲居道權謀 以馬戱誤加耶 或云加羅國取之 至十三年壬辰 爲阿瑟羅州軍主 謀并于山國 謂其國人愚悍 難以威降 可以計服 乃多造木偶師子 分載戰舡 抵其國海岸 詐告曰 '汝若不服 則放此猛獸 踏殺之' 其人恐懼則降 眞興王在位十一年 大寶元年 百濟拔高句麗道薩城 高句麗陷百濟金峴城 王乘兩國兵疲 命異斯夫出兵擊之 取二城增築 留甲士戍之 時高句麗遣兵來攻金峴城 不克而還 異斯夫追擊之大勝" 또한 『삼국유사(三國遺事)』 권1 기이(紀異) 편에도 이사부가 마희(馬戱)로 가야국을 취하였다는 기록이 있다.

27. 『목은집(牧隱集)』, 목은시고(牧隱詩藁) 제21권 구나행(驅儺行).

28. 『동국세시기』, 이석호 역, 을유문화사, 1988, p.196.

29. 전종한, 2011.

30. 『대부도 향리지』, [풍도 고상호 60세, 1997].

31. 경기도, 1987.

32. 김용국, "마을이란 개념어이다. 즉 사람이 살고 있는 지역을 이르는 말로 그 규모와는 무관하다. 행정체계로 하자면 주현면리(州縣面里)가 모두 마을이다. 현재의 행정구역으로 하나의 리(里)에 하나의 마을만이 존재하지 않는 것으로 추단할 수 있다. 마을의 공동우물을 사용하고 있는 사람들의 마을이라는 의미인 동네(洞)가 곧 마을인데, 이는 실제 큰마을과 작은마을로, 앞말과 뒷말 등으로 불리고 있음으로 확인된다." 미간행 원고.

33. 시흥군지편찬위원회, 1988; 안산시사편찬위원회, 1999; 경기도박물관, 2000~2002.

34. 경기도박물관, 1999; 안산시사편찬위원회, 1999.

35. 김용국, 2005.

## 참고문헌

경기도, 1987, 『지명 유래집』.

경기도박물관, 1999, 『경기민속지』.

경기도박물관, 2000~2002, 『도서해안지역 종합학술조사-안산시 해안지역』 1~3.

김상환, 2013, 국역 『각사등록』, 「충청도편」, 세종대왕기념사업회.

김용국 외, 2018, 『선감도 구비전승 및 민속』, 경기문화재단.

김용국 외, 2018, 『수인선변 공동체 문화자원 조사』, 경기연구원.

김용국 외, 2019, 『연안해양 4차 산업과 평화번영의 경기만 과제연구』, 경기도의회.

김용국, 2005, 『강화도 외포리 곶창굿의 현지연구』, 경기대학교 박사학위논문.

김용국, 2005, 『화성시 우정읍 구비전승과 민속』, 화성문화원.

김용국, 2008, 『화성시 서신면 구비전승과 민속』, 화성문화원.

김용국, 2008, 『화성시 송산면 구비전승과 민속』, 화성문화원.

김용국, 2011, 『화성시 마을신앙』- 우음도.어도편, 화성문화원.

김용국, 2013, 『조강거리 문화자원 조사』, 김포시 마을만들기지원센터.

김용국, 2014, 『조강거리 문화자원 조사』, 김포시 마을만들기지원센터.

김용국, 2015, 『구비전승 및 민속』 13권, 매송면 편, 화성시.

시흥군지편찬위원회, 1988, 『시흥군지』.

안산시사편찬위원회, 1999, 『안산시사』.

전종한, 2011, 「근대이행기 경기만의 포구 네트워크와 지역화과정」, 『문화역사지리』 23.

『경세유표(經世遺表)』

『대부도 향리지』, [풍도 고상호 60세, 1997]

『동국세시기』

『동문선(東文選)』

『동사강목(東史綱目)』

『동사만록(東槎漫錄)』

『만기요람(萬機要覽)』

『목은집(牧隱集)』

『삼국사기(三國史記)』

『승정원일기(承政院日記)』

『신증동국여지승람(新增東國輿地勝覽)』

『연려실기술(燃藜室記述)』

『운양집(雲養集)』

제7장

# 화성지역의 연변봉수와 고대성곽: 화성의 당성과 제5로 연변봉수

박대진

화성향토역사문화연구소 대표

## 1. 통신수단, 봉수와 파발제도

우리나라 봉수(烽燧)제도는 삼국시대부터 활용되었던 것으로 전한다. 조선 개국 이후 세종 연간에 본격 봉수제도가 정비되었으며 각 시기의 사건 사고에 대응하며 관방제도의 개선과 봉수설비가 정비 증설되었다. 조선 중기 임진란 과정의 정유재란 시기에 붕괴된 봉수시설과 체계에 대응하여 파발(擺撥)제도가 강구되었다. 파발제도는 외국 사신의 왕래 편의를 제공하기도 하였다. 평상시는 사사로운 사문서 운송을 하는 등 목적을 문란하기도 하였으나 전란기에 제도가 확대되었다. 봉수제도와 파발제도는 조선 말기 1882년 최초 도입된 전화 통신체계가 1894년 갑오개혁(甲午改革)을 기점으로 국가 운영에 본격 상용되면서 1895년(고종 32년) 공식 폐지하였다.

봉수제도는 한반도 지형상 남북방향 요로마다 10~15리 정도의 거리 유지를 기본으로 연대(煙臺)를 설치하여 외적의 침입이나 변란에 대응하였던 관방시설로서 주요 성곽과 연계하였던 당시 첨단의 신호체계를 구축 운용하였음을 확인할 수 있다.

임진왜란으로 붕괴된 정보전달 기반체계 봉수시설과 운영 전반의 신속한 체계 회복이 불가하였기에 그 어려움을 보완하는 과정에서 1597년(선조 30년) 정유재란을 대처하여 도입된 파발제도와 더불어 병용되었다.

## 2. 봉수제도와 역사

봉수제도는 동서양을 막론하고 군사상 중요 통신수단으로 사용되었다. 이미 주(周)나라 때부터 시작하여 전한(前漢) 시대에 점차 발전하였고, 당(唐)나라 때 완전히 제도화하였다. 우리나라 봉수제도의 시작은 삼국시대 초기부터라고 볼 수 있다. 『삼국유사』의 금관가야 시조 김수로왕이 봉화를 사용했다는 기록이 있다. 『삼국사기』의 백제 온조왕(서기 19년) 때에 봉수제도와 관련된 지명(地名)이 나타난다.

『삼국사기』 고구려 본기 영양왕(嬰陽王)조에 수·양제가 보낸 조서에 고구려가 변경을 자주 침입하여 위급을 알리는 봉수로 몹시 시달렸다는 기록과 당 태종의 침입 때 "10리마다 봉수를 두고"라는 기록이 등장한다.

문헌의 체계적 봉수제도 시기는 1149년, 고려(의종 3년) 서북면 병마사 조진약이 건의하여 봉수가 설치되었다는 기록이다. 이때부터 낮에는 연기, 밤에는 불빛을 이용하였으며, 4거화(炬火) 방식을 규정하는 등의 봉수체계가 마련되었다.

송나라 사신 서긍(徐兢)이 지은 『선화봉사고려도경(宣和奉使高麗圖經)』을 보면 체계를 갖춘 고려국 서해 해안봉수에 대한 기록이 나타난다. 이와 같은 사실로 미루어 고려시대 봉수체계는 생각보다 정연했던 것으로 판단된다.

고려 때의 봉수는 원나라 침입기에 정비되었고, 고려 말 왜구의 극심한 침범으로 더욱 확대, 강화되었다.

조선 초기 세종대에는 북방개척과 함께 봉수제도가 확립되었으며, 『경국대전(經國大典)』의 완성으로 제도적 정비가 이루어졌다. 봉화제도의 최초 기록은 세종(16년)대에 나타나며 5거화 봉화 신호체계를 확립하고 이후 사건 사고 때마다 대응하여 전국의 봉수체계를 여러 차례 정비한 것으로 기록하고 있다. 다음의 기록은 『조선왕조실록』에 수록된 봉화대 관련 세종 연간의 첫 기록과 고종 연간의 마지막 기록이다.

① 『세종실록』 64권, 세종 16년 6월 1일 병오 3번째 기사 1434년 명 선덕(宣德) 9년 강계 등지에 석성을 쌓는 문제 등의 국경 방어 문제를 논의하다.

"이산(理山)으로부터 봉화대(烽火臺)까지는 1백 20여 리이고, 도을한(都乙漢)이 60리, 통건(通巾)이 60이, 산양회(山羊會)가 90여 리로, 이같이 멀리 떨어진 곳에 사는 백성들을 본군에 들어가게 하여 보호하자면, 길이 멀고 왕래가 수고로워 백성들이 심히 괴로워하니, 중앙인 신채리에다 석성을 쌓아서 여러 해 동안 본군(本郡)에 왕래하던 폐단을 없애는 것이 어떻겠는가." 하니,

모두가 아뢰기를, "도을한 봉화대는 강계부(江界府)나 만포구자(滿浦口子)와는 거리가 그리 멀지 않사오니, 두 곳에 나누어 입보(入保)함이 마땅하옵고, 통건·산양회는 본군과 거리가 격절(隔絶)하므로, 역시 중앙인 신채리 등처에다 성터로서 합당한 곳을 순찰사(巡察使)로 하여금 살펴보게 한 연후에 성을 쌓아 입보하게 하여 민폐를 덜게 하소서." 하였다.

② 『고종실록』 33권, 고종 32년 윤5월 9일 기유 2번째 기사 1895년 대한 개국(開國) 504년

각 처의 봉수대(烽燧臺)와 봉수군(烽燧軍)을 폐지하라고 명하였다. 군부(軍部)에서 주청(奏請)하였기 때문이다. 봉수군의 신분은 칠반천역[1]이라 하여 매

우 천한 계급에 속하였기에 사명감이나 의무 강요의 구속력이 약할 수밖에 없었다. 그로 인해 봉수제도는 시간이 지나면서 시설의 미비, 불충분한 인력배치, 봉수군에 대한 처우와 보급 부족 등으로 봉수군들의 근무 태만과 현장 이탈사고가 빈번하였다.

임진왜란·병자호란 양난(兩難)이 발생하였을 때 신속한 제 기능을 발휘하지 못하였다. 더구나 임진왜란 당시 한양에 입성한 왜군은 목멱(남산)산 봉수를 파괴하고 이곳에 왜장대를 세웠는데, 이 시기 왜군의 수중에 떨어진 봉수시설과 기능이 파괴, 마비되었다.

그로 인해 양난(兩難) 이후, 봉수제도의 보완책으로 선조 38년(1605년) "파발제(擺撥制)[2]"를 실시하였는데 곧 병폐 태만의 문제점이 드러나면서, 숙종 이후에는 봉수(烽燧)와 병행하여 운영하였다.

우리나라의 봉수제도는 개항 시기 전신(電信) 도입의 근대적 통신방식에 따라 갑오개혁(1894) 직후 1895년 6월 봉수군(烽燧軍) 직제를 완전 폐지하였다.

봉수는 다른 말로 낭화(狼火)·낭연(浪煙)이라고도 불렀다. 한자(漢字) 이리(늑대) 랑(浪) 자가 들어가게 된 것은, 불을 피울 때 이리(늑대)의 똥을 땔나무에 섞어 피웠기 때문에 생겨난 말이다. 이리의 똥으로 불을 붙이면 바람이 불어도 연기가 흐트러지지 않고 똑바로 올라간다는 데서 연유한다. 그러한 연유로 봉수군을 낭군(狼軍)이라고도 하였는데 낭군은 이리 똥을 주워 모으는 사람을 의미한다. 이리의 똥을 구하기가 어려워지면서 쇠똥이나 말똥이 대체 이용되었다.

낮에 연기를 피우기 위해서는 물기가 많은 풋나무가 필요하였기에 동절기에는 소나무청솔가지와 하절기에는 풀과 활엽수 위주의 풋나무를 사용하여 봉화를 올렸다.

밤에는 연기 없이 말끔한 불빛을 피워 효과적 전달해야 했기에 항시 마른나무와 연기가 나지 않는 싸리나무 등을 준비해야 했다.

아울러 항시 씨불을 꺼뜨리지 않아야 했고, 불을 효과적으로 끄거나 땔감을 낭비하지 않아야 했다. 강풍으로, 산불로 번지는 경우도 빈번하였기에 이를 방비하기 위해 항시 많은 양의 물을 준비하고 관리해야 했기에 산 정상의 물동이까지 물을 채워 두어야 하였고 이리똥이 여의치 않은 경우 말똥, 쇠똥 등을 준비해야 했다. 우기철에는 마른나무를 준비해야 하는 등의 봉수군들은 엄청난 고초를 겪어야 했다.

10여 일 기준의 상번, 하번으로 교대하며 제철 농사를 지어야 했기에 가뭄이나 홍수가 닥치면 자기 집 농사 시기를 놓치기 십상이었다. 또한 각 봉수대 단위의 봉수전(烽燧田) 지급에 따른 이중 영농의 가중은 더욱 고충을 가져왔다. 조선 후기에 들어 양인(兩人)들은 봉수군역을 가노(家奴)들에게 지우는 등의 횡포 또한 성행했던 탓으로 혼란스러웠다는 기록이 나타난다.

### 1) 봉수의 운영체계

봉수는 긴급 상황 발생 시 밤에는 불(火)로 낮에는 연기(煙氣)로 연락하던 통신수단으로 일반적으로 서로 바라볼 수 있어서 연락이 가능한 산꼭대기에 수십리의 거리를 두고 봉수대를 설치하였다. 조선시대를 기준으로 우리나라의 봉수체계는 위치나 임무에 따라 경봉수(京烽燧), 연변봉수(沿邊烽燧), 내지봉수(內地烽燧)로 나누며, 직봉(直烽: 직선봉수)과 간봉(間烽: 간선봉수)으로 나누기도 한다.

전국의 봉수망은 함경도 경흥, 부산의 동래, 평안도 강계, 평안도 의주, 전라도 순천에서 시작되어 한양의 목멱산까지 연결된 5대 연봉선로가 구성되었다.

경흥을 출발하는 제1로와 강계의 제3로, 의주의 제4로는 몽고·여진·중국 등 북방이민족의 침입을 알리기 위해 설치하였으며, 동래를 출발점으로 한 제2로, 순천만 연안의 제5로는 남방의 왜구 침입에 대비한 것이었다.

조선시대 봉수군은 3만 5백 75여 명이 상·하 양(兩)번으로 10여 일씩 교대근무를 하였는데, 직봉과 간봉을 합쳐 전국에 623개소(조선 후기 673개) 봉수대가 설치되었으며 시대 상황에 따라 증설되거나 폐지되기도 하였다.

봉수 간의 전달 거리는 연변봉수는 10~15리였으며, 주연야화(晝煙夜火)로 낮의 연기는 20~30리, 밤의 불빛은 40~50리 거리에서 조망할 수 있다. 봉수의 시발로부터 종착의 도달시간은 남북 어느 지역을 막론하고 위급 상황을 12시간 안에 한양의 목멱산 봉수대까지 도착하게 해야만 하였다.

봉수의 거화(횃불) 수는 정황에 따라, 내지(內地)와 해변(海邊)에 따라 1홰에서 5홰까지 구분하였다. 평상시에는 1홰, 적의 동향이 예지된 단계 때 2홰, 적의 접근 감지 시 3홰, 적의 침투 시 4홰, 적과의 접전 시 5홰로 신호체계를 완성하게 된다.

봉수의 담당 부서는 조선시대의 경우 병조(兵曹)의 무비사(武備司)가 관장하였고, 지방의 경우는 관찰사, 수령(首領), 병사(兵使), 수사(水使), 도절제사, 순찰사 등 모든 군사책임자가 임무를 관장하였다. 그러나 행정적 관할은 관찰사나 해당 지역 수령이 담당하였다. 특히 지방수령은 봉수대 이외의 곳에서 망을 보는 일(堠望: 후망[3]) 까지 감독하는 역할을 총괄하며, 문제 발생 시 연대 책임을 졌다.

봉수대에는 하급장교 오장(伍長)과 봉졸(烽卒)이 배치되었는데, 봉수군은 봉수대 근방의 양인 중에서 선발하였으며, 군역(軍役)이 면제되었다. 봉수군은 칠반천역(七般賤役)으로 세습이 상례화 되었다.

연변봉수(沿邊烽燧)의 경우는 오장 2명과 봉졸 10명과 봉수군 상·하번 도합하여 150여 명이 배치되었다. 봉돈(烽墩)시설은 연안봉수의 경우 25척(7.5m)의 연대가 있었다. 봉돈 둘레에는 10척(3m)의 참호를 팠다. 또 연대 주변 3척(90cm) 높이의 목책을 세워 야수와 적의 침입에 대비하였다.

봉수시설 내에 병기와 화포를 설치하여 위급 시 방어수단으로 사용하였고 봉수 주변 지역에 표주를 세워 우발적 접근 시의 사고를 경계하였다. 천재로 인한 짙은 안개나 폭우 상황으로 약속된 시간의 전후 봉수가 거화(炬火) 대응하지 않을 경우 화포를 쏘아 청음(聽音)을 신호하여 상호 확인 수단으로 사용하기도 하였다.

때때로 평화로운 시기에는 거짓 봉화나 봉수군들의 태만, 봉수시설 관리부실로 위급상황에 대처하지 못하는 등 각종 사건 사고 발생으로 중앙조정에서 보완 대처에 고심하는 기록을 살필 수 있다.

가장 단순하면서도 오래된 정보 전달체계 봉수제도의 구체적인 운용 기록은 조선시기에 국한되며 『조선왕조실록』과 『승정원일기』 등에 200여 건으로 봉화 운영제도와 관련한 다양한 사건과 그 개선점에 각고했던 조정의 대응을 볼 수 있다.

### 2) 봉수제도의 보완 파발

파발(擺撥)은 긴급을 요하였기에 주야(晝夜)로 1일(24시간)에 약 300리(120~180km)를 달렸다. 파발 전송은 기밀문서를 봉투에 넣어 실봉하고 관인을 찍은 다음 가죽대(皮角帶)에 넣어 인력 체송하였다. 긴급 경중에 따라 방울 1~3개를 달았다. 방울 3개를 달면 3급(急: 초비상), 2개 달면 2급(特急: 특급), 1개를 달면 1급(普急: 보급)을 표시하였다.

전송을 지체하거나 문서를 파손하거나 절취한 자는 법규에 따라 엄벌에 처하고 지체를 막고 외적과 도둑에 대비하여 파발군(擺撥軍)에게 창과 방패, 회력(廻歷)을 갖추게 하였다. 회력은 도착시각과 문서의 분실 여부를 기록한 것으로 대력(大歷)과 소력으로 구분하였다. 대력은 참(站)에 비치하고 소력은 파발군이 지참하여 근무실태를 확인하는 증거로 삼았다.

파발조직은 『조선왕조실록』, 『선조실록』 이하 『만기요람』, 『대동지지』, 『증보문헌비고』 등의 여러 문헌에 전한다. 참(站)의 수, 직(織)·간로(間路) 등이 다소 차이가 있다. 『증보문헌비고』와 『대동지지』를 살펴보면, 전국에 참 194개소(『대동지지』 205개)를 설치(경기도 19, 황해도 18, 평안도 6, 함경도 65, 충청도 5, 함경도 20)하였다. 서발(西撥)·북발(北撥)·남발(南撥) 3대로(三大路)를 편성하고 지역에 따라 직로(直路)와 간로(間路)로 나누고 기발(騎撥)과 보발 조직으로 전달케 했다.

기발은 말을 타고 달리는 기마통신(騎馬通信)으로 25리마다 1개의 참을 두고 참마다 발장(撥將) 1명, 색리(色吏) 1명, 군사 5명과 말 5필을 배치하였다. 보발(步撥)은 속보로 걷는 도보통신으로 30리마다 1참을 두어 발장 1명, 군사 2명을 배치하였다. 직로 3개 노선의 136개 참(서발 38, 북발 64, 남발 34)으로 연결되었다. 간로는 지선으로 5개 노선(『대동지지』) 58개 참(서발 48, 북발 10)으로 연결되었다. 파발은 공조에서 총괄하고 발군(撥軍)은 양인(良人)으로 편성하여 속오군(束伍軍), 정초군(精抄軍), 장무대(壯武隊, 기병)의 정병이 있었다. 임진왜란·병자호란 시기에는 궤군(潰軍), 노잔군(老殘軍), 한잡인(閑雜人)으로 배치하였다.

발장은 글을 해석하고 무재가 있는 자를 뽑아 참의 장으로 군사 5명을 거느려 업무를 수행하게 하였으며, 공과에 따라 체아직(遞兒職) 정6품의 사과(司果)에 오를 수 있었다. 말을 달리는 파발과 속보로 이동하는 보발은 다양하고 상세한 정보를 전달할 수는 있었지만, 운영비용과 정보전달의 신속함이나 문서의 원거리 이동 간에 발생하는 다양한 사건 사고 등 파발의 문제점이 극복되지는 못했다. 봉수제도가 갖는 신속함을 대체할 수 없었다. 따라서 임진란 이후 봉수제도 체계가 복원되어 파발제도와 상호 보완하여 효과적 정보통신체계를 구축 운영하였다.

# 3. 화성지역 봉수 살펴보기

## 1) 제5로 연변봉수로 기능하다

한반도의 변경에서부터 시발하여 한양의 목멱산(남산)으로 전달되는 5개의 연변봉수 선로 중 남해안과 서해안을 거슬러 수집된 국가 정보를 송수신하던 구축시스템으로 기능했던 현재 화성지역에 3곳의 연변봉수와 지선봉수 1곳 기타 간봉과 후망 봉수가 존재했다.

조선시대 남양(南陽, 현 화성) 지역 봉수에 관련한 여타의 기록은 『조선왕조실록』과 경기도의 『남양도호부』 편과 『수원도호부』 편에 기록된 이후 『신증동국여지승람』, 『승정원일기』와 각종 향토군읍지 『남양읍지』, 『남양군지』, 『수원군읍지』 등에 단편적 기록이 나타난다.

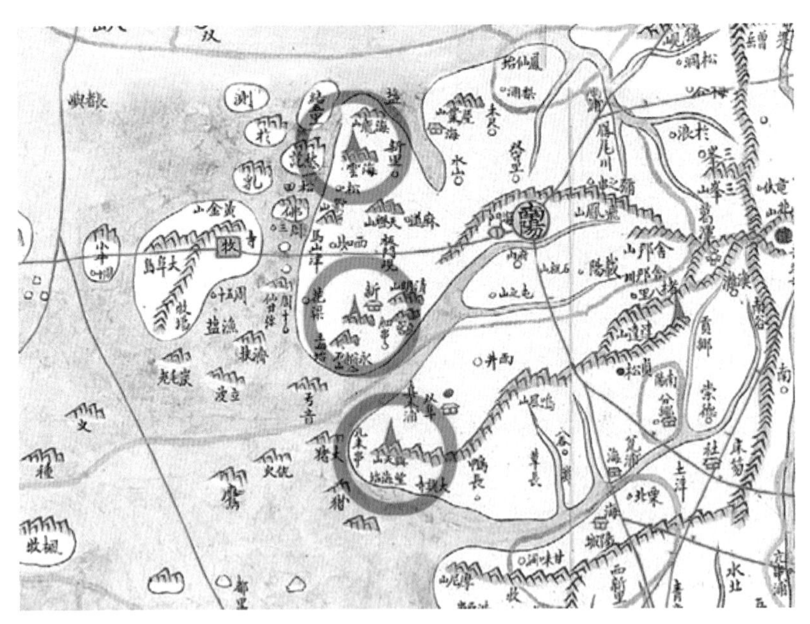

그림 7-1. 『동여도』에 나타난 제5로 연변봉수 화성지역 봉수대

현재 화성시 범주에 속하는 과거 남양도호부와 수원도호부 지역에는 우리나라를 남북으로 종단하여 이어지는 5개의 국가 노선의 제5로 연변봉수로서 남해의 순천만과 여수지역 돌산도 돌산봉수(突山烽燧)에서 시작하여 서해를 따라 해안을 조망하며 이어지는 남양지역의 연변봉수(흥천산봉수염·불산봉수·해운산봉수) 3개소와 수원지역으로 분기하는 지선봉수(서봉산봉수) 1개소 외 해안 도서와 해안 주요 포구 등지 후망처에서 바다의 정황을 살펴 전달하는 간봉을 설치·운영하였음을 살필 수 있다. 남해안 순천만의 돌산도에서 시작하는 제5연변 해안봉수로에 속한 평택(陽城: 양성) '괴태길곶봉수(槐台吉串, 또는 홰대기곶이)'에 이른다.

## 2) 흥천산봉수

평택과 화성의 지경 남양만을 건너온 봉수를 당시 수원도호부의 흥천산봉수(興天山烽燧, 화성시 우정읍 화산리 소재)가 받아 다시 바다(화성호 간척지)를 건너 연변봉수 염불산봉수(念佛山烽燧, 화성시 서신면 상안리 소재)에 전하는 한편 수원성(水原城) 내로 연결하는 지선봉수 서봉산봉수로 분기하였다.

## 3) 염불산봉수와 당성

화성시 서신면 상안리, 당성(唐城)의 서쪽 1.5km 직선거리 소재하는 염불산봉수(念佛山烽燧)는 남쪽 흥천산봉수를 받아 동일 관내 북쪽의 해운산봉수(海雲山烽燧, 화성시 송산면 독지리 소재)로 전한다. 염불산봉수 인근에는 한성백제시기 축조된 청명산성(淸名山城), 당성(唐城), 석산성(石山城), 화량진성(花梁鎭城) 등 오래된 산성과 크고 작은 읍성 여러 곳이 위치한다.

당성을 중심으로 고대 삼국시대부터 초기 백제의 대외 기항 배경지로서 서해안을 공고히 지켜내던 곳으로 백제, 고구려, 신라가 각축하였다. 이후 고구려, 신라가 순차적으로 당성을 확보함으로써 서해곡창의 장악과 대당(對唐) 문물교역의 창구를 열어 서역 페르시아 연안 서역으로 통교(通交)하던 한반도 실크로드를 기점으로 기능하였다. 확고한 국가 성업의 기틀을 세운 것이다. 하기에 당성은 항시 이민족 침입 전장으로 전쟁을 펼쳐내던 지역이었다.

신라는 한반도 통일 이후 경기만 곳곳 요해처에 당항진(黨項津), 장항구진(獐項口鎭)과 혈구진(穴口鎭) 등의 군진(軍陣)을 설치하여 외적을 방비하였다.

당성의 육진(陸鎭)과 화량진성의 수진(水鎭)은 관내 각급 봉수대와 유기적으로 연계, 운영되었다.

화량진성(花梁鎭城)은 고려시대 축성되었다. 당성 맞은편 마산수로(馬山水路) 변의 해안성(海岸城)으로 축성된 화량진성(화성시 송산면 지화리)은 대외 국제무역항으로서 최초 한류(韓流) 송출항으로서 기능했다. 화량진성은 경기좌

그림 7-2. 염불산(화성, 서신면 상안리) 봉수대 정상

도수군첨절제사영(京畿左道水軍僉節制使營)의 본진이 배치하여 서해 경기 연안에 준동하는 수적과 왜구를 제압하여 쇄곡선과 외국 교역상인과 지역 어민들의 보호와 구난안전을 도모하였다. 더불어 인근 도서의 국영목마장과 염호를 관할 보호하고 연안간석지 해택(海澤)을 간척하고 둔전영농을 하였다.

『남양읍지』 등의 기록을 살피면 각 연변봉수대마다 150여 인원이 배치되어 상번과 하번으로 10여 일간씩 교대근무를 인근지역 양인들이 봉수군(烽燧軍)으로 배치되어 군역(軍役)을 대신하였다.

### 4) 해운산봉수

해운산봉수(海雲山烽燧)는 남양도호부 관할 수로 마산수로와 군자만(시화호) 내안을 조망하는 위치에 소재하였다. 염불산봉수를 받아 북동쪽 바다 군자만 건너편 안산현[현재 시화호 연안의 초지진(草芝鎭, 별망) 인근 '무응고리(無應古里)봉수'와 현재의 시흥시 오이도] '오질이봉수[옷애(吾叱哀)]'에게로 전달하였다. 오질이봉수는 인천 성산(城山)에 응하였다.

### 5) 서봉산봉수와 건달산봉수

서봉산봉수(棲鳳山烽燧)와 건달산봉수(乾達山烽燧)는 간선봉수로 흥천산봉수(興天山烽燧) 연변봉수로부터 신호를 받았다. 화성시 정남면 문학리와 봉담읍 덕리의 지경에 위치한다.

1796년(정조 20) 정조가 수원고읍성(현, 화성시 안녕동 융건릉 일대)을 수원 팔달산 아래에 화성(華城) 성곽을 축성할 때 성내의 화성봉수대(華城烽燧臺)와 동시에 서봉산봉수를 축조하였다. 이는 제5로 연봉 흥천산봉수를 받기 위함이었다.

감관(監官) 5명과 군졸 15명이 번갈아 지켰다. 서남쪽의 흥천산(興天山) 봉수대(烽燧臺)를 받아 북쪽으로 화성봉돈(華城烽墩)에 이어주는 간봉이다. 산 정상부의 평탄지에 자연석을 이용해 5개의 화두를 축조하였다. 지형에 따라 정상부에서 남쪽으로 자연스럽게 내려가며 축조하였다. 1화두를 중심으로 능선을 따라가며 4개의 화두가 만들어졌다. 5개 화두 간의 거리는 총 길이 40m 정도로, 1화두와 2화두 사이가 10m, 2화두와 제3화두 사이가 5m, 3화두와 4화두 사이가 20m, 4화두와 5화두 사이가 5m이다. 화두 간의 거리는 정해진 제식이 규정하는 것이 아니고 산지의 자연지형을 이용한 것이다.

건달산봉수는 봉담읍 세곡리 건달산 형제봉에 위치한다. 건달산봉수는 화성지역의 여러 봉수대 중 최후에 축조되었다. 정조가 수원화성 축성 시 서봉산봉수를 축조하였는데 1800년 정조가 붕어하였다. 하여 사도세자의 능역 아래 정조의 묘역을 마련하였으나 묘역에 물이 스며드는 등 여러 불편한 점이 발생하였다.

1821년(순조 21)에 건릉을 옮겼는데, 서봉산의 봉화 불빛이 새로 옮긴 건릉 능원을 비추는 관계로 서봉산 간봉을 건달산으로 옮기도록 하였다.

화성지역의 봉수들은 서로 약 10km 직선거리를 두고 있지만 바다와 만(灣)을 끼고 있어 짙은 해무와 날씨의 변화가 잦아 봉화 운영에 고충이 많았을 것이다. 실제 사람들이 배를 이용하거나 말을 탄다 하더라도 수십 km를 우회하여야 했기 때문에 직접 통교가 사실상 불가하였다. 서해안을 따라 경기만 각 섬 지역을 감제하여 군자만(시화호) 연안을 살피고 인천 강화를 통해 한양으로 이어져 서해안 연변봉수의 정보신호를 중앙에 전달하는 매우 중요한 위치에 있다.

봉수에 관한 기록을 『조선왕조실록』과 『경국대전』에서 살펴보면 봉수군(烽燧軍)은 매일 거화(炬火)하여 신호를 보내도록 하고 있다. 기본적으로 앞 봉수의 신호를 뒷 봉수에 그대로 전달하게 되는데 만약 앞 봉수에서 신호가 없으면 사람이 달려가서 앞 봉수의 정황을 살피고 그 변고를 파악하여 대처하게끔 하였다.

아무런 상황이 없는 평시에는 매일 아침 목멱산(서울 남산)에 1개의 연화(煙火)가 오르는 것을 병조(兵曹)에서 살핌으로써 변방의 무사함을 판단 대처하게 된다. 또 봉수군에게는 봉화에 전념할 수 있도록 둔전과 보조 봉군들을 배치하여 봉수군으로 충실할 수 있도록 봉수제도로 규정하였다.

맹수와 외적의 침입에 방비한 방호벽과 방어시설, 무기 등이 비치되어 있었다. 지금도 봉수터 주변에서는 주먹돌 무더기들을 쉽게 볼 수 있다. 이 돌들은 수마석이라 하여 투석에 사용되는 무기이다.

화성의 봉수들도 조사를 해 보면 생각보다 원형을 잘 찾을 수 있을 것이다. 더구나 흥천산봉수(화성시 우정읍)와 해운산봉수(화성시 송산면 독지리)는 고려시대부터 한반도의 제5로 연변봉수로 활용된 곳이기 때문에 자료가 빈약한 고려시대 봉수에 관한 많은 정보를 얻을 수도 있을 것이다.

고려시대부터 수원(부·군)지역 장족역(長足驛: 수원 원천동), 동화역(同化驛: 봉담 동화리), 청호역(菁好驛: 오산 대원동), 남양(부·군)지역 해문구화역(海門仇火驛: 마도면 해문리) 4개 역의 설치와 동화원(同化院: 봉담·매송 지역), 상림원(尙林院: 서신면 상안리) 등의 원취락(院聚落)을 거점으로 역·원·참(驛院站)이 조밀하게 이루어졌음을 보아 여타의 지역보다 비교적 교통이 발달하였음을 판단할 수 있다.

남양지역의 당성(唐城)과 수원의 화성(華城) 성곽을 중심으로 무수한 산성 축성 등은 시대별 국가 관방(關防) 거점 구축에 따른 봉수제도(烽燧制度)의 통신 수단이 매우 발달하였음을 판단할 수 있다.

조선 시기 강력한 중앙집권이 이루어지면서 지방관리 파견으로 지방행정의 구체적 통제로서 군(郡), 현(縣) 제와 이울러 역(驛)·원(院)·참(站) 제도 실시로 구체적 말단 행정이 이루어졌다.

역·원제도는 왕조시대 중앙집권을 효율적 관리하기 위한 교통정보 거점 국가기관이었으므로 역원제의 성공 여부는 국가왕조 흥망에 직결되었다. 따라서 고려 초기의 역정(驛政)은 중앙의 병부(兵部)에서 전국의 역무를 관장하여, 일반 행정의 사명보다 군사상의 의의가 더 컸다.

## 4. 당성과 연계 관방의 고대 정보전달 체계

화성지역의 당성은 고대로부터 삼국시대 이후 줄곧 외세침탈 전장(戰場)의 역사문화와 국제문물 교역창구 실크로드의 한반도 기점으로 기능하였다. 삼국시대 국제관계의 긴박한 각축 현장으로서 역동성과 다채한 역사문화의 현장이었음을 연계한 연변봉수는 고려시대부터 운용되었기에 각종의 문헌자료와 발굴조사를 통해 원형을 찾아내면 다양한 인문 콘텐츠를 얻을 수 있을 것이다.

밤에는 불빛으로 낮에는 연기로 신호를 전달하는 봉수는 최초의 디지털 콘텐츠로서 그것은 인류의 향수이며 수많은 스토리의 원형이었다. 수많은 옛 선인들은 화성의 바다를 통해 서역 국제무대로 진출하였다. 시인 묵객들은 아름다운 남양의 해포(海浦)를 누비며 시문(詩文)과 잡기를 남겼다.

연변봉수의 끊임없는 역동과 당성(唐城)을 위수하고자 호령하여 간 진실의 숨결과 화량진(花梁鎭)을 통한 한반도 한류(韓流)의 흐름은 우리의 정신이었다. 화성지역의 역사문화자원과 해안의 아름다움, 그 정신의 메아리를 보듬어 냄을 기약하고자 한다.

## 주

1. 칠반천역(七般賤役): 천한 계급이 종사하는 일곱 가지 천역(賤役). 곧 관아(官衙)의 조례(皁隷), 의금부(義禁府)의 나장(羅將), 지방청(地方廳)의 일수(日守), 조운창(漕運倉)의 조군(漕軍), 수영(水營)의 수군(水軍), 봉화대(烽火臺)의 봉군(烽軍), 역참(驛站)의 역졸(驛卒) 등을 일컬음.
2. 파발제(擺撥制): 중국의 송나라 때 금나라의 침입에 대비하여 설치한 군사첩보기관 '파발'에서 유래. 조선시대 공문을 신속히 전달하기 위하여 설치한 역참제도.
3. 후망(堠望): 높은 곳에 올라가 멀리 살피는 일. 봉화대를 벗어난 적접 요로처를 후망군을 두어 관망(觀望)하는 직무.

## 참고문헌


『남양군지』

『남양도호부』

『남양읍지』

『대동지지』

『동여도』

『만기요람』

『삼국사기』

『삼국유사』

『선조실록』

『세종실록』

『수원군읍지』

『수원도호부』

『승정원일기』

『조선왕조실록』

『증보문헌비고』

제8장

# 경기만과 반월·시화 국가산단, 외국인 집거지

임영상

한국외국어대학교 사학과 명예교수

## 1. 경기만과 국가산업단지, 외국인 노동자

경기만(京畿灣)은 인천과 경기도 서쪽 한강의 강구를 중심으로 황해도의 옹진반도 남단 등산곶과 충청남도의 태안반도 사이에 있는 반원형의 만이다. 한강을 비롯해 임진강, 예성강의 하구가 경기만으로 흘러드는데, 고려시대와 조선시대에는 개경과 한양이 배후에 있는 관계로 해상교통과 무역이 발달하였다. 현재는 인천광역시, 시흥시, 안산시 등 한국 최대의 종합 공업 지대가 자리 잡고 있다.[1]

한국정부는 1960년대에 수출주도형 경공업 육성을 위해 구로와 울산에 공업단지를 만들었다. 이어서 1970년대에는 중화학 산업을 육성하고자 포항, 구미, 창원에 공업단지를 조성하면서, 1976년 하반기에 수도권 및 대도시권을 중심으로 한 사회간접자본 확충과 지역 간 격차로 인한 문제를 해소한다는 정책을 입안했다. 1977년 3월 기본 계획이 결정되어 고시되었는데, 경기 반월·시화, 인천 남동, 전남 대불, 전북 군산에 산업단지를 개발했다. 경기만에 위치

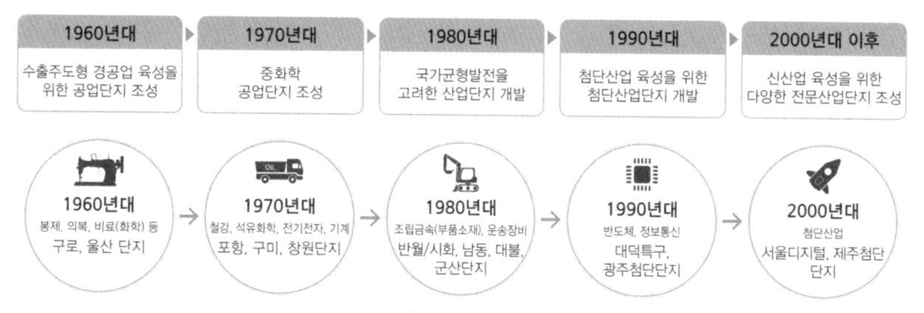


그림 8-1. 한국 산업단지의 변화

출처: 한국산업단지공단

한 반월·시화 지역이 선정된 것은 국토의 균형적 발전과 서해안 개발의 거점을 확보하여 서울로의 인구 유입을 대신 흡수한다는 취지에서였다.[2]

반월국가산업단지(안산스마트허브)는 경기도 안산시 단원구 원시동·목내동·초지동·성곡동 등에 있는 산업단지로 수도권에 산재한 중소 공장들을 이전·수용함으로써 인구 및 산업시설을 분산시키기 위하여 조성되었으며, 1977년 3월 도시계획법상 공업지역으로 지정되고 1988년 지방공단으로 지정되었다. 당시는 입주업체 선정에서도 서울 및 경기도 일원에 흩어져 있던 용도지역 위반 공장을 우선으로 입주시키도록 하였고, 이를 촉진하기 위하여 일정 기간 조세 감면, 금융의 특별 지원 등 입주 기업체에 많은 편의를 제공하였다.

반월산업단지의 특성은 공장의 집단적인 수용만을 목적으로 한 것이 아니고 주거·공해·도시 환경이나 생활환경 문제 등을 해결한 인구 30만 규모의 배후도시를 건설하여 자연환경을 최대한 보존하며 공원 속의 공업단지, 즉 산업공업형 공업단지로 개발되었다는 점이다. 그뿐만 아니라 공장 배치에서도 계열별로 관련 공장을 집단화시킬 목적으로 비공해 업종(식품, 의류, 섬유, 목재)은 주거 지역에 인접한 곳에 배치했으며, 공해 업종(화학, 금속, 비금속 제조업)은 임해 지역에 배치하도록 하였다. 특히 풍향을 고려하여 대기오염형은 단지 내의 서남단에 배치하고, 수질오염형은 남단에 배치했다. 그리고 나염협업단지, 염색전문단지, 도금협업단지 등 전문 단지를 조성하여 생산 능률의 증대,

원가 절감, 품질 향상 등에 크게 이바지하도록 했다. 또한 쾌적하게 근무할 수 있도록 공장과 주거 지역 사이에 공해 차단 녹지대를 설치하고 면적의 34%를 자연 녹지로 보존하고, 공장과 주거 지역을 완전히 분리해 아늑한 공업단지가 건설되도록 하였다.[3]

시화국가산업단지(시흥스마트허브)는 경기도 시흥시 정왕동과 안산시 성곡동에 조성된 산업단지로 반월국가산업단지의 확장 개념에서 새로운 중소기업 전문 단지로 개발한 곳으로, 중소기업 중심의 부품과 소재 전문 산업단지로 조성되었다. 인접한 반월국가산업단지 및 남동국가산업단지와 더불어 우리나라의 3대 중소기업 산업단지이다. 서울에 집적한 산업을 주변 지역으로 이전하고 수도권의 균형 발전을 촉진하는 과정에서 산업단지의 새로운 입지 장소로 시화 지역이 선택되었으며, 이 산업단지의 조성으로 수도권의 인구 및 산업의 재배치가 이루어졌다. 서해안에 공업 벨트를 형성하는 계획도 조성목적에 포함된다.

1986년 9월 27일 「산업기지 개발 촉진법」에 따라 반월특수지역 개발 구역 변경이 지정되었고, 이를 토대로 시화지구 개발 기본 계획이 고시되었다. 이후 1986년 12월 17일 '공업단지 조성사업 실시 계획'이 승인되고 나서 1986년 12월 30일 공업단지 조성공사 도급 계약이 체결되었다. 1987년 4월 29일 시흥시 오이도와 해안 사이 간석지를 대상으로 시화지구 제1단계 사업의 기공식이 거행되었다. 시화국가산업단지의 조성 기간은 1986년부터 2022년까지이다.[4]

2021년 2분기 현재, 우리나라에는 국가산업단지 47개, 일반산업단지 690개, 도시첨단산업단지 33개, 농공산업단지 476개 등 총 1,246개의 산업단지가 있다. 경기도에는 국가산업단지 5개, 일반산업단지 184개, 도시첨단산업단지 9개, 농공산업단지 1개 등 총 189개가 있는데, 경기도는 반월·시화 국가산단을 '거점 산단'으로 화성 발안 일반산단, 성남 일반산단, 성남 판교테크노밸리를 '연계 산단·지역'으로 정해 첨단 ICT와 융합한 소재·부품·장비산업의 차세대 전진기지로 만들 계획이다.

2020년 8월 기준으로 경기도의 5개 국가산업단지의 업종별 입주업체 현황은 반월국가산업단지 7,306개, 시화국가산업단지 11,303개, 시흥시 정왕동과 안산시 상록구 성곡동 시화호 북측 간석지에 조성된 시화멀티테크노밸리 1,018개, 파주출판 587개, 파주탄현 40개이다.[5] 5개 국가산업단지의 전체 입주업체 20,254개 중에서 안산과 시흥시 소재 업체가 19,627개로 절대적이다. 그만큼 안산시와 시흥시의 지역경제 활성화의 주요 거점으로 고용, 생산, 수출 등 지역경제에서 상당히 큰 비중을 차지하고 있다.

오늘날 안산시는 전국 최대 외국인 밀집 거주지역으로 2019년 11월 1일 기준으로 총인구 714,650명 중에 13.0%인 92,787명의 외국인 주민이 사는 대한민국 대표 다문화 중심도시이다. 시흥시 또한 총인구 508,749명 중에 11.7%인 59,634명으로 전국에서 4번째로 외국인 주민이 많은 도시다.[6] 반월·시화 국가산단이 있는 안산시와 시흥시에 외국인 주민이 많은 것은 반월·시화 산업단지에서 외국인 노동력이 필요했기 때문이다.

한국의 외국인력 관련 정책은 내국인으로 대체할 수 없는 전문·기술 인력만 국내 취업을 허용했다. 그러나 1980년대 후반부터 우리나라 경제의 고도성장에 따라 중소제조업 및 건설업 등 이른바 '위험(danger)', '어려움(difficulty)', '더러움(dirty)'으로 지칭되는 '3D'업종을 중심으로 단순 기능 산업인력의 부족 현상이 나타났고, 1990년대 초부터 인력난이 더욱 심화되었다. 이러한 사회환경 속에서 외국인력을 근로자로 도입하는 대신에 연수생 신분으로 도입하여 활용하는 '해외투자기업 연수생제도'가 법무부 훈령에 따라 도입, 1991년 11월부터 시행되었고 1993년에 '산업연수제도'로 변경되었다.[7]

한편 1980년대 초에 조성된 반월·시화 공단은 서울에서 이주한 공장들의 70% 이상이 100인 미만의 중소기업으로서 대기업의 하도급을 받는 사양산업

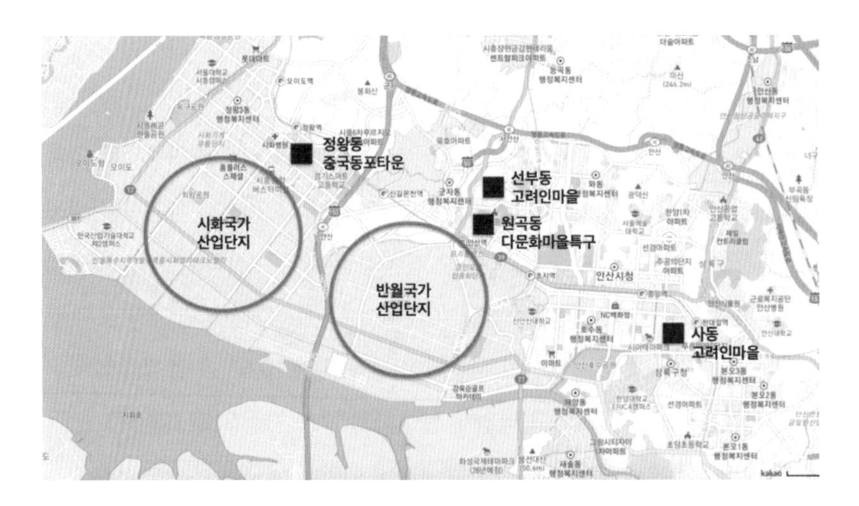


그림 8-2. 반월·시화 국가산업단지와 외국인 집거지

형, 공해유발형, 저부가가치의 내수 위주의 공장들이었다. 또 동일 업종의 다수 기업이 블록별로 밀집해 있어서, 경기 변동에 따른 휴업과 폐업 사태가 잦으며, 그에 따른 고용 불안정 문제 역시 심각했다. 1987년 이후로 노동집약 부문에서부터 노동자를 구하기 더 어려워지자 1994년부터 산업연수제도로 반월·시화 공단에 외국인 노동자들이 들어오기 시작했다.[8]

경기만에 처음 생긴 반월·시화 국가산단의 배후지로 처음에는 내국인 노동자들, 1990년대 이후 외국인 노동자들이 새로운 삶터로 형성된 안산 원곡동과 선부동, 사동, 또 시흥 정왕동의 외국인 집거지를 차례로 살펴본다.[9]

## 2. 안산시의 외국인 집거지: 원곡동과 선부동, 사동

안산시 원곡동은 1970년대 반월공단 건설로 인해 당시 신길동, 선부동, 원시동, 와동 등에서 거주했던 사람들이 새롭게 정착한 이주민 마을이다. 단층

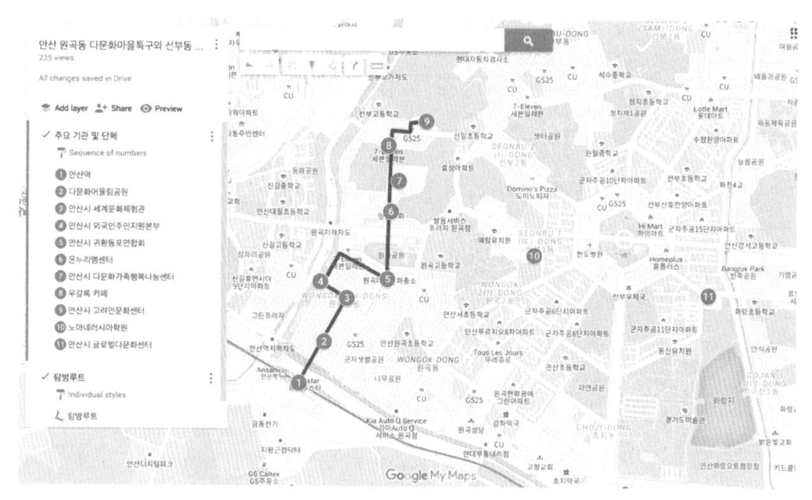


그림 8-3. 안산역에서 이어지는 원곡동과 선부동 외국인 집거지 탐방용 구글지도

구조가 많았는데 공단 개발지역의 이주민들에게 제공해 주어 집거지가 되었다. 1980년대 초 반월·시화 공단이 본격적으로 가동된 후부터 원곡동에 공장 노동자들이 많아지기 시작했다.[10] 원곡동의 연장에서 선부동에도 공단에서 일하는 노동자들의 주거지가 개발되었다. 원곡동 다문화마을특구와 선부동 고려인마을로 이어지는 외국인 집거지가 형성될 수 있는 토대가 마련되었다.

### 1) 원곡동의 변화와 외국인주민센터, 다문화마을특구, 안산귀환(중국)동포연합회

원곡동은 1970년대 반월공단과 도시계획이 진행되면서 개발권 지역 내에 거주하던 원주민들이 이주해 모여[11] 살게 된 곳이다. 원곡동이 공단의 배후지로 공단 노동자, 이주민들이 거주하는 지역으로 지금의 모습을 갖추게 된 것은 1986년부터 단층가옥들이 4층 다가구주택(원룸 형태)으로 또다시 재개발된 1988년 이후부터였다.

1990년대 초까지만 해도 원곡동은 강원도에서 탄광 일을 하다 온 사람들도 있었고, 전국에서 온 내국인 노동자들이 주를 이루었다. 원곡동 거리에는 돼지갈빗집 등 한국식당과 노동자들이 즐겨 찾는 다방, 호프집도 많았다. 그러다 원곡동에 서서히 또 다른 변화의 물결이 일기 시작했다.

> "서울올림픽이 열린 1988년 이후부터인 것 같습니다. 원곡동에 중국동포들이 서서히 들어오기 시작했어요. … 특히 연변지역에서 고학력의 중국동포들이 들어와 건설현장, 식당 종업원으로 일하는 것을 자주 보게 되었던 것 같아요."(강희덕, 『원곡동의 '꿈, 희망, 성공'』)[12]

1987년 이후 한국에서는 노동집약 부문에서부터 노동자를 구하기 어려워졌다. 또한 1980년대 후반 노동운동의 발전으로 국내 노동자들의 생활여건이 전반적으로 향상되자 저임금노동을 기피하는 현상이 두드러졌다.[13] 원곡동에서도 인력난으로 내국인 노동자들이 감소하면서, 산업연수생 제도, 고용허가제 등을 통해 외국인 노동자들이 증가하기 시작했다. 이때부터 원곡동의 상업 대상은 내국인 노동자에서 외국인 노동자로 바뀌게 되었다.

1997년 IMF 외환위기는 반월공단에 영향을 끼쳐 한국인 노동자들이 원곡동을 떠나기 시작했다. 그 대신 1993년 '산업연수제', 2000년 '연수취업제', 2007년 '고용허가제' 등이 차례로 시행되면서 외국 노동자들이 원곡동으로 유입되었다. 원곡동이 외국인 밀집지역으로 성장하게 된 것은 「안산시 거주외국인 지원 조례」(2007.04.26 조례 제1317호), 「안산시 외국인대상 조례」(2009.01.09 조례 제1451호) 등 안산시의 외국인 정책이 효과를 보았기 때문이다.[14]

이주노동자라는 새로운 소비계층의 형성은 원곡동 경제에 활력을 불어넣었다. 기존 상점들이 이주노동자들의 취향과 수요에 맞는 상점으로 바뀌었고, 임대업이 활기를 띠면서 고시원이나 원룸이 새로 지어지고 기존 건물들도 이와 비슷한 구조로 많이 개축되었다. 외국인 노동자들은 초기에는 저렴한 집값과 편리한 교통여건 때문에 원곡동에 정착했지만, 시간이 지나면서 구인과 구직을 알리는 직업소개소 등 다문화 인프라 때문에 원곡동에 모이게 되었다. 다른 지역에 거주하는 외국인 노동자도 주말에는 필요한 물건을 사거나 친구를 만나기 위해 원곡동을 찾게 되었다. "원곡동은 우리한테 고향이에요." 외국인 노동자들이 원곡동을 찾는 이유이기도 했다. 원곡동은 소위 '이주노동자의 수도', '국경 없는 마을', '다문화 1번지'가 되어 갔다.[15]

안산시는 2008년 2월 전국 최초로 원곡동에 외국인주민센터를 세웠다. 안산시의 26번째 주민센터로 문을 연 안산시 외국인주민센터는 원곡동을 다문화가 공존하는 삶터로 바꾸는 중추 기관이다. 안산시 외국인주민센터는 원래 '다문화교류센터'로 문을 열 계획이었으나 외국인도 한국사회의 주민으로 받아들여야 한다는 의미를 수용했다는 것이다. 현재는 안산시 외국인주민지원

그림 8-4. 안산시외국인주민지원본부

본부라는 이름으로 운영되는데, 안산시 1급 공무원인 본부장 아래 외국인주민정책과(주민정책팀, 재한동포팀, 다문화특구지원팀 3개팀 21명), 외국인주민지원과(외국인주민복지팀, 지구촌문화팀, 외국인주민교육팀 3개팀 14명) 총 26명의 공무원이 일하고 있다.[16] 지방자치단체가 운영하는 외국인지원 센터로는 전국에서 유일하다.

안산시외국인주민지원본부는 365일 연중 무휴로 창업과 구직, 다문화 공동체사업, 생활 관련 상담을 하고 정보를 제공한다. 또 무료진료 센터 외에 밤늦게까지 문을 여는 외환 송금 센터도 들어서 있다. 8개 언어로 각종 상담이 가능한 통역 지원센터에서는 낯설고 외로운 타국 생활의 고달픔을 덜어준다. 또한 각국 이주민들의 문화 축제를 지원하고, 다문화 이해교실을 운영해 문화소통의 기회도 마련해 준다. 이와 함께 중국, 베트남, 필리핀, 타이, 몽골 등 17개 나라 거주 외국인 공동체 대표자 회의를 운영하면서, 안산 지역의 민간 외국인지원·보호센터들과 손잡고 다문화·다국적 지역사회의 틀을 다지고 있다. 시화·반월공단을 끼고 있는 원곡동에는 이밖에도 안산이주민센터를 비롯해 온누리M센터, 안산 외국인 노동자의 집, 중국동포의 집 등 시민·종교 단체 등에서 운영하는 외국인 지원 단체가 20여 개에 이른다. 원곡동은 이제 한국의 다문화·국제화 마을의 대표가 되었다.[17]

2009년 5월 지식경제부(당시)는 안산시 단원구 원곡동 795번지 등 913필지를 안산 다문화마을특구(Ansan Multicultural-Village Special Zone)로 지정했다. 국내 최대 외국인 밀집 거주지역을 내·외국인이 더불어 사는 마을로 조성한다는 목적이었다. 이후 안산시는 원곡동을 외국인 밀집 지역이라는 장소마케팅과 다문화음식이라는 특화된 마케팅 전략을 통해 지역경제 활성화를 모색해 왔다. 그림 8-5에 나와 있는 다문화길(다문화음식거리), 다문화어울림공원(만남의 광장), 안산세계문화체험관 등이 만들어졌다. 2019년 다시 5년간 특구 운영이 연장되었으며, 선부동 고려인문화센터와 초지동 글로벌청소년센터도

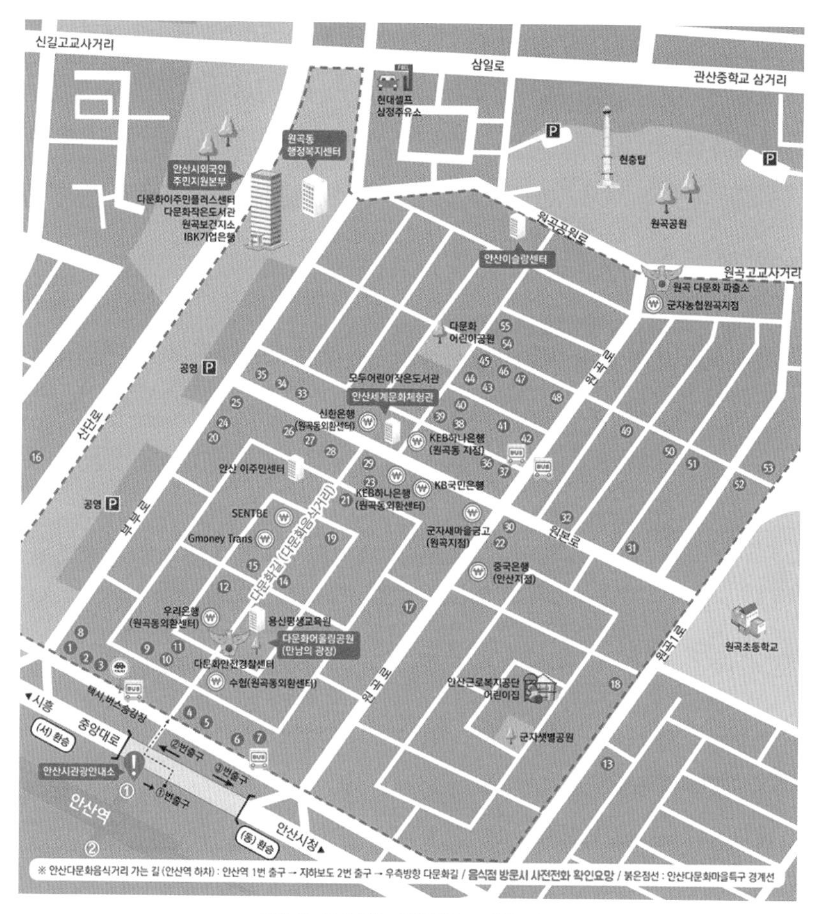


그림 8-5. 안산 다문화특구마을 지도

출처: 안산시외국인주민지원본부

다문화특구에 포함되었다.

원곡동은 100개 이상의 국가 출신이 모인 다문화마을로 다국적 다문화 이주민을 만날 수 있는 생생한 현장이다. 코리안드림을 찾아 이주해 온 중국동포와 고려인동포,[18] 베트남 등 동남아시아 이주민들의 눈물겨운 이주사와 함께 '성공스토리'를 만날 수 있다.[19]

원곡동 다문화마을특구의 주민은 총 19,938명인데,(2020.12.31. 기준) 등록외국인 및 외국국적동포가 17,310명(86.8%)이다. 한국인은 2,628명에 불과하다. 사실상 한국 속의 '작은 세계'인 셈이다. 그런데 외국인 중에 절반 이상이 중국동포이다. 1990년대 초반부터 중국동포들이 원곡동에 들어왔다. 안산시의 중국동포는 원곡동 다문화마을특구 안의 다문화음식거리 밖에 밀집지역, 중국동포티운을 형성하고 있다.

다문화마을특구 원곡동에는 어울림다문화광장이 있다. 서남아시아의 역사적인 인물도 벽화로 장식했지만, 광장을 이용하는 사람의 절대다수가 중국동포이다. 이미 많은 중국동포가 한국 국적을 회복하거나 취득해 안산시 단원구 원곡동 사람이 되었다. 전국귀한동포 연합모임도 2006년 서울과 안산조선족교회에서 처음으로 발족되었다.

현재 원곡동에는 중국동포 고령자를 위한 경로당도 3개나 운영되고 있고, 안산제기차기협회, 축구단, 배구단, 예술단 등 중국동포 동호회 활동도 활발히 펼쳐지고 있다. 원곡동의 중국동포는 이미 한국인 선주민과 함께 어울려 원곡동의 주체가 되어 가고 있다. 원곡동 주민자치위원회 25명 중 7명이 외국출신 주민으로 4명이 중국동포 주민이다.

대표적인 중국동포단체는 2017년 12월 발족한 안산귀환동포연합회이다. 안산귀환동포연합회 전신 귀환동포연합회 안산지회(2006년)는 독립운동가 이홍래 선생의 손자인 이길복 회장이 오랫동안 이끌어 왔다. 이길복 회장은 중국에서 다년간 공직생활을 하다가 1997년 대한민국에 입국, 한국 국적을 취득했다. 그는 원곡동을 제2의 고향으로 삼고 중국동포·중국인을 위한 체불임금, 산재처리, 병원치료, 민형사 사건과 관련하여 중국어 통번역 봉사활동을 꾸준히 전개했다. 또한 그는 사실상 해산된 상태였던 다문화자율방범대를 되살려 2013년 12월에 단원경찰서로부터 안산시다문화자율방범대 대장으로 위촉받고 46명의 외국인자율방범대를 조직하여 경찰관과 함께 다문화특구 일대의 순찰 활동을 차질 없이 수행했다.

이길복 회장은 2015년 2월에는 안산시 외국인주민협의회 위원장으로 당선되었다. 중국동포 출신이 안산시 다문화특구 15개국 외국인협의회 위원장에 당선된 것은 특별한 의미가 있다. 과거 안산시 지방자치단체와 한국인의 시각은 다문화특구의 주인공과 주체는 중국동포보다 외국인 근로자였다. 비록 중국동포의 수가 압도적으로 많고 지역사회 경제발전에도 공헌이 컸지만, 과거 끔찍한 살인 사건과 강도, 폭행, 음주 소란, 기초 질서 위반 등의 선입견으로 중국동포에 대한 지역 주민들의 시선이 매우 싸늘했었기 때문이다.[20]

이길복 회장의 노력과 공헌 가운데, 2017년 12월 안산귀환동포연합회는 새 회장으로 여성기업인 방일춘을 선출했다. 안산거주 원로 동포1세대가 앞장서서 단체의 명칭을 '귀환동포연합회 안산지회'에서 '안산귀환동포연합회'로 바꾸고, 2018년 10월에는 공식 사단법인으로 등록까지 마쳤다.

중국 랴오닝성 선양 출신인 방일춘은 1995년 29세 나이에 한국행을 선택했다. 대구에서 식당 종업원으로 일을 하다가 2000년경 원곡동으로 왔는데, 원곡동에 중국동포 거주인구가 한참 늘어날 즈음이었다. 방일춘은 원곡동에서 중국동포 출신으로는 거의 최초로 중국식품점을 인수해 운영하고 2005년에 ㈜신다국제여행사를 설립해 운영했다. 2012년에는 여행사가 위치한 건물 2층과 3층에 150명의 연회석을 갖춘 중국전통요리점 방향원도 오픈했다. 2013년에는 원곡동 주민자치위원회 주민자치위원(2017. 6~2019. 6 부위원장 역임), 2014년에는 6개국 21명의 여성으로 구성된 다문화치안봉사단 단장으로 활동해 지역 활동에도 적극적으로 참여했다.

2018년 안산귀환동포연합회 회장을 맡게 된 방일춘은 중국요리전문점을 운영하던 원곡로 62-2 건물 2층에 다문화해피까페, 3층에 안산귀환동포연합회 사무실 겸 문화활동실을 차렸다. 글로벌 공동체 원곡동을 만들기 위해서는 다수를 차지하고 있는 중국동포가 먼저 솔선수범해야 한다고 생각해 자신의 건물을 지역민과 동포단체 활동공간으로 내놓은 것이다. 방일춘 회장은 회원들

그림 8-6. 2018년 안산 중국동포 설명절 행사 경로당 방문(좌), 김치 담그기(우)

과 함께 안산에 정착한 중국동포 경로당 3곳을 찾아가 떡국을 대접하고 또 다문화해피카페에서 3세대 자녀를 대상으로 김치 담그기 체험행사를 열어 한국 전통문화를 전수했다. '노인복지'와 '중도입국 청소년' 문제가 안산귀환동포연합회의 현안임을 알 수 있다.

2019년 8월 안산귀한동포연합회 제2대 회장이 된 김채화도 랴오닝성 선양 출신이다. 지인행정여행사를 운영하는 김채화는 안산시이주민센터 의료통역 봉사활동(2006~2015년)을 하면서 격월간으로 발행되는 『안산하모니』(8개국어로 나오는 다문화소식지) 중국어 편집위원으로 2014년까지 활동했다. 2019년 제2회 동포한마음축제(10월)와 정책홍보 법률상담 회의(12월)도 성공리에 개최했다. 또, 중국에서 첫 코로나19가 발생하자 한화 900만 원을 모금해 중국대사관에 전달하고, 안산시가 외국인에게도 재난지원금을 지급해 준다고 하자 감사의 표시로 마스크 1천 장을 안산시에 기부하기도 했다.[21] 김채화 회장 또한 중국과 한국 두 나라의 상생 발전을 위한 매개자임을 분명히 드러내었다.

### 2) 선부동의 고려인동포와 안산시고려인문화센터, 노아네러시아학원

원곡동의 이웃인 선부2동 땟골 고려인마을은 선부고등학교에서 선일초등학교 사이에 있다. 안산의 옛 마을로 안산이 공단화되던 시기 외지 노동 인력을 수용하기 위해 다가구 주택들이 들어섰으며, 현재 건물 대부분이 20년 이상 노후화된 낙후지역이다. 약 200여 호의 다가구 주택들이 가구당 11개에서 15개까지 작게 방을 쪼개어 월세 세입자들을 받고 있다. 인근 원곡동이 다문화 거리로 개발되며 부동산 가격이 상승하고 포화상태에 이르자 고려인동포들이 자연스레 보증금과 월세가 싼(당시 원곡동은 월 30만 원) 월 20만 원인 땟골 지역으로 밀려나게 되었고 인적 네트워크로 친지와 친구를 불러들이는 고려인동포들의 이주 특성이 더해져 시간이 흐르며 자연스럽게 고려인마을이 형성되었다.

2010년대 이후 고려인의 수가 급증하자, 한국어를 상실한 고려인동포를 위한 한글야학이 2011년 초에 열린 것을 계기로 고려인지원단체 (사)너머의 활동이 시작되었다. 이후 고려인지원센터 '너머'는 안산시와 시민단체와 연결하여 땟골의 고려인들을 지원했으며, 2014년 4월 안산희망재단과 MOU를 체결했다. 또 2014년 5월에는 안산시 평생학습관과 MOU를 체결하고 '땟골 좋은 마을만들기' 사업을 추진하기 시작했다.

2015년 7월 18일 땟골 진입로인 삼거리에 고려인마을 카페, 우갈록이 문을

그림 8-7. 땟골 입구에 세워진 안내판

연 것은 '선주민과 함께하는 안산 고려인마을'의 출발을 공식적으로 알리는 것이었다. 2014년 7월부터 열린 땟골 달시장이, 고려인마을카페 개소식과 함께 특별하게 열린 것이다. 초지동 동아리 더울림에서 길놀이로 개소식을 알렸고 사전공연으로 차 나탈리아의 장구춤을 선보였다. 경과보고에 이어 안산시 관계자들의 격려사와 축사, 현판 제막식, 고려인 어린이들의 축하공연, 경품추첨 순으로 행사를 진행하였고, 행사 후에는 함께 음식을 나누었다.[22]

그 후 우갈록 고려인카페는 땟골 행사 시에 고려인청소년카페로도 사용되었으며, 현재는 고려인 할머니들의 사랑방이자 땟골 고려인마을을 찾는 방문객에게 고려인 국수 등 고려인 음식을 대접하는 곳으로도 활용되고 있다. 고려인문화를 알리는 공간인 셈이다.

너머는 2014년 러시아 고려인이주 140주년을 맞아 경기도와 안산시의 지원으로 2016년에 설립된 안산시 고려인문화센터의 운영자로 참여하게 되었다. 안산시고려인문화센터 센터장을 겸하고 있는 김영숙 너머 사무처장은 지역주민과 고려인 사이의 적극적인 교류를 끌어내면서 고려인문화센터의 공간을 최대한 활용했다. 고려인문화센터는 고려인 주민과 시민의 이용공간으로 다양한 문화·교육프로그램, 상담(노동, 법률, 생활민원 등), 동아리 및 커뮤니티 등

그림 8-8. 우갈록 카페와 카페에서 가진 용산고 삼이회 칠순행사(2021.10.7.)

지원사업과 고려인역사전시관을 운영하고 있다. 전시관은 비록 작은 공간이지만, 땟골 고려인마을을 찾는 학생이나 시민들의 고려인 이해에 유용하게 활용되고 있다.

너머와 안산시민단체의 노력으로 땟골은 지역의 원주민과 이주민인 고려인이 공존하는 공동체 마을로써 귀환 고려인동포의 '고향'이 되었다. 고려인 상점들이 많아지고 새로운 건물들이 들어서고 거리가 깨끗해지면서 안산의 가장 낙후지역 중의 하나인 땟골의 '지역재생'이 이루어지고 있다. 너머는 2020년 경기도의 지원사업으로 고려인에게는 자긍심을 심어주고 한국인에게는 고려인 이해를 돕는 『고려인의 어제, 오늘, 그리고 함께하는 내일』(2020) 소책자를 간행했고, 화성, 평택, 안성, 인천, 그리고 아산과 당진, 청주, 경주 등 전국적으로 늘어나는 고려인마을과의 협력사업도 펼치고 있다

현재 고려인문화센터에서 주도적인 역할을 하는 커뮤니티는 고려인청소년이다. 2017년 고려인 강제이주 80주년을 맞아 안산에서 개최된 〈함께 부르는 고려아리랑〉 행사에서 이미 20여 명의 고려인 중고생들이 행사 진행을 돕고 있었다. 고려인마을에 중도 입국한 고려인 학생이 늘어난 것인데, 그 시점이 2015년 여름부터였다.[23]

2019년 50명의 중고등학교 고려인 청소년들이 봉사단도 결성했다. 초등학교 때 부모 따라 한국에 온 지 4년에서 7년 정도 된 아이들이다. 한국어 실력도 나날이 늘어 이중언어를 구사한다. 고려인청소년들은 자발적으로 부모세대를 돕기 위해 통역봉사단을 만들어 활동하기 시작하고 우리동네 지킴이 청소년 경찰단 방범대 활동뿐 아니라 멘토봉사단을 만들어 동생들까지도 챙긴다. 한국 근현대사를 공부하는 역사해설팀도 있어 고려인문화센터 방문객에게 고려인의 이주역사도 설명해 줄 정도가 되었다. 2019년에는 3·1운동 100주년을 맞아 고려인독립운동기념비 건립을 촉구하는 행사에도 적극적으로 참여했다.

그런데 러시아와 중앙아시아에서 학교에 다니다가 부모를 따라 들어온 중

그림 8-9. 2019년 땟골 고려인 행사

사진: 너머

도입국 고려인 학생의 한국학교 적응은 쉽지 않은 과제이다. 부모조차 한국어를 상실했기 때문이다. 또, 재외동포 4세대인 고려인 청소년은 만18세까지 동거(F-1) 비자로 부모와 함께 체류할 수 있었다.[24] 대학은 러시아나 중앙아시아로 가서 공부해야 했다.

> "우리가 한국에서 살고 싶지만, 아이들이 언제 다시 러시아로 돌아갈지 모른다. 지금 우리에게 가장 필요한 것은 러시아어로 아이들을 가르칠 수 있는 학교가 필요하다."[25]

2006년 경기도의 지원사업으로 러시아 볼고그라드에서 임현숙 선생에게 한국어를 배운 고려인들이 2015년 가을에 안산에서 다시 만난 옛 스승에게 이구동성으로 요청한 내용이었다. 2016년 6월 선부1동에서 고려인 중도입국 학생을 위한 러시아학교 '노아네러시아학원'이 시작된 배경이다.

노아네러시아학원은 월요일부터 금요일까지 러시아에서와 똑같이 전일제로 수업하고 있다. 러시아 정규교과과정과 같다. 또한 한국어를 가르치는 한국어교사 외에 전체 교사가 러시아와 중앙아시아에서 교사를 역임한 바 있는 고려인과 러시아인 교사 출신이다. 한국에 있을 뿐이지 러시아교육기관이다. 9학년과 11학년에 러시아 우수리스크 자매학교에 가서 시험을 치른 후 러시아중학교와 고등학교 졸업장을 받는다. 고려인 학생들의 한국생활, 문화적응을 돕기 위해 '다문화청소년문화클럽 방주'도 설립되었다. 또한 선일초등학교 등 한국학교에 다니는 고려인 학생들을 위한 방과 후 보습교실도 운영하고 있다. 점차 한국에 정착하고자 하는 부모와 함께 고려인 학생들도 한국대학 진학을 희망하고 있다.

그림 8-10. 노아네러시아학원과 다문화청소년문화클럽 방주

### 3) 사동의 고려인동포와 고려인지원센터 미르

한양대학교 에리카캠퍼스 인근 사동에도 약 8천여 명(2019년 10월 기준)의 고려인이 고려인마을을 형성하고 있다. 단원구 선부동과는 상당한 거리가 있는 상록구 사동에 고려인 집거지가 형성된 것은 안산시뿐 아니라 인근 화성시, 평택시의 일자리까지 구하는 데 편리해서다. 무엇보다도 대학가의 원룸주택단지가 집값이 상승한 원곡동 및 땟골에 비해 상대적으로 저렴해서다.

2010년 '코리아에서 코리안이면서도 힘들게 사는' 고려인동포를 돕고자 땟골삼거리에서 고려인 야학 너머를 열었던 김승력은 사동에서 땟골로 한국어를 공부하기 위해 오는 고려인동포의 요청을 마다할 수 없었다, 2014년 3월 사동에 너머의 분원이 만들어졌다. 땟골의 너머와 마찬가지로 지하방이지만, 고려인 주민뿐만 아니라 중앙아시아에서 온 이주노동자들을 위한 야간 한국어교실, 통역지원 및 각종 상담활동이 이루어졌다.

사동 지역의 고려인도 대부분 맞벌이를 하는 상황이라 일을 마치고 돌아올 때까지 아이들을 맡겨둘 곳이 마땅치 않았다. 고려인 초등학생들을 대상으로 임시 공부방을 개설해서 방과 후 돌봄교실을 열지 않을 수 없었다. 학생들은 계속 늘어나는데, 냄새가 나는 지하방 등 열악한 환경이 문제였다. 이에 2018년 (사)동북아평화연대와 아시아발전재단 등의 협력으로 지원센터 고려인센터 '미르'가 개소되고, 미르의 방과 후 돌봄교실도 정식 개원되었다. 지하방에

그림 8-11. 사동 고려인센터 미르 입구와 내부 지하강의실

그림 8-12. 고려인 어린이교육센터 미르 외관(좌)과 내부 공부방(우)

서 인근의 2층 사무실로 장소를 옮긴 고려인 어린이교육센터 미르에서는 한국어, 영어, 방과 후 학습 지도 등을 위해 1명의 고려인 교사, 1명의 고려인 보조교사, 그리고 한국인 대학생 자원봉사자가 있다. 2019년에 고려인센터 미르는 독립 비영리단체로 등록했다.[26]

## 3. 시흥시의 외국인 집거지: 정왕동 중국동포타운

서해와 면해 있는 시흥시 정왕동은 1980년대 이후 시화공단과 반월공단 배후지로 조성되면서 다세대 주택가와 상권이 형성되었다. 초기에는 공장노동자들을 대상으로 한 술집과 오락시설들이 많았다. 2010년 이후부터 양꼬치, 샤브샤브 등 중국식당이 들어서 중국동포 상권으로 새로운 활력을 찾기 시작했다. 2007년에 시작된 방문취업(H-2) 동포가 많이 들어오고, 공장노동자로 2년간 성실 근무하면 재외동포 체류자격을 부여해 주는 정책을 펼 무렵이다.

시흥시의 외국인주민은 중국동포의 비중이 높은 특성이 있다. 이미숙 외가 조사한 2017년 11월 1일 기준 자료에 따르면, 45,688명(10.6%)의 외국인주민

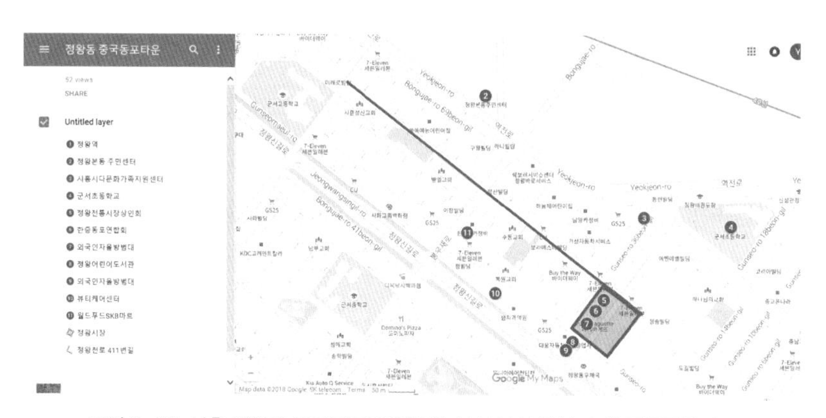

그림 8-13. 시흥 정왕동 중국동포타운(굵은 선 부분이 중심거리) 구글문화지도

의 출신 국적별 분포를 보면, 중국동포 26,597명(58.2%), 중국인 6,054(13.2%), 기타 국가 13,017명(28.5%) 등으로 외국인주민 중 중국동포의 비중이 절반을 넘고 있다. 특히 남부권의 정왕본동, 정왕1동은 주민등록인구 대비 외국인주민의 비중이 각각 70.6%, 50.3%이고, 이 중 중국동포는 78.5%, 69.5%로 절대적인 비중을 차지하고 있다.[27]

정왕동은 서울 대림동, 안산 원곡동에 이어 중국동포에게 소위 '뜨는 지역'이 되었다. 편리한 교통여건, 교육환경과 생활편의시설 등에다 중국동포들의 경제적 사정에 맞는 저렴한 다세대 연립주택이 다수 밀집해 있기 때문이다.[28] 특히 시흥시의 다문화 친화적인 교육여건과 주변에 전통재래시장도 있어 가족 단위로 많이 이주하는 중국동포의 생활방식에 맞는 주변 여건이 조성되어 있다는 점이 중국동포들이 시흥시를 선호한 이유이다.

2019년 11월 1일 기준, 시흥시에 거주하는 중국동포와 외국인은 대략 6만여 명, 그중 정왕본동에만 2만여 명이 거주하고 있다. 정왕본동은 술집이 많고 슬럼화된 곳이었다. 선양 출신으로 2005년부터 정왕동 중앙시장 입구 하모니마트 1층에서 핸드폰판매점을 운영하는 '귀환' 동포인 오성호 씨(50)는 2010년부터 시흥시 정왕본동 주민자치위원으로 '정왕본동 살기 좋은 동네 만들기' 소임을 맡게 되었다. 그가 본격적으로 중국동포사회 봉사활동을 시작한 것은 2012년 4월 외국인자율방범대를 시작하면서부터였다.

2010년대 이후 중국동포 유입인구가 늘어나면서 정왕동은 거대한 중국동포 집거지로 변했다. 중국어로 된 중국식당, 노래방, 주점. 양꼬치점 간판이 즐비해 신 차이나타운 거리를 연상케 한다. 낮에는 다소 조용하고 한산한 분위기이지만 저녁 시간이 되면 퇴근한 중국동포들로 인산인해를 이룬다. 시흥시 외국인자율방범대 오성호 대장은 한국사회와 중국동포를 잇는 공식 단체의 필요성을 느꼈다. 더욱 체계적인 조직을 만들어야 한국사회에 정착하거나 경제활동을 하는 중국동포에게 도움을 줄 수 있을 것으로 생각한 것이다. 2015년

5월 '한중동포연합회'를 공식 창립했다.[29]

오성호 회장은 살아온 환경이 다른 동포노인과 한국인 노인이 함께 어울리기 어렵다는 점은 중요한 동포노인 문제라고 생각했다. 안산에는 이미 동포경로당이 3곳이 있었다. 오성호 회장 등 중국동포 사회는 시흥에도 중국동포 경로당이 필요하다고 주장했다. 마침내 2019년 1월 시흥시는 정왕1동 주택가에 다문화 어르신들의 권익 신장과 복지 증진을 위한 공간으로 활용하기 위해 시흥 어울림 카네이션하우스 & 어울림(다문화) 경로당을 열었다.[30] 그런데 2020년 1월 경로당 명칭이 '귀환동포 & 외국인 경로당'으로 변경되었다. 사실상 이용객이 귀환 중국동포라는 사실이 고려되었다.

시흥은 중국동포의 증가세가 두드러진 지역이다. 2014년 대비 2016년 기타 국가 출신이 10,067명 감소했음에도 중국동포는 13,410명이 증가, 약 2배로 늘어나 전체 외국인주민 수는 6,747명 증가한 것으로 나타났다. 중국인도 유사한 증가세를 보여 2,698명에서 6,102명으로 늘어났다. 표 8-1은 이미숙 외 연구진이 행정안전부 외국인주민 현황 통계를 재구성한 것으로, 2014~2016년 3년간 시흥시의 외국인주민 출신국가별 증감 추이이다.[31]

시흥시의 외국인주민의 연령별 분포는 젊은 층(20~49세)이 많은 유형이며,

그림 8-14. 시흥 귀환동포 & 외국인 경로당(왼쪽 사진: 오성호).
처음 이름은 어울림(다문화) 경로당(오른쪽 사진: 시흥시)

표 8-1. 시흥시 외국인주민 출신국가별 증감 추이(2014~2016년)

| 연도 | 외국인주민 | | 한국계중국 (중국동포) | | 중국 | | 기타국가 | |
|---|---|---|---|---|---|---|---|---|
| | 수 | 증감 | 수 | 증감 | 수 | 증감 | 수 | 증감 |
| 2014 | 38,921 | +6,747 | 13,187 | +13,410 | 2,698 | +3,404 | 23,036 | −10,067 |
| 2015 | 43,295 | | 25,802 | | 5,504 | | 11,989 | |
| 2016 | 45,668 | | 26,597 | | 6,102 | | 12,969 | |

특히 30~39세의 비중이 높은 것이 특징인데, 이미숙 외 연구진은 행정안전부 외국인주민 현황 통계에서 2016년 시흥시 외국인주민 연령별 분포를 표 8-2로 정리했다.

정왕동에는 중국동포 자녀가 다니는 어린이집도 많고 또 시흥 군서초등학교 학생은 절반 이상이 중도입국 중국동포 학생이다. 중국동포 집거지인 정왕본동의 군서초등학교는 이미 2017년에 시흥 시화초등학교, 안산 선일초등학교, 안산 선일중학교와 함께 국제혁신학교로 지정되어 '방과 후 한글교실'뿐만 아니라 정규과정 학급도 언어 수준에 따라 '다문화 특별학급'을 운영해 왔다. 학생수가 줄어든 군서중학교는 아예 2021학년부터 전국 최초 '초중고 통합형 다문화학교'인 군서 미래국제학교로 개편되었다.[32]

중국동포가 1, 2세대를 지나 이제 3, 4세대로 바뀌고 있는데 이들은 교육문제에 매우 큰 관심과 열정을 가지고 있다. 이전에는 돈을 벌어 중국에 다시 갈 생각을 했다면 이제는 한국에 정주하면서 자녀교육 등에 몰입하는 단계라고 볼 수 있는데, 중국동포들은 자신의 자녀들이 한국인 학교에 편입하여 한국 학생들과 학교생활을 같이 하기를 바라지만 진입에서부터 어려움이 있다. 특히 중국에서 한족 학교를 다닌 중도입국자녀의 경우 미숙한 한국어 능력으로 인해 교우 관계나 수업을 따라가기 어려운 점 등이 있다.[33] 이 점에서 '초중고 통합형 다문화(외국어특화)' 학교인 군서 미래국제학교는 경기만의 외국인집거

표 8-2. 시흥시 외국인주민 연령별 현황(2016년)

(단위: 명)

| 구분 | 계 | 한국국적을 가지지 않은 자 | | | | | | 혼인귀화자 외국인주민자녀 |
|---|---|---|---|---|---|---|---|---|
| | | 소계 | 외국인 근로자 | 결혼 이민자 | 유학생 | 외국국적 동포 | 기타 외국인 | |
| 계 | 45,668 | 38,925 | 17,293 | 3,354 | 350 | 8,889 | 9,039 | 6,743 |
| 0~9세 | 3,929 | 1,672 | 0 | 0 | 0 | 6 | 1,666 | 2,257 |
| 10~19세 | 1,363 | 438 | 0 | 11 | 52 | 28 | 344 | 928 |
| 20~29세 | 8,900 | 8,352 | 4,410 | 746 | 261 | 1,638 | 1,297 | 548 |
| 30~39세 | 13,029 | 11,773 | 5,978 | 1,232 | 36 | 2,196 | 2,331 | 1,256 |
| 40~49세 | 8,512 | 7,518 | 3,482 | 824 | 0 | 1,450 | 1,761 | 995 |
| 50~59세 | 6,361 | 5,806 | 3,015 | 453 | 0 | 1,110 | 1,228 | 555 |
| 60~69세 | 3,036 | 2,872 | 398 | 79 | 0 | 2,064 | 331 | 164 |
| 70 이상 | 1,021 | 494 | 494 | 9 | 0 | 397 | 81 | 40 |

지, 즉 안산 원곡동 다문화특구(중국동포타운)·안산 선부동 고려인마을·시흥 정왕동 중국동포타운뿐만 아니라 전국의 중국동포타운과 고려인마을의 학교 교육에서 시사하는 바가 클 것이다.

## 4. 경기만의 외국인주민: 안산·시흥에서 화성, 평택, 김포, 파주로

1330만 명이 사는 경기도의 31개 시군에 72만 외국인주민이 삶터를 이루고 있다. 5.4%가 외국인주민이니 경기도는 이미 다문화사회가 되었다. 다문화 경기도의 출발이 바로 반월·시화 국가산단의 배후 지역인 안산과 시흥이다. 그리고 여전히 중심이다. 그런데 경기도의 다른 시군에도 산업단지가 생기면서 화성(발안과 남양), 평택(포승), 김포(대곶), 파주(금촌) 등 경기만이 품고 있는 지역마다 외국인 집거지가 형성되고 있다. 다양한 나라에서 이주민이 들어왔지만, 중국동포와 고려인동포가 중심이다. 각기 2014년 4월과 2015년 4월부터 재외동포(F-4)와 방문취업(H-2) 비자를 소지한 중국동포와 고려인동포의 가족동반이 가능해졌기 때문이다.

2020년 2월 안산시는 유럽 국제기구인 유럽평의회(The Council of Europe)가 주관하는 '상호문화도시(Intercultural city: ICC)'로 지정되었다. 이것은 안산시가 국내에서는 첫 번째이고 아시아에서 두 번째인데, 상호문화도시 지정을 계기로 문화 다양성을 안산시 발전의 신 성장동력으로 여기고 최고의 글로벌 상호문화도시로 만들어나간다는 생각이다.[34] 상호문화사회는 다문화사회에서 한발 더 나아간 개념으로 문화, 국적, 민족, 종교적 소수자의 존재를 인정하고, 소수와 다수가 가진 특성을 활용하며 공평한 관계에서 교류하는 사회이다. 한국의 대표 다문화도시 안산이 다시 다문화를 넘어 상호문화사회를 선도하고 있다.

안산과 떼려야 뗄 수 없는 이웃 도시 시흥은 정왕동을 '귀환동포특구'로 지정할 수 있을 만한 인프라를 갖춰가고 있다. 어울림(다문화) 경로당 대신에 귀환동포 & 외국인 경로당으로 명칭도 바꾸었지만, 전국 최초로 시흥과 안산의 동포자녀에게 큰 선물이 될 수 있는 '초중고 통합형 다문화학교'인 미래국제학교를 출범시켰다.

다문화를 넘어 '상호문화도시'의 깃발을 든 안산시와 중국동포뿐만 아니라 고려인동포, 나아가 베트남 등 다른 나라 출신 이주민 자녀를 글로벌 인재로 교육시키려는 시흥시의 노력은 경기만의 다른 도시뿐 아니라 수도권과 지방의 공단 지역에서 집거지를 형성해 사는 이주민들에게도 긍정적인 영향을 끼칠 것이다.

## 주

1. 나무위키(경기만) https://namu.wiki/w/%EA%B2%BD%EA%B8%B0%EB%A7%8C
2. 김현창 외, 2017, p.8.
3. 한국민족문화대백과사전(반월국가산업단지) http://encykorea.aks.ac.kr/Contents/SearchNavi?keyword=%EB%B0%98%EC%9B%94%EA%B5%AD%EA%B0%80%EC%82%B0%EC%97%85%EB%8B%A8%EC%A7%80&ridx=0&tot=2392
4. 디지털시흥문화대전(시화국가산업단지) http://siheung.grandculture.net/siheung
5. 한국산업단지공단, 2020.
6. 2019 지방자치체 외국인주민 통계, 2020.
7. 해외투자기업연수생제도가 국내 중소제조업의 심각한 인력난 해소에 크게 이바지하지 못하자 정부는 중소기업의 인력난을 완화하고 외국인 불법취업자의 유입차단과 산업연수를 통해 개발도상국에 대한 기술이전 등으로 경제협력 증진을 도모하기 위해 관련 업체의 요청에 따라 1993년 11월 산업연수제도를 도입하게 되었다. 1994년 5월 제1차 연수생으로 20,000명이 입국했다(한국민족문화대백과사전 '산업연수생' 항목).
8. 원곡동에서 '베트남 고향식당'을 운영하는 이미현(베트남 이름 레호와이뚜Lê Hoái Thu)이 21세인 1994년 가을 제3차 산업연수제도로 안산에 온 경우이다. 김용필·임영상 외, 2021, pp.80-81.
9. 필자는 이미 안산시와 시흥시 귀환동포의 한국살이를 검토한 바 있다(임영상·림학·주동완, 2020, pp.29-63 참조).
10. 정연학·김윤희, 2017, p.32.
11. 신길동, 원시동, 선부동, 와동 등.
12. 임영상 외, 2019, p.10; 강희덕 편 「원곡동의 '꿈, 희망, 성공'」.
13. 정병호·송도영 편, 2011, pp.203-204.
14. 정연학·김윤희, 2017, p.21.
15. 정병호·송도영 편, 2011, p.186.
16. '재한동포팀'이 만들어진 것은 다문화 외국인의 다수가 귀환동포임을 감안한 것이다. 안산시외국인주민지원본부(https://www2.ansan.go.kr/global/main/main.do) 참조.
17. 디지털안산문화대전(다문화·국제화 마을) http://ansan.grandculture.net/ansan/search/GC025C010301?keyword=%EB%8B%A4%EB%AC%B8%ED%99%94&page=1
18. "현재 원곡동 부동산을 찾는 사람은 대부분 고려인입니다. 지난해, 즉 2018년부터 고려인들이 원곡동에 많이 들어왔다는 것을 몸소 체감하게 됩니다. 중국동포가 과반수 이상을 차지하다가 중국동포 신규인구는 늘어나지 않고 정체된 반면, 고려인들의 유입인구가 늘어나고 있습니다"(임영상 외, 2019, p.13).
19. 원곡동의 원주민 강희덕 주민자치위원회 위원장 외에 중국동포 방일춘과 조연희, 고려인동포 김넬리, 베트남 이주민 이미현 등 5인의 생애 이야기를 담았다(임영상 외, 2019).
20. 동포세계신문, 2019, 안산귀환동포연합회 발족배경과 활동소개, 2019년 6월 28일 자.
21. 김용필·임영상 외, 2021, p.77.
22. 곽동근·임영상, 2017, pp.191-192.
23. 법무부 출입국·외국인정책본부가 2014년 4월부터 재외동포(F-4) 체류자에게, 또 2015년 4월

부터는 방문취업(H-2) 체류자의 배우자/미성년자 방문동거(F-1) 체류자격을 부여했기 때문이다(최영미, 2018, p.6).

24. 2019년 재외동포법의 재개정으로 4세 이후의 동포도 '재외동포'로 인정되어 계속 한국 체류가 가능해졌다.

25. 김용필·임영상 외, 2021, p.86.

26. 김용필·임영상 외, 2021, pp.87-88.

27. 이미숙 외, 2018, p.3.

28. 원래 이곳은 시화공단 근로자의 기숙사 용도로 개발된 공단배후지여서 원룸 위주의 주택이라 보증금이 없이 월 30만 원 정도의 임대가 많아 젊은 층 외국인근로자들이 거처를 마련하기 쉬웠다.

29. 김용필·임영상 외, 2021, pp.116-119.

30. 경로당의 이용 인원은 20명 정원이다. 중국동포가 더 많이 거주하는 정왕본동에도 별도의 경로당 시설이 필요한 실정이다. 큰길을 건너가야 하는 것이 노인들에게는 불편하다.

31. 이미숙 외, 2018, p.19.

32. 현재 재학생은 중학교 1학년 55명, 2학년 9명 등 총 64명이며, 국적별로는 한국, 중국, 러시아, 카자흐스탄, 베트남·필리핀 이중국적자 등으로 구성됐다. 모든 교육과정은 무학년제로 운영하며, 학생들은 한국어·영어·중국어·러시아어 등 다채로운 언어 수업과 프로젝트 수업을 듣게 된다. 올해는 중학교 과정이 먼저 개교했으며, 이후 운영이 안정되면 초등학교와 고등학교 과정으로 확대할 방침이다. 『경기신문』 2021-4-13 「미래사회에 꼭 맞는 글로벌인재 군서 미래국제학교가 키웁니다」

33. 이미숙 외, 2018, pp.66-67.

34. 연합뉴스, 2020, 안산시, 유럽평의회 주관 '상호문화도시' 지정, 2020년 2월 13일 자.

### 참고문헌

곽동근·임영상, 2017, 「고려인동포의 '귀환'과 도시재생: 안산 고려인마을을 중심으로」, 『역사문화연구』 64.

김용필·임영상 외, 2021, 『한국에서 아시아를 찾다: 위키백과와 연결된 스토리 가이드북』, 아시아발전재단.

김현창 외, 2017, 『경기도 산업단지를 재조명하다』, 경기도경제과학진흥원.

이미숙 외, 2018, 『외국국적동포 사회통합정책 개발 연구』, 시흥시.

임영상 외, 2019, 『원곡동 사람 이야기』, 안산시 외국인주민지원본부.

임영상·림학·주동완, 2020, 「경기도의 '귀환'동포사회와 한국살이: 안산시와 시흥시」, 『재외한인연구』 50.

정병호·송도영 편, 2011, 『한국의 다문화 공간』, 현암사.

정연학·김윤희, 2017, 『안산시 원곡동 다문화특구: 한국 속 작은 세계』, 국립민속박물관.

최영미, 2018, 『경기도 외국국적 동포 현황 및 지원방안』, 경기도가족여성연구원.

경기신문, 2021, 미래사회에 꼭 맞는 글로벌인재 군서 미래국제학교가 키웁니다, 2021년 4월 13일 자.
동포세계신문, 2019, 안산귀환동포연합회 발족배경과 활동소개, 2019년 6월 28일 자.
연합뉴스, 2020, 안산시, 유럽평의회 주관 '상호문화도시' 지정, 2020년 2월 13일 자.

고려인너머 http://www.jamir.or.kr/main/main.php
디지털시흥문화대전 http://siheung.grandculture.net/siheung
디지털안산문화대전 http://ansan.grandculture.net/ansan
안산시외국인주민지원본부 https://www2.ansan.go.kr/global/main/main.do
2019 지방자치체 외국인주민 통계, 2020
한국민족문화대백과사전 http://encykorea.aks.ac.kr
한국산업단지공단 https://www.kicox.or.kr/index.do

제3부

# 서평택 지역 해양문화와 활용방안

제9장　아산만 수계 나루·포구의 입지와 역할

제10장　지역문화자원의 에코뮤지엄 활용 방안: 경기만 에코뮤지엄과 평택 지역을 중심으로

제11장　서평택 구술생애사업과 독립출판 연계방안: 안중도서관 구술생애사업을 중심으로

제12장　아산만 연안의 마을 형성과 경제: 포승읍 지역을 중심으로

제9장

# 아산만 수계 나루·포구의 입지와 역할

김해규

평택인문연구소장

## 1. 머리말

근대 이전의 해로(海路)와 수로(水路), 나루·포구는 국가적 차원이나 민간차원에서 다양하게 활용되었다. 육로(陸路)를 통한 교통과 상품의 대량운송이 어려웠던 전근대 시기에는 해양과 수로가 그 역할을 대신했으며 군사적으로도 매우 중요하게 활용되었다. 국가는 서남해안의 주요 포구에 수군(水軍)을 배치하고 조창(漕倉)을 설치하여 국방강화와 재정확보에 이용했으며, 바다를 통해 중국이나 일본과 교류했고, 연안 곳곳에 관방산성을 축조하고 봉수(烽燧)와 목장(牧場)을 설치했다. 민간차원에서도 수로와 나루·포구는 교통의 중요한 수단이었으며, 어업활동의 전진기지였고, 포구상업을 가능하게 하는 장소였다.

평택시는 서쪽으로 아산만, 남양만과 접했고 너른 평야가 발달했으며 평야 사이로는 52개의 하천이 흐른다. 1960년대까지만 해도 하천으로는 아산만, 남양만으로부터 바닷물이 유입됐다. 또 대표 하천인 안성천, 발안천, 진위천은 만조 시 조수간만의 차가 최대 9m에 달해서 경기만의 어선, 상선들이 내륙 깊숙한 곳까지 들어갈 수 있었다.

안성천과 진위천, 발안천 수계에는 많은 나루·포구가 발달했다. 하지만 지금껏 구술을 통한 조사연구는 있었지만 문헌사료에 기반하여 나루·포구의 입지(立地)나 국가운영과 생산 활동에서의 역할, 포구상업, 근대 교통의 발달에 따른 변화과정에 대한 연구는 거의 없었다.

본 장에서는 문헌분석을 통해 평택지역 나루·포구의 분포와 입지, 변화과정에 대해 객관적으로 살펴보려고 한다. 또 근대 교통의 발달에 따른 포구의 변화과정과 이것이 국가적 차원이나 민간 차원에서 어떻게 활용되었는지도 살펴보려고 한다.

## 2. 아산만 수계[1] 나루·포구의 입지

### 1) 조선 전기 문헌의 나루·포구와 입지

평택지역은 서쪽으로 아산만, 남양만에 접했고 평야가 넓으며 하천이 발달하였다. 중심 하천은 남쪽의 안성천, 북쪽의 발안천이고, 진위천, 오산천, 황구지천 등 약 50여 개의 지류(支流)가 있다.

안성천은 안성시 삼죽면 배태리 국사봉에서 발원하여 평택시 현덕면 권관리 아산만까지 총연장 76km, 유역면적 1,722km$^2$ 규모의 하천이다.[2] 조수간만의 차가 심해서 대조 시 평균조차가 8.5~9m에 달했다.[3] 근대 전후까지만 해도 안성지역에서는 남천(南川), 웅천(熊川)으로 불렸으며, 평택구간으로 오면서 홍경천, 한천, 대천으로 불렸다. 안성천이라는 명칭은 1914년 행정구역 개편 과정에서 만들어졌다. 일제는 1914년 9월 25일부터 하천의 명칭과 수해상황, 관개면적, 하천공작물 등을 조사하고 하천 명칭을 통일했으며 이것을

1:50,000 지도에 반영했다. 바닷물은 만조 시 안성천 중류인 평택시 군문동, 신대동, 유천동 일대까지 올라왔고 백중사리에는 공도읍까지 올라갔다고 한다. 그래서 만조를 이용하여 경기만 일대 선박들이 하천의 중류지역까지 올라올 수 있었으며, 중·하류에는 군문포, 고잔포, 곤지진, 경양포, 당포진, 구진, 계두진 같은 나루·포구가 발달했다.

발안천은 화성시 봉담읍 태봉산, 건달산 일대에서 발원하여 서남쪽으로 흐른다. 총연장 17km, 유역면적 61km$^2$이다.[4] 발안천은 평택시 포승읍과 화성시 향남읍의 경계다. 1960년대까지만 해도 바닷물이 드나들고 어업이 발달하여 옹포, 자오포, 호구포, 신포와 같은 나루·포구가 발달했다.

진위천(振威川)은 안성천의 제1지류다. 용인 무네미고개에서 발원하여 서탄면에서 오산천, 황구지천과 합류하고 평택시 오성면 창내리 부근에서 안성천과 합류하여 아산만으로 흐른다. 총연장 50km이며 유역면적은 201.5 km$^2$이다. 조선시대에는 구간에 따라 구천(龜川),[5] 장호천(長好川)[6]으로 부르다가 1914년 진위천(振威川)으로 통일되었다. 진위천으로는 서탄면 회화리 부근까지 바닷물이 올라와서 밀물을 이용하여 배가 드나들었고 황구포(항곶진), 동청포, 토진, 해창진, 다리고비진과 같은 나루·포구에서는 포구상업이 발달했다.

조선 전기 문헌 가운데 평택지역의 나루·포구가 소개된 것은 『세종실록지리지』와 『신증동국여지승람』뿐이다. 15세기 후반에 편찬된 『동국여지승람』은 『세종실록지리지』를 저본으로 편찬된 것으로 1630년에는 이를 증보(增補)하여 『신증동국여지승람』이 편찬되었다.

『신증동국여지승람』[7] 수원도호부 조에는 평택시 현덕면 권관리의 계두진(鷄頭津)과 고덕면 방축1리의 이포진이 소개되었다. 계두진은 충청도 아산, 홍주지역과 수로교통으로 연결되었던 나루였고, 육로로는 현덕면 권관리에서 안중읍 금곡리와 수원을 거쳐 한양까지 연결되었던 교통의 요지였다. 이포진[8]은 안성천과 진위천의 분기점인 고덕면 방축1리에 위치했으며 충청도 평택현의 곤지진, 진위천 건너편인 오성면 신3리 신리진과 연결되었다. 육로로는 진위현의 해창(海倉)이었던 고덕면 해창3리와 지산동 숯고개(炭峴), 진위면 봉남리를 거쳐 삼남대로를 따라 한양과 연결되었다.

『신증동국여지승람』 직산현 조에는 경양포(慶陽浦), 평택현 조에는 오을미곶포(吾乙未串浦),[9] 시포(市浦), 신덕포(新德浦)가 언급됐으며, 신증에는 군물진(軍勿津), 지진(池津)이 소개되었다. 팽성읍 노양1리 경양포[10]는 고려시대 하양창이 설치되었던 포구다. 고대에는 타이포, 고려시대에 편섭포라고 불렀다. 오을미곶포는 위치상으로 조선 후기 팽성읍 대추리에 있었던 곤지진으로 여겨진다. 시포는 현재 아산시 둔포면에 편입된 둔포면 시포리를 말하고, 신덕포는 통복동 신덕마을에 있었다. 또 군물진은 충청수영로의 관문이었던 군문1동에 있었으며 19세기 말에는 군문포로 개칭되었다. 지진은 조선 후기 읍지와 지리지에 나타나지 않고 있어 정확한 위치를 비정하기 어렵다.

『신증동국여지승람』에 나타난 나루·포구는 몇 가지 특징을 보여 준다. 첫째, 안성천 수계의 중·하류지역에 집중되었다. 다시 말해서 아산만 연안의 외해보다는 조수가 드나드는 내해의 만(灣)이 형성된 지역에 위치한 것이 특징이다. 둘째, 한양(漢陽)이나 수원부 읍치(邑治)와 연결된 육로교통의 요지에 설

표 9-1. 조선 전기 문헌의 나루·포구

| 포구명 | 현재 위치 | 출전 | 비고 |
|---|---|---|---|
| 이포진 | 평택시 고덕면 방축1리 | 「신증동국여지승람」 수원도호부 | |
| 계두진 | 평택시 현덕면 권관1리 | 「신증동국여지승람」 수원도호부 | |
| 경양포 | 평택시 팽성읍 노양1리 | 「신증동국여지승람」 직산현 | |
| 오을미곶포 | 평택시 팽성읍 대추리 | 「신증동국여지승람」 평택현 | 추정 |
| 시포 | 아산시 둔포읍 시포리 | 「신증동국여지승람」 평택현 | |
| 신덕포 | 평택시 통복동 신덕마을 | 「신증동국여지승람」 평택현 | |
| 군물진 | 평택시 군문1동 | 「신증동국여지승람」 평택현 | 신증 |
| 지진 | 미상 | 「신증동국여지승람」 평택현 | 신증 |

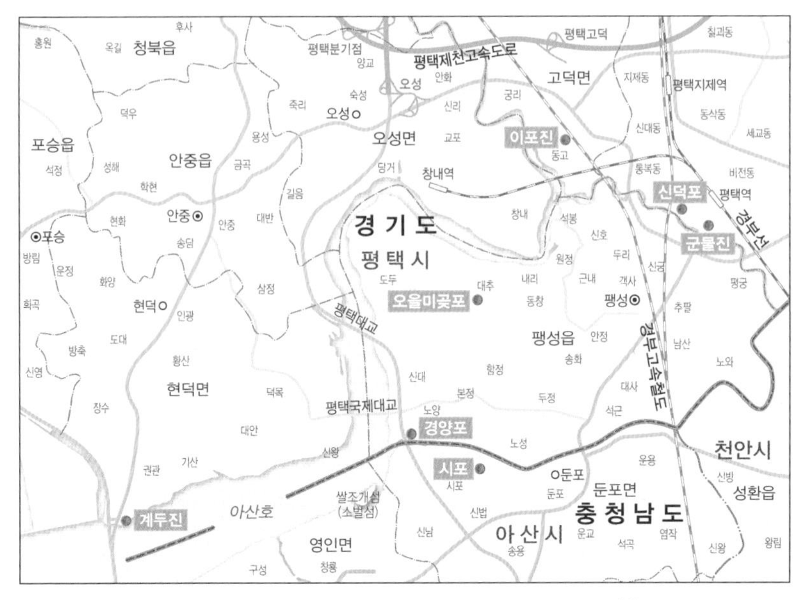

그림 9-1. 문헌에 나타난 조선 전기 나루·포구의 입지[11]

치되었다. 이것은 평택지역의 나루·포구가 수로 및 해로교통에 사용되었다는 것을 의미한다. 셋째, 조선 전기에는 직산현과 평택현의 조창이었던 경양포를 제외하고는 진위현의 해창이었던 해창진과 양성현의 해창이었던 옹포(甕浦)에 대한 언급이 없다. 이것은 조선 전기까지만 해도 경양창과 같은 일부 조창을 제외하고는 군현 별 조운이 많지 않았음을 의미한다.

### 2) 조선 후기 문헌의 나루·포구와 입지

조선 후기에는 평택평야의 간척으로 지형과 육로교통이 바뀌고 어업과 포구상업이 발달하면서 나루·포구의 위치와 기능에도 변화가 나타났다. 또 통치적 목적의 관찬 읍지·지리지 외에도 사찬 읍지·지리지가 편찬되면서 통치적 목적으로 사용되었던 나루·포구 외에도 포구상업이나 수로교통, 어업과 관련된 포구들이 소개되고 있다.

조선 후기 진위현에서는 18세기 편찬된 『여지도서』와 19세기에 세 권의 읍지[12]가 편찬되었다. 세 권의 읍지에서 언급한 나루·포구는 통복포, 군문포, 해창포, 황구포, 고잔포다. 1843년 편찬된 『진위현읍지』에는 통복포가 소개되었다. 현재 주변지역의 개발로 통복포의 정확한 위치는 알 수 없지만 위치상으로 추정할 때 통복동 화촌마을의 '화포'일 가능성이 가장 크다. 화포는 만조 때 조수가 올라오는 지점에 포구가 발달하여 경기만의 선박들이 쉽게 접안할 수 있었고 포구상업이 발달했다. 군문포는 경기도 진위현에서 충청도로 넘어가는 관문으로 수로교통에 활용되었고, 해창포는 폐동된 고덕면 해창3리의 포구로 진위현의 해창이었다. 항곶포(진)라고도 했던 황구포는 폐동된 서탄면 황구지리에 있었다. 황구포는 경기만의 상선들이 드나들었고 맞은편 화성시 양감면 용소리, 정문리, 사창리와 수로교통으로 연결되었다.

조선 후기 수원도호부[13]에서 편찬한 읍지·지리지는 『수원부읍지』(1785), 『화성지』(1831), 『수원군읍지』(1899)와 『여지도서』(1757~1765)가 있다. 『여지도서』에는 이포진과 계두진이 나와 있고, 『수원부읍지』(1785)에는 다라고비진, 당진포, 대포진, 이포진이 소개됐다. 『화성지』(1831)에는 이포진, 당포진, 한진, 『수원군읍지』(1899)에는 이포진, 당포진, 한진이 소개되었다. 이포진은 앞서 『신증동국여지승람』에서 언급한 것과 동일한 나루이며, 계두진은 앞서 밝혔듯이 충청도 아산, 홍주와 현덕면 권관리를 연결했던 나루였다. 다라고비진은 고덕면 궁1리에 있었는데 과거 진위현과 서평택 지역을 연결했던 나루였다. 아산만 하류지역인 현덕면 신왕1리의 당진포는 『수원군읍지』(1899)의 당포진, 『수원부선세혁파성책』의 신흥포와 동일한 나루로 조선 후기에는 포구상업과 어업, 충청도 평택현과의 수로교통이 발달했던 포구다. 『수원부읍지』(1785)의 대포진, 『화성지』(1831)와 『수원군읍지』(1899)의 한진(漢津)은 포승읍 만호5리 솔개바위나루를 말한다. 솔개바위나루는 아산만을 통해 당진, 서산을 비롯한 충청도 내포(內浦) 지역과 연결되었던 교통의 요지였고 해방 전후에는 어항(漁港)으로도 중요한 역할을 했다.

평택현(平澤縣)은 오늘날 평택시 팽성읍 지역이다. 평택현과 관련된 읍지·지리지는 『여지도서』와 18세기 중엽 신치가 저술한 사찬 『팽성지』, 1899년 편찬된 『평택군읍지』다. 이 가운데 정보가 가장 정확한 지리지는 『팽성지』다. 『팽성지』[14] 산천 조에는 곤지진, 신덕포, 삽교포, 통복개, 시포와 같은 나루·포구가 언급되었다. 곤지진은 폐동된 팽성읍 대추리에 있었다. 『신증동국여지승람』 평택현 조의 오을미곶포와 동일한 나루로 추정되며 안성천 건너편 수원부 오타면의 이포(里浦)와 연결되었다. 신덕포(新德浦)는 통복동 신덕마을에 있었다. 주민들은 1960년대까지 배가 들어왔다고 증언하지만 『팽성지』에는 "고증할 문헌이 없어 상고할 길이 없다"고 하였다. 삽교포(揷橋浦)는 신대4동 삽교마을에 있었다. 이 포구는 팽성읍 석봉2리 원봉나루와 연결되어 하삼도(下三道)에서 서울을 왕래할 때 이용했던 지름길이지만, 안성천과 도일천이 갈라지는 지점에 위치했고 물살이 거칠어 겨울에 강물이 얼면 걸어서 넘어갔고 조수가 밀려들면 나룻배를 이용했다.

1899년 『직산군읍지』에는 경양포(慶陽浦)가 언급되었다. 경양포는 팽성읍 노양1리 뱃터에 있었던 포구로 『신증동국여지승람』에 언급되었던 포구와 동일하다. 이밖에 김정호의 『대동지지』 수원도호부 진도(津渡) 편에는 계두진, 이포진, 당포진, 대진이 소개되었고, 진위현 편에는 통복포만 소개했으며, 양성현에서는 해창(海倉)이 설치되었던 옹포(甕浦), 직산현에서는 경양포만 언급했다. 반면 평택현에서는 군물포, 곤지포, 노산포, 신덕포가 소개되었다. 『대동지지』의 노산포는 팽성읍 노양2리 노산마을에 있었다. 조선 후기 경양포에 조창(漕倉)이 운영될 때는 상선(商船)이나 어선(漁船)들은 수운판관이 있는 경양포를 비켜 노산포에 정박했다고 한다.

조선 후기 작성된 고지도에서 나루·포구를 표기하기 시작한 것은 19세기에

표 9-2. 조선 후기 문헌의 나루·포구

| 포구명 | 현재 위치 | 출전 | 비고 |
|---|---|---|---|
| 통복포, 화포 | 평택시 통복동 화포 | 「진위현읍지」(1843), 「대동지지」, 「팽성지」 | |
| 군물포, 군문포 | 평택시 군문1동 | 「진위군읍지」(1899), 「대동지지」, 「경기읍지」 진위현 지도(1871), 「양성군읍지」 지도(1899) | |
| 해창포, 해창진 | 평택시 고덕면 해창3리 | 「진위군읍지」(1899), 「경기읍지」 진위현 지도(1871) | |
| 황구포, 항곶포 | 평택시 서탄면 황구지리 | 「진위군읍지」(1899), 「양성군읍지」 지도(1899) | |
| 고잔포 | 평택시 신대2동 고잔 | 「진위군읍지」(1899), 「경기읍지」 진위현 지도(1871) | |
| 다라고비진 | 평택시 고덕면 궁1리 | 「수원부읍지」(1785) | |
| 당진포, 당포진, 신흥포 | 평택시 현덕면 신왕1리 | 「수원부읍지」(1785), 「화성지」(1831), 「수원군읍지」(1899), 「수원부선세혁파성책」, 「대동지지」 | |
| 삽교포 | 평택시 신대4동 삽교 | 「팽성지」 | |
| 신덕포 | 평택시 통복동 신덕마을 | 「팽성지」, 「대동지지」 | |
| 이포진 | 평택시 고덕면 방축1리 | 「여지도서」, 「대동지지」, 「수원부읍지」(1785), 「화성지」(1831), 「수원군읍지」(1899), 「대동지지」 | |
| 경양포 | 평택시 팽성읍 노양1리 | 「대동지지」, 「직산군읍지」(1899) | |
| 노산포 | 평택시 팽성읍 노양2리 | 「대동지지」 | |
| 곤지진, 곤지포 | 평택시 팽성읍 대추리 | 「대동지지」, 「팽성지」 | |
| 계두진 | 평택시 현덕면 권관1리 | 「여지도서」, 「대동지지」 | |
| 대진, 한진, 대진포 | 평택시 포승읍 만호5리 | 「수원부읍지」(1785), 「화성지」(1831), 「수원군읍지」(1899), 「대동지지」, 「대동지지」, 「대동여지도」 | |
| 옹포 | 평택시 청북읍 삼계1리 | 「대동지지」, 「수원부선세혁파성책」 | |
| 시포 | 아산시 둔포면 신포리 | 「팽성지」 | |
| 동청포 | 평택시 고덕면 동청2리 | 「경기읍지」 진위현 지도(1871), 「양성군읍지」 지도(1899) | |
| 신성포 | 평택시 팽성읍 노성1리 | 「수원부선세혁파성책」 | |
| 흑진포 | 평택시 팽성읍 석봉1리 | 「수원부선세혁파성책」 | 추정 |

들어와서이다. 그것도 1871년에 만들어진 『경기읍지』 진위현 지도, 『충청도 읍지』 직산현 지도, 1899년 『진위군읍지』 지도, 『양성군읍지』 지도, 『대동여지도』뿐이다. 이들 지도에 나타난 나루·포구는 군문포, 고잔포, 해창포, 황구포(항곶포), 동청포, 대진 등 매우 제한적이다. 조선 후기 도로와 거리, 특산품을 비교적 상세히 기록했다는 『대동여지도』 조차 포승읍 만호리의 대진(大津) 외에는 기록된 것이 없다.

표 9-2에서는 조선 후기 나루·포구에서 몇 가지 변화를 살펴볼 수 있다. 첫째, 조선 전기만 해도 주로 하천의 중·하류 만(灣)의 안쪽에 형성됐던 나루·포구의 입지는 크게 변하지 않았지만 어업이나 포구상업의 발달에 따라 하류 지역이나 교통의 요지에 새로운 포구들이 형성되었다. 둘째, 대동법(大同法)이 실시되면서 해창(海倉)이 설치된 나루·포구들이 중요시되었다. 셋째, 조수가 유입되고 육로교통이 교차하며 포구상업이 발달한 지역에는 동청포, 신성포

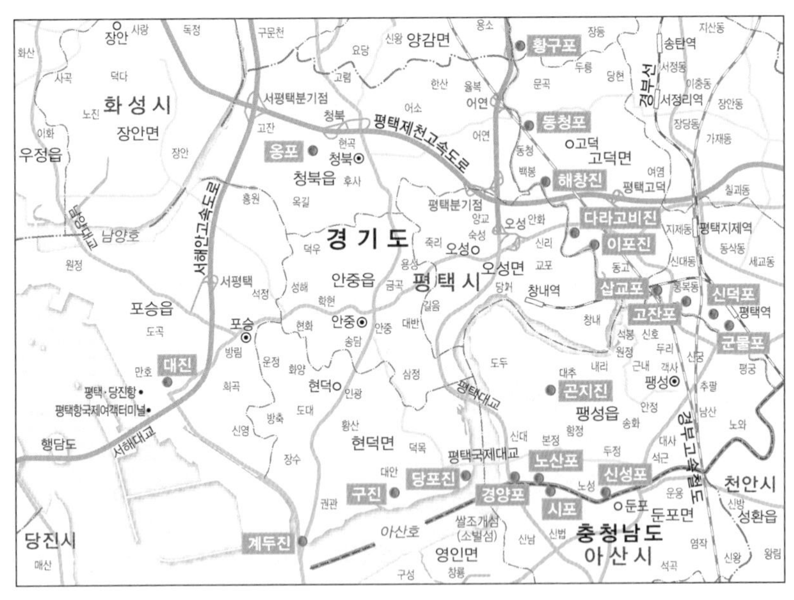


그림 9-2. 문헌에 나타난 조선 후기 나루·포구의 입지

와 같은 새로운 포구들이 나타났다. 넷째, 수로교통의 중심 나루·포구들은 여전히 중요시 되었다.

반면 진위천 수계의 주요 포구였던 동청포에 대한 언급이 없으며, 토진, 발안천 수계의 자오포, 호구포에 대한 언급도 없다. 동청포는 『수원부선세혁파성책』에서 포구상업이 발달했던 주요 나루로 나와 있고, 자오포는 홍원목 마장(馬場)의 말들이 출입했던 포구였지만 활용도에 비해 중요하게 언급되지 않았다. 이는 활용도는 높았지만 통치적 관점에서 언급될 만큼 중요하지 않았음을 말해 준다.

### 3) 근대 교통의 발달과 나루·포구의 입지 변화

근대 이후 평택지역은 큰 변화를 겪었다. 1905년 경부선 평택역과 서정리역이 설치되고 도시가 발달하면서 평택지역의 중심이 기존의 진위면 봉남리와 팽성읍 객사리에서 평택역과 서정리역전으로 이동했다. 또 철도역을 중심으로 교통망이 형성되면서 조선시대 수로교통과 육로교통이 연계되었던 나루·포구들의 입지가 영향을 받았다.

일제는 철도를 건설하면서 대전이나 조치원처럼 한국인들의 저항이 적고 식민지 수탈에 유리한 지역에 철도역을 설치했다. 평택역과 서정리역은 전통의 중심에서 멀고 인가가 드물며 수로교통과 연계되는 지점에 설치되었다. 예컨대 평택역이 설치된 평택군 읍내면 군문포리의 경우가 그렇다. 군문포리 일대는 저습했고 수해에 취약했지만, 주변에 국유미간지(國有未墾地)가 넓었고, 궁방전(宮房田)이나 역둔토(驛屯土)가 산재한 소사평, 통한들과 가까워서 토지수탈에 용이했으며, 수로교통과의 연계가 탁월했다. 1908년에 작성된 『한국철도노선안내』에도 다음과 같은 내용이 있다.[15]

평택역은 옆으로 통포(通浦, 통복천)가 흐르고 안성천이 흐르며 충청도 평택현과 인접했다. 지대가 평탄하며 동서 5리 이내에 기름진 평야가 발달했다. 한반도 유일의 곡물생산지로 연못과 웅덩이(沼)가 많아서 관개(灌漑)에 유리하고 풍년이 들면 오곡(五穀)이 수십만 석에 달한다. 또 서쪽에는 군문포(軍門浦)가 가까이 있어 둔포, 백석포, 아산 등 아산만 일대의 백화(百貨)를 철도를 이용하여 경성이나 인천, 외국으로 수송하기에 편리하다.

경부선이 건설되면서 철도역을 중심으로 근대 교통망이 형성되었다. 1920년경에는 국도1호선, 국도38호선, 국도45호선이 평택역전을 교차하여 지났으며 서평택 지역으로는 국도39호선이 지났다. 국도1호선은 평안북도 신의주에서 전라남도 목포까지 연결된 간선도로로 평택지역에서는 기존의 대로(大路)에서 벗어나 경부선 철도나 안성천과 가깝게 건설되었다. 국도38호선은 경기남부 상업의 중심이었던 안성장, 서평택 지역 상업의 중심이었던 안중장과 연결되었던 도로이며, 국도45호선은 아산의 둔포장과 연결되었던 간선도로였다.

국도(國道)는 철도건설과 함께 공사가 시작됐지만 하천교량 문제로 완전히 개통되기까지는 상당한 시간이 걸렸다. 더구나 초기의 하천교량들은 목교(木橋)여서 장마나 홍수에 쉽게 유실되어 육로교통은 제 기능을 발휘하기가 힘들었다. 이 같은 이유로 근대 도로망이 어느 정도 정비된 1920년대 중반까지 철도교통과 근대 교통은 수로교통의 도움을 받을 수밖에 없었다.

그림 9-3 위의 지도는 1918년에 제작된 지도이다. 지도를 살펴보면 국도1호선은 평택역-오산 구간은 정비되었지만 남쪽으로는 안성천을 건너지 못하고 있으며, 국도38호선은 평택-안성 구간은 도로정비가 이뤄졌지만, 평택역-안중구간은 공사가 전혀 이뤄지지 않았음을 알 수 있다. 또 국도45호선도 평택역-둔포 구간은 정비되었지만 평택역-용인구간은 도로정비가 이뤄지

그림 9-3. 1918년 지도 및 1929년 진위군 관내도의 근대 교통망[16]

지 않고 있다. 그림 9-3 아래 지도의 1929년 『진위군 관내도』의 상황도 크게 나아지지 않았다. 평택지역의 근대 교통망이 완전한 모습을 갖춘 것은 1940년 전후다. 1930년대 일제는 전시체제를 구축하기 위해 기존의 목교(木橋)를 안전한 콘크리트 교량으로 교체하는 사업을 전개했고,[17] 1939년 대가뭄 때는 만주의 잡곡을 들여와 대대적인 도로 개수 작업을 실시했다.[18] 도로건설과 개수(改修)로 근대 교통망이 정비되고[19] 하천교량이 건설되자[20] 기존 수로교통을 담당했던 나루·포구들은 역할이 축소되거나 폐항(廢港)되는 사례가 발생했다. 반면 근대 교통의 보조적 역할을 했거나 아산만 어업이나 수로교통을 담당했던 일부 포구들은 명맥이 유지되거나 오히려 발전하는 현상이 발생했다.[21]

일제 강점기 평택지역의 나루·포구는 1911년경 편찬된 『조선지지자료』와 1918년 전후에 편찬된 근대지도를 통해서 부분적으로 확인된다. 먼저 『조선지지자료』에서 언급한 나루·포구는 고두면의 해창진, 오타면의 수어창진과 신리진, 광덕면의 계양진, 구진포, 가사면의 석화진, 율북면의 동청진, 언북면의 수어창진, 안외면의 한진, 토진면의 옹포, 경양면의 경양포, 북면의 곤지진 등이다.[22] 1918년 작성된 근대지도에는 고덕면 동고리의 신환포, 팽성읍 (구)대추리의 곤지두, 현덕면 대안4리 구진(개), 포승읍 신영리 신전포, 홍원리 자오포, 청북읍 삼계리 옹포, 군문동의 군문포와 간포가 소개됐다.

위의 기록에서 특징적인 것은 기존의 큰 포구였던 계두진, 황구포, 이포가 사라진 대신, 수어창진, 신리진, 구진포, 석화진, 신환포 같은 새로운 나루·포구들이 등장한다는 점이다. 새로 언급된 나루·포구들은 두 가지 특징이 있다. 하천의 중류지역에 위치한 수어창진, 신환포와 같은 나루·포구는 안성천과 진위천 일대의 궁방전, 역둔토와 관련이 있다는 점이다. 반면 구진포, 석화진 같은 포구들은 안성천 하류에 위치하여 근대전후 아산만 어업의 중심나루였다는 사실이다.

평택역을 비롯한 근대 도로망과 연계되었던 나루·포구들도 이전보다 발전된 모습을 보여 준다. 평택역과 인접한 군문포, 신덕포, 화포, 고잔포, 삽교포가 그것이다. 이들 포구는 만조 시에 바닷물이 들어오는 지점에 위치했고 갯골이 형성되어 간조 시에도 작은 배의 접안이 가능했다. 그래서 해방 전후까지만 해도 경기만 일대에서 소금배, 새우젓배, 굴배가 들어와 농산물과 교환되거나 평택장을 통해 유통되었고 일부 상품은 철도를 통해 서울과 인천으로

운송되었다. 1950년대까지는 평택평야에서 수확한 미곡(米穀)이 안성천 수로를 통해 군문포까지 실려와 도정(搗精)되기도 했다. 이 같은 역할의 중심에는 군문포가 있었다. 군문포는 근대 이전까지만 해도 충청수영로의 통복점에서 충청도 평택현으로 건너가는 나루에 불과했지만 일제 강점기에는 경기만의 어염(魚鹽)과 평택평야의 미곡(米穀)이 실려오는 창구역할을 했다.[23]

반면 전통의 큰 나루였지만 안성천과 진위천의 중류지역에 위치한 데다 교량건설로 역할이 줄어든 이포진, 다라고비진, 동청포, 황구포, 곤지진, 계두진은 쇠퇴하거나 폐항(廢港)되었다. 예컨대 일제 강점기 아래소청나루로 불렸던 이포진을 보면, 평택역과 국도38호선이 건설된 뒤에도 진위천의 교량이 부실하여 자동차와 인마(人馬)를 건너게 해 주는 역할로 명맥이 유지됐지만 1938년 고덕면 궁리에서 오성면 안화리 사이에 궁안교가 건설되면서 포구 기능이 중단되었다. 평택역과 서평택 사이를 연결시켰던 고덕면 궁리 다라고비진, 서정리역과 청북면을 연결시켰던 동청포, 서정리역과 화성시 양감면을 연결했

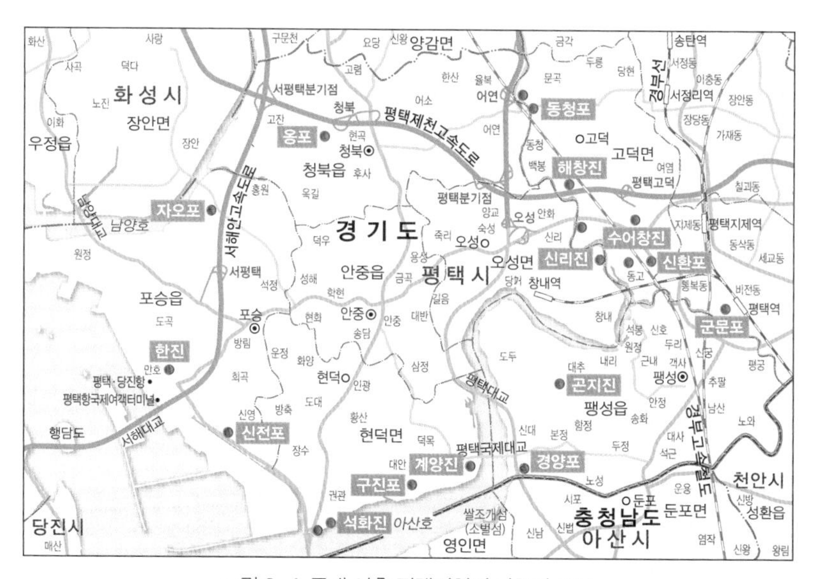


그림 9-4. 근대 이후 평택지역의 나루와 포구

던 항곶진(황구포)도 궁안교가 건설되고 주변지역이 간척되면서 포구의 위치가 이동하고 상선(商船)의 출입이 줄어들거나 폐항(廢港)되는 경우가 나타났다.

근대 이후에는 안성천과 발안천 하류, 아산만 연안 나루·포구들도 명맥이 유지되었다. 이들 포구가 폐항(廢港)되지 않았던 것은 근대 교통의 오지여서 수로교통로로 이용된 점과 아산만 연안의 어업과 밀접한 관계가 있었기 때문이다. 예컨대 포승읍 만호5리의 대진(大津)과 현덕면 신왕1리의 신흥포, 포승읍 홍원3리 자오포, 청북읍 삼계1리 옹포가 그렇다. 대진은 1980년대까지 충청남도 내포지역과 연결된 해로교통의 요지였으며, 아산만 어업의 중심 역할을 했던 대표적인 포구였고, 옹포는 청북읍과 화성시 일대의 미곡과 특산물의 반출지로, 신흥포는 팽성읍 노양1리 경양포 사이의 수로교통과 아산만 어업의 중심기지로 큰 역할을 했다. 이밖에 자오포는 발안천 어업과 화성시 장안나루 사이의 수로교통으로 연결되었으며, 팽성읍 노성1리 신성포는 둔포와 함께 포구상업의 중심 역할을 했다.

평택지역 나루·포구는 1974년 아산만방조제·남양방조제가 준공되고 곳곳에 콘크리트 교량이 건설되면서 폐항(廢港)되었다. 방조제 건설 후에도 남아있던 포승읍 만호5리 대진(大津)과 신영리 신전포도 1990년대 본격화된 평택항 확장공사와 포승국가산업단지 조성으로 폐항(廢港)되었다.[24]

## 3. 아산만 수계 나루·포구의 역할

### 1) 조창의 설치와 조운

근대 이전 평택지역의 나루·포구는 조운이나 군사적 목적으로 활용되었다. 고려와 조선은 각 지방에서 징수한 조세 운송을 위해 전국의 주요 포구에 조창을 설치하고 운영했다.

고려의 조운 제도는 건국 초부터 마련되었다. 대체로 성종 연간에는 60포창(浦倉)이 설치되었고 사선(私船)을 동원하여 조운한 뒤 거리와 중량에 따라 수경가[25]를 지불했다.[26] 그러다가 제10대 정종(1035~1046) 때 전국에 12조창을 설치하고, 각 조창에 초마선과 평저선을 배치하고 수운판관을 파견하면서 관선운송체제로 전환되었다.[27]

고려 정종 때 팽성읍 노양1리에도 하양창(河陽倉)이 설치되었다. 하양창은 아주 편섭포[28]에 있었다. 조창은 안성천 하류에서 둔포천과 분기하는 곳의 안쪽에 위치했다.[29] 이곳을 삼국시대에는 타이포로 불렀으며 조선 후기에는 '계양해구(桂陽海口)'라고 했다. 『고려사』에서는 1척에 1,000석을 실을 수 있는 초마선 6척을 배치했으며 외관록 20석을 받는 해운판관을 파견했다고 하였다.

고려의 조운제도는 후기로 가면서 크게 동요했다. 내적 요인도 있었지만 몽골의 침입과 원나라 지배기 일본원정에 따른 조운선 건조의 어려움, 고려 말 왜구의 침입 같은 외적 요인이 컸다. 특히 고려 말에는 왜구들이 삼남(三南)의 조창과 조운선을 집중 공격하면서 해운에 의존했던 조운은 큰 타격을 입었다. 이에 따라 왜구의 영향이 적었던 조창은 계속 운영됐지만 연안지역 포구에 설치했던 조창은 대부분 운영을 중단했고, 일부 고을에서는 해창을 설치하여 군현별 운송을 실시했다.[30]

고려 후기 하양창(河陽倉)은 왜구의 침입으로 조창으로서 기능이 중단된 것으로 보인다. 왜구들이 아주(牙州)와 경양현을 집중 공격하여 세곡(稅穀)을 약탈하면서 조창의 유지가 매우 어려운 상황이었다.[31] 고려 후기 하양창 일대에는 경양현이 설치되었다.[32] 경양현은 팽성읍 노양리, 노성리, 본정리, 신대리 일대로 비정된다.

조선 태조 5년 경양현은 폐현되어 직산현 경양면이 되었고 포구 명칭도 경양포로 바뀌었다.[33] 경양포에는 직산현과 평택현의 해창인 경양창이 설치되

표 9-3. 고려 13조창과 하양창의 위치[34]

| 조창명 | 군현 | 현재위치 | 위치 |
|---|---|---|---|
| 흥원창 | 원주 | 강원도 | 원주군 부론면 혹은 문막면 |
| 덕흥창 | 충주 | 충청북도 | 김천 서안 |
| 하양창 | 아주 | 경기도 | 평택시 팽성읍 노양1리 |
| 영풍창 | 부성현 | 충청남도 | 서산군 성연면 명천리 |
| 안흥창 | 보안현 | 충청남도 | 부안 남방 50여리 지점 |
| 진성창 | 임피현 | 전라북도 | 옥구군 성산면 나포리 |
| 해릉창 | 나주 | 전라북도 | 영산강의 양안지대 혹은 하류 |
| 부용창 | 영광군 | 전라남도 | 영광의 서북쪽 |
| 장흥창 | 영암군 | 전라남도 | 영암군 군서면 해창리 부근 |
| 해룡창 | 승주 | 전라남도 | 전남 승주군 해룡면 해창리 |
| 통양창 | 사천 | 경상남도 | 사천 남 17리 경 |
| 석두창 | 합포 | 경상남도 | 창원부의 남쪽 진해만 연안 |
| 안란창 | 장영현 | 황해도 | 대동만 연안 |

었다. 『세종실록지리지』에는 "경양포(慶陽浦)는 직산현 서쪽 1리에 있는데 직산현과 평택현의 구실을 이곳에 바쳐서 공세곶을 지나 서해를 거쳐 서강(西江)에 다다르는데 물길이 540리이다"[35]라고 하였다. 또 『세종실록』에도 "면천은 범근천, 아산은 공세곶, 직산은 경양포로 바쳐 출포(出浦)하도록 했다"고 하였다.[36] 또 『신증동국여지승람』에도 "경양포(慶陽浦)는 경양폐현(慶陽廢縣)에 있는데 해포(海浦)다"라고 했다.

경양창은 조선이 건국 초부터 9개 조창을 설치하고 관선운송체계를 확립한 뒤에도 경기도를 비롯한 일부 군현에서는 사선(私船)을 동원한 군현별 납부 방식을 실시했다는 근거가 된다. 경양창의 규모는 『호서읍지』 직산현 편에 환고 6간, 좌청 4간이라고 하였고[37] 수운판관은 직산현감이 담당했다. 세곡은 11월에 거둬들여 녹전(祿田)은 이듬 해 2월부터 상납하기 시작했고, 선납미는 7월부터 상납했다.

조선시대 안성천 북쪽은 대부분 진위현에 속했고, 진위천 서쪽은 수원도호

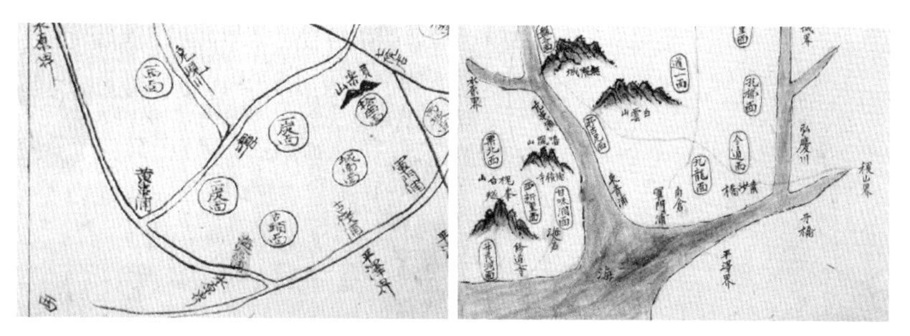

그림 9-5. 1871년 경기읍지 진위현 지도(좌), 1899년 양성군 지도(우)

부와 직산현, 양성현, 평택현의 월경지 또는 두입지(頭入地)였다. 네 고을은 안성천이나 진위천, 발안천 수계에 해창을 설치하고 군현별 납부를 실시했다. 진위현의 해창은 고덕면 해창3,4리[38]의 해창진에 있었다. 또 양성현의 해창은 양성현의 두입지(頭入地)였던 청북읍 삼계1리 옹포에 있었다. 해창진은 진위천 중류지역에 위치했지만 조수가 드나들었고 조석간만의 차가 만조 때 5~9m에 달해서 조운선이 쉽게 드나들 수 있었다. 옹포(甕浦)는 발안천 수계에 속한 포구다. 양성현에는 서평택 지역까지 약 100여 리에 걸친 가늘고 긴 두입지가 있었는데 청북읍 삼계리 옹포 일대가 그곳이다. 진위현 해창과 양성현 해창이 설치된 시기는 확인할 수 없다. 조선 전기에 편찬된 『신증동국여지승람』에는 나와 있지 않고 19세기 편찬된 읍지와 고지도에서만 해창의 존재를 확인할 수 있어 조선 후기부터 운영되었음을 짐작할 뿐이다. 1899년 편찬된 『양성군읍지』에는 양성군의 해창이 모두 4개라고 했다. 해창은 감미동[39]에 있었으며 포면세(浦面稅)와 대동미(大同米)를 올렸는데 총 합계가 16,989석이었다.[40]

### 2) 여말선초 왜구의 침입과 수군첨사의 설치

'왜구(倭寇)'는 왜(倭)와 구(寇)의 합성어다. 왜는 고대 일본에 대한 호칭이고

구는 '도둑'이라는 뜻이다. 그러므로 왜구라는 단어는 '왜인들 도둑집단' 또는 '일본 해적집단'으로 해석할 수 있다. 왜구(倭寇)라는 용어는 414년에 건립된 광개토대왕비문에 처음 나타나지만[41] 우리 역사에 본격적으로 등장한 것은 여말선초다.

여말선초 왜구의 침입이 빈번했던 것은 당시 일본이 남북조의 대립으로 지방통제가 약화되고 사회경제적으로 혼란했기 때문이다. 특히 남북조의 쟁패가 북조의 승리로 끝나면서 패배한 남조의 잔당들, 전쟁에 동원되었지만 적절한 보상을 받지 못했던 하급무사들, 전란으로 농토를 상실한 유랑농민들이 해적이 되거나 무력을 갖춘 상인으로 활동하면서 중국과 고려의 변경이 약탈당하게 되었다.

고려 후기 왜구의 침입은 고종 10년(1223년)에 처음 있었고 충정왕 23년(1349년)에도 12차례나 침입했지만 삼남지방에 한정되었고 피해 규모도 크지 않았다. 그러나 충정왕 24년(1350년)부터는 규모면에서나 약탈 규모에 있어서 이전과 확연히 다른 양상을 보였다.[42] 공민왕 때는 115회나 침입하여 삼남지방뿐 아니라 내륙까지 막대한 피해를 주었으며, 우왕 때는 무려 378회나 침입하여 고려를 멸망 직전까지 몰아넣었다.

왜구의 공격대상은 식량과 생필품이었다. 고려 말 전국 곳곳의 조창과 조운선이 공격당한 것은 그런 이유다. 노예로 팔아먹을 수 있는 '사람'도 약탈 품목에 들어갔다. 그러다 보니 고려는 삼남의 해안뿐 아니라 내륙까지 왜구에게 약탈을 당하여 국토는 황폐해지고 민중들은 아비규환 속에서 살 수밖에 없었다. 약탈당한 곡식도 많을 때는 한 번에 미곡(米穀) 4만 석에 달하였으며 강화도에서는 무려 1천 여 명의 백성들이 한꺼번에 잡혀 갔다.

평택지역에서 왜구의 침입을 가장 많이 받았던 지역은 아산만과 가까운 서평택 지역과 팽성읍이었다. 왜구가 이들 지역을 표적으로 삼았던 것은 아산만 일대가 조운로(漕運路)였고 팽성읍 노양리에는 하양창(河陽倉)이 있었기 때문

이다.[43]

『고려사』에는 공민왕 7년(1358)에 당진의 면주(沔州)를 거쳐 올라온 왜구가 용성현(龍城縣)[44]에 침입하자 고려가 군대를 파병하여 적선 2척을 빼앗았다고 기록했다. 공민왕 9년(1360) 5월에는 양광도 평택현과 아주, 신평에 침입한 왜구가 용성현까지 올라가 10여 마을을 불태우고 약탈했다는 기록이 있다. 공민왕 21년에는 양광도 도순무사 조천보가 용성현에서 싸우다가 전사했으며, 우왕 3년(1377)에는 평택현과 경양현을 노략질하였고, 그 뒤에도 종덕장,[45] 송장부곡,[46] 영신현[47] 등 평택지역 여러 고을에 침입한 것을 최공철, 왕빈, 박수경의 활약으로 물리쳤다.

조선 초 경기도에 수군(水軍)을 배치한 것은 왜구에 대한 방비책의 하나였다. 경기수영은 화성시의 화량진에 두었다. 그 아래에 수군첨사(도만호)와 수군만호를 두었는데 평택지역에는 포승읍 만호4리 대진(大津)에 수군첨사를 설치했다. 『태종실록』 태종 8년 5월 18일(1408)에[48] "조비형(曹備衡)으로 경기좌도

그림 9-6. 여말선초 왜구의 공격을 받았던 지역과 수군첨사 위치

(京畿左道) 대진(大津) 등 처 수군첨절제사(水軍僉節制使)를 삼고"라는 기사가 근거다. 수군첨절제사(이하 수군첨사)는 종3품 무관직으로 수군절도사의 아래 단계의 직책이었다. 그만큼 아산만 연안과 안성천 수계(水系)에 왜구의 침입이 빈번하여 군사적 중요성이 컸음을 의미한다.

대진(大津)의 수군첨사는 태종 17년(1417) 왜구의 침입이 잠잠해지면서 수군만호(水軍萬戶)로 조정되었다. 세조3년(1457) 1월에는 "경기도와 충청도의 경계에 위치하여 방어가 긴요치 않다"라는 이유로 대진의 수군만호를 폐지하고 아산만 하구의 난지도 수군만호로 통합시켰다.[49]

### 3) 『수원부선세혁파성책』으로 살펴본 포구상업

조선은 18세기로 접어들면서 전국적 상품유통권이 형성되었다. 특히 해상유통과 포구상업은 서남해안과 경강, 낙동강, 금강, 영산강, 대동강을 중심으로 발달했다.[50] 19세기에는 해상유통과 포구상업이 전국적으로 확대되면서 상품 유통경제의 전국화에 영향을 끼쳤다.

포구상업이 발달한 곳은 수로교통과 육로교통이 만나는 지점, 조수(潮水)가 올라와서 해양과 쉽게 연결되는 지역, 특산물의 집산지인 경우가 많았다. 그러다 보니 세곡과 물자가 집산되었던 조창이나 해창이 포구상업의 중심이 되는 경우가 많았다.[51]

18세기 전반까지 포구의 설치는 어세(漁稅)나 염세(鹽稅), 선세(船稅) 징수를 목적으로 관(官)이나 세력가들이 하는 경우가 많았다. 이들은 포구를 설치한 뒤 어세, 염세, 선세에 대한 수세권(收稅權)을 갖고 이익을 얻었다. 하지만 포구상업이 전국적으로 확대되기 시작한 18세기 후반부터는 잡세(雜稅) 징수보다는 상업적 이윤 획득을 위해 신설되었다. 포구의 설치도 관보다는 포주인(浦主人)이라고 불렀던 자본가들이 많았다. 이들은 포구를 설치한 뒤 접안시설과 여

각(旅閣)을 조성하여 주인권을 획득하고 상업적 이윤을 얻으려고 했다.

『수원부선세혁파성책』은 1886(고종23) 11월에 작성된 문헌이다. 이 문헌에서는 수원도호부에서 율포면 동청포, 오타면 흑진포, 토진면 옹포 등 12개 포구의 선세(船稅)를 혁파한 내용을 기록했다. 기록 방식은 각 포구 별 선세종목, 세액(稅額), 수세관청, 담당자, 징수 시기 순이었다.[52] 『수원부선세혁파성책』에 수록된 포구(浦口)는 옹포, 동청포, 흑진포, 신성포, 신흥포 등이다.

먼저 옹포(甕浦)와 관련된 기록을 살펴보자. 옹포는 앞서 밝혔듯이 청북읍 삼계1리에 있었다. 일제 강점기 간척으로 장둑을 축조하고 동척농장들이 형성되기 전에는 마을 앞 전체가 갯벌이고 포구였다. 『청구도』에는 저포(苧浦)라고 하였으며 양성현의 해창이 설치됐으므로 양성독개로도 불렀다.[53] 양성현의 세곡(稅穀)과 경기만의 어염(魚鹽), 옛 양성현 감미동 일대의 모시가 집산하면서 19세기 후반 옹포는 포구상업이 크게 발달했다. 『수원부선세혁파성책』에서는 옹포에서 거래되었던 물목과 포구주인의 존재, 조선 말 포구의 조세권과 경영권의 변화를 기록했다.

청어 1동마다 6전, 갈치 1동마다 1냥, 큰미역 1동마다 1냥 5전, 중크기 미역 1동마다 1냥, 고등어 1동마다 1냥, 북어 1태마다 1냥, 흑어 1속마다 1전 5푼, 전복 1속마다 1전, 꼴뚜기 1급마다 4전, 진어 1속마다 1전, 염진어 1속마다 1전, 잡어 1원마다 3전, 마른새우 1섬마다 1전, 생대합, 1섬마다 5푼, 김 1톳마다 5푼, 파래 1톳마다 5푼, 생강 1부마다 2전, 민어 1동마다 1냥, 염민어 1동마다 1냥 7전, 염조기 1동마다 1냥 1전, 염청어 1동마다 1냥, 마른청어 1동마다 9전, 목화 1척마다 5전, 좁쌀 1섬마다 2전, 쌀 1섬마다 3전, 백화염 1항아리마다 2전 5푼, 잡염 1항아리마다 2전 5푼, 문어 1첩마다 2전, 백목 1동마다 5전, 장목 1태마다 5푼, 소금 1섬마다 1전, 소가죽 1칭마다 2냥, 돈 500냥을 1년 포세(浦稅)로 주인(主人)이 거둬갔는데 고종 21년(1884)부터는 해방영에서 거둬갔다.

고종 18년(1881)부터는 경우궁에서 백화염 4항아리, 각 포구주인(浦口主人)들은 부상(負商)들로부터 잡물대금 25냥과 선박마다 2냥씩 거둬갔다.[54]

위 내용을 살펴보면 옹포는 포구주인이나 어음사공이 포세를 직접 징수했음을 알 수 있다. 거래된 품목은 쌀을 비롯해 곡물, 면포, 어염 등 매우 다양했다. 특히 어염 중에는 경기만 일대에서 거의 생산되지 않던 미역, 전복, 북어 등도 거래되고 있어 서남해안을 오르내렸던 경강상인들과 부상(負商)들의 활동이 있었음을 짐작하게 한다. 그러다가 1880년대부터 포구 운영에 정부가 적극 개입하기 시작했다. 1881년(고종18)에는 경우궁(景祐宮)[55]이 개입하여 세금을 징수했고, 1884년(고종24)부터는 해방영(海防營)[56]에서 포세를 징수했다. 이밖에 옹포에는 객주와 여각도 있었다. 1896년 4월 15일 궁내부대신 이재순이 양성군수에게 내린 훈령(訓令)[57]에 따르면 옹포에서는 객주도 운영되었다는 사실을 알게 한다. 1896년『수원부선세혁파성책』이 작성될 당시 옹포의 주인은 경우궁으로 바뀌었다. 또 토진면에 속한 신포, 토진도 옹포에서 포세나 잡세를 징수하며 관리했다는 사실도 확인된다.

현덕면 신왕1리에 있었던 신흥포도 포구상업이 발달했다. 신흥포는 기록에 따라 당포진, 당진포, 계양진, 광덕나루 등으로도 불렀다. 일찍부터 아산이나 평택과 연결된 수로교통의 중심이었으며, 파시에는 서남해안의 어선들이 몰려들었던 경기만어업의 전진기지였다. 『수원부선세혁파성책』에 따르면 "신흥포에서는 청어, 조기, 미역, 고등어, 백화염, 소금과, 조, 쌀, 대맥, 좁쌀, 목화, 창호지, 우피, 담배 같은 상품이 거래되었다. 또 포구주인이 있어 포세를 징수했는데 옹포와 마찬가지로 1886년(고종23)부터 순화궁에서 권리를 가져갔음을 확인할 수 있다.[58]

동청포(東淸浦)는 진위천의 수로교통을 담당했던 교통의 요지이며 경기만의 어선과 상선이 드나들었던 포구였다. 이 지역은 여말선초에는 양성현, 조선 후기에는 진위현에 속했고, 19세기 말에는 수원부 종덕면에 속하는 등 행정구역의 변화가 심했다. 『수원부선세혁파성책』에 따르면 19세기 말 동청포에서는 백화염, 석화염과 같은 소금이 거래되었다.[59] 주민들에 따르면 일제 강점기에는 주변에서 생산되는 곡식들도 동청포를 통해 인천으로 실려 갔으며, 경기만에서 새우젓배, 조개젓배, 황새기젓배들이 들어와 곡물과 교환했다고 말했다.[60] 19세기 말 동청포의 포구주인은 청북읍 백봉리의 서상돈이었다. 『수원부선세혁파성책』에는 서상돈이 포구를 드나드는 상선들에게 선세를 징수했다고 하였다. 하지만 1884년 해방영이 설치된 후에는 거래 품목에 대한 잡세를 해방영에서 거둬갔다.

둔포천을 사이에 두고 아산 둔포와 마주보고 있는 팽성읍 노성1리 신성포에서도 포구상업이 발달했다. 『수원부선세혁파성책』의 거래품목은 청어와 조기뿐이었지만 주민들이 둔포에 들어오는 각종 상선들이 신성포에도 들어왔다고 구술한 것을 보면 이보다 다양했을 것으로 짐작된다.

수원부 오타면에 있었던 흑진포(黑津浦)의 위치는 비정하기 어렵다. 다만 19세기 말까지만 해도 팽성읍 석봉1리가 오타면에 속했고, 자연지명이 '흑석리'며, 흑석나루(석봉나루)가 있었기 때문에 이곳으로 짐작될 뿐이다. 흑진포에서는 석화염, 백화염, 쌀 등이 거래되었고 순화궁과 해방영에서 잡세를 거둬갔으며 청북읍 백봉리의 서상돈이 포구주인이었다.

이밖에 안성천 수계의 고잔포, 화포, 곤지진, 진위천 수계의 다라고비진과 황구포(항곶진)에서도 포구상업이 발달했다. 주민들에 따르면 주요 거래품목은 경기만의 소금과 새우젓, 굴젓, 조개젓, 황석어젓과 같은 젓갈류가 많았고 안성천 하류에서 잡힌 생선들도 거래되었다고 한다.[61]

## 4. 맺음말

아산만 수계에 속하는 나루·포구들은 국가와 민간에 의해 널리 활용되었다. 국가는 아산만 수계에 속하는 나루·포구를 조운, 수군영, 목장, 봉수와 같은 방법으로 활용하였고, 백성들은 수로교통과 포구상업, 어업에 활용했다.

포구의 입지는 조선 전기까지만 해도 하천 중·하류의 물굽이 안쪽을 활용하거나 큰 하천에서 지류가 만나는 지점의 안쪽을 중심으로 형성됐다가 조선 후기에서 근대로 넘어오면서 하천의 하류뿐 아니라 외해까지도 포구들이 형성됐음을 알 수 있다.

평택지역의 나루·포구들은 근대 이후 변화를 겪었다. 갑오개혁 후 조운과 수군영, 봉수, 목장 등 국가적 이용이 중단되면서 역할이 크게 줄었고, 근대 교통이 발달하고 철도역 앞에 근대도시와 상공업이 발달하여 교통망이 재편되면서 기능이 약화되다가 폐항되는 경우가 발생했다. 반면 철도역과 인접하여 상생했던 나루·포구와, 교통의 오지에 속하여 전통적 수로교통수단으로 기능했던 나루, 경기만 어업의 전진기지로 역할 했던 포구는 오히려 역할이 커지거나 오랫동안 존속되었다.

근대 이전의 나루·포구는 다양하게 활용되었지만 본 논문에서는 조창과 수군영의 설치, 포구상업을 중심으로 살펴봤다. 아산만 수계에서는 고려시대 하양창이 운영되었고, 조선시대에는 직산현과 평택현의 해창이었던 경양포, 진위현의 해창이었던 해창진, 양성현의 해창이었던 옹포가 운영되었다. 이 가운데 경양포의 경양창은 군현별 조운이 일반적이지 않던 조선 전기부터 해창 역할을 했고, 나머지 해창은 조선 후기부터 본격적인 역할을 했다는 사실을 알 수 있었다. 또 포승읍 만호리의 대진에는 여말선초 왜구의 침입에 대비하기 위해 수군영이 설치됐다. 해창이나 수군영으로 활용되던 나루·포구에서는 조선 후기 포구상업이 발달했다.

아산만 수계의 나루·포구는 좁게는 서평택 지역의 역사와 삶, 넓게는 경기만의 역사와 삶을 이해하는 기초다. 서평택 지역은 해양문화를 기반으로 성장했고 간척에 의해 점차 농경문화로 전환되었다. 1990년대부터는 평택항 건설과 공업화, 도시화로 전통의 경관과 생활문화가 크게 변모하고 있다. 그러므로 서평택 지역의 해양문화와 민중들의 삶, 생산 활동에 대한 연구는 시간을 다투는 시급한 과제다. 향후 지속적인 관심과 연구가 필요하다.

### 주

1. 아산만의 조수가 드나들었으며 이를 바탕으로 수로교통과 조운, 포구상업이 이뤄졌던 안성천, 진위천, 발안천 수계를 '아산만 수계(水系)'로 정의했다.
2. 경기도박물관, 2003.
3. 한국민족문화대백과사전(http://encykorea.aks.ac.kr).
4. 두산백과(http://doopedia.co.kr).
5. 『진위현지도』(1891), 『진위군읍지』(1899) 등.
6. 『팔도군현도』(1760), 『해동여지도』(1800), 『동국여도』(1800) 등.
7. 한국고전변역원, 1985, 『신증동국여지승람』 진위현; 평택현; 수원부; 양성현; 직산현.
8. 서울대학교규장각 한국학연구원, 1785, 『수원부읍지』.
9. 한국고전변역원, 1985, 『신증동국여지승람』 평택현. "오을미곶포(吾乙未串浦)는 '현 북쪽 10리 지점에 있었다"라고 하므로 거리상으로 팽성읍 대추리에 있었던 곤지진의 다른 이름으로 판단된다.
10. 성환문화원, 2000.
11. 2020년 평택시 행정지도에 빨간 점으로 나루·포구의 위치를 표시했다.
12. 1843년, 1891년, 1899년 세 권의 『읍지』가 간행되었다.
13. 수원도호부의 읍지, 지리지가운데 평택지역에 위치했던 나루·포구만을 말한다.
14. 평택시문화원, 1991.
15. 통감부철도관리국, 1908.
16. 1929년 진위군청에서 작성한 『진위군세일반(振威郡勢一斑)』에 수록된 지도이다.
17. 『동아일보』, 1930년 9월 17일 자.
18. 1925년 3월 '진위군평택발전회'의 주관으로 평택–천안 간 도로 완수와 평택–안성간의 도로 수리를 결의하였다(동아일보). 이것은 당시까지만 해도 국도 1호선의 상태가 완전하지 못했다는 것을 말해준다. 이것은 국도 38호선도 마찬가지였다. 평택–안성 간 도로는 1920년대 중반 이후 상태가 양호해지고 자동차가 운행되었지만 서평택 지역의 경우에는 1939년 대대적인 도로개수를 하기 전까지는 자동차를 운행할 수 없을 정도로 상태가 열악했다.

19. 『매일신보』, 1938년 9월 30일 자.

20. 『매일신보』 1937년 9월 9일 자, 대평택교는 공사비 7만 6천 원이었다.

21. 진위군은 1932~1933년 평택시가지의 시구(市區) 개정과 함께 안전한 하천교량 구축사업을 실시했다. 지역 유지들도 안전한 도로망 구축이 근대도시 평택의 발전과 상업발달에 도움이 된다는 사실을 인식하고 1938년 '도로기성회'를 조직하고 기부금을 모았다. 도로기성회 회장은 니시무라(西村折太郎)가 맡았고 부회장은 윤응구, 신순호, 정용운, 이병주 외 일본인 4명, 감사로는 황경수와 임홍재가 선출되었다.

22. 조선총독부, 1911년경.

23. 허영란, 1997.

24. 평택시, 2016, pp.99-106.

25. 『고려사』79권, 지33 식화2, 조운.

26. 문경호, 2015.

27. 『고려사』79권, 지33 식화2, 조운.

28. 편섭포는 신라 때 타이포라고 불렀고 조선시대에는 경양포로 바뀌었다.

29. 조창의 입지에 대해서는 활처럼 길게 굽어 넓게 펼쳐진 위치가 적당하는 게 종래의 입장이었는데, 근래에는 만의 깊숙한 지점이나 바다와 만나는 중소하천 변에 위치했다는 주장과, 해창은 하천이 바다로 유입되는 지점에 있었고 강창은 두 하천이 만나는 지점에 설치되었다는 주장이 있다(정요근, 2014, p.131).

30. 문경호, 2014, pp.70-72.

31. 이재범, 2015.

32. 『고려사』를 비롯한 조선시대 읍지, 지리지에는 경양현을 언제 설치했는지 기록하고 있지 않아서 정확한 설치시기를 밝히기는 어렵다. 다만 하양창을 설치했던 고려 정종 때에는 경양현에 대한 언급이 없다가 고려 말에 나타나며, 조선시대 읍지나 지리지에 고려 후기에 설치했다고 기록된 것을 근거로 판단했을 뿐이다.

33. 민족문화추진회, 1969.

34. 정요근, 2014, p.122.

35. 『세종실록』 149권, 지리지, 충청도.

36. 『세종실록』, 세종 7년 6월 27일(1425) 3번째 기사.

37. 성환문화원, 2000.

38. 2019년 고덕국제신도시 개발로 폐동되었다.

39. 평택시 청북읍 삼계리, 고현리 일대.

40. 『양성군읍지』, 1899.

41. 이재범, 2015, p.92.

42. 1358년에는 경남 고성에 침입하여 고려전선 300여 척을 불살랐다. 1360년대에는 경남 사천을 비롯하여 서해안의 군산을 거쳐 강화를 공격하여 백성 300여 명을 죽이고 4만 여 석의 곡식을 노략질했다. 1364년에 침입한 왜구는 함선 200여 척을 하동에 정박한 뒤 사천, 밀양 등 주변 고을을 휩쓸며 조직적 약탈을 하였고, 비슷한 시기 350척의 함선으로 합포의 고려 군영을 공격한 왜구는 고려군 5천여 명을 전사시키는 피해를 안겼다.

43. 『고려사』 권79, 지33, 식화2, 조운.

44. 평택시 안중읍 일대에 있었던 고려시대 고을이다.

45. 평택시 고덕면 두릉리, 동청리 일대.

46. 평택시 이충동 일대.

47. 평택시 동삭동, 칠원동 일대

48. 『태종실록』 15권, 태종 8년 5월 18일(1408) 병인 1번째 기사.

49. 『세조실록』 6권, 세조 3년 1월 16일(1457) 신사 4번째 기사. "대진(大津)은 이것이 경기(京畿)와 충청도(忠淸道) 두 도(道)의 경계이므로 방어가 긴요하지 않으니, 지금 두 도의 해구(海口) 중앙인 난지도(難地島)에 당진포(唐津浦) 및 (大津)의 병선(兵船)으로써 합쳐 정박(停泊)하고, 만호 1원(員)은 혁파하소서."

50. 고동환, 1991, p.46.

51. 고동환, 1991, pp.48-49.

52. 수원시, 1992, p.280.

53. 최춘일, 2000, p.190.

54. 수원도호부, 1886.

55. 조선 정조의 후궁이며 순조의 생모인 수빈(綏嬪) 박씨(朴氏)의 사당이다.

56. 고종 21년(1884)에 설치한 친군영의 하나다. 경기·황해·충청 3도의 수군을 통할하던 군영으로 뒤에 친군영에 속한 우영 및 후영과 통합하여 통위영으로 고쳤다.

57. 훈령(訓令)에는 "수원 토진면과 양성에 걸쳐 있는 옹포의 경우궁 소관 포구에서 내부 훈령을 빙자하여 객주를 설치한 신순필(申順弼)을 엄벌하라"는 내용이 있다.

58. 수원도호부, 1886.

59. 최춘일, 2000, p.185.

60. 김해규, 2019, pp.118-125.

61. 김해규, 2019, pp.94-174.

## 참고문헌


경기도박물관, 2003, 『안성천』 1-환경과 삶.

고동환, 1991, 「포구상업의 발달」, 『한국사시민강좌』 9, 일조각.

김해규, 2019, 『평택사람들이 길』, 평택문화원.

문경호, 2014, 「여말선초 조운제도의 연속과 변화」, 『지방사와 지방문화』 17(1), 역사문화학회.

문경호, 2015, 「발진사에 따른 한국 중·근세 선박사 내용조직 사례-조운선을 중심으로」, 『역사와 역사교육』 31, 웅진사학회.

민족문화추진회, 1969, (국역) 『신증동국여지승람』, 민족문화추진회.

성환문화원, 2000, 『국역 직산현지』.
수원도호부, 1886, 『수원부선세혁파성책』.
수원시, 1992, 『수원시사 부록-자료 · 해제』, 수원시사편찬위원회.
이재범, 2015, 「여말선초 왜구의 침략과 평택지역」, 『평택학시민강좌자료집-평택역사읽기』, 평택문화원.
정요근, 2014, 「고려~조선 조창의 분포와 입지」, 『한국사학보』 57, 고려사학회.
조선총독부, 1911년경, 『조선지지자료』.
진위군청, 1929, 『振威郡勢一斑』.
최춘일, 2000, 『경기만의 갯벌』, 경기문화재단.
통감부철도관리국, 1908, 『한국철도노선안내』.
평택시, 2016, 『평택항 개항 30년사』.
평택시문화원, 1991, 「팽성지」, 『평택시 향토사료집』 1.
허영란, 1997, 「1910년대 경기남부지역 상품유통구조의 재편」, 『역사문제연구』 2, 역사문제연구소.

『고려사』
『동아일보』
『매일신보』
『세조실록』
『세종실록』
『수원군읍지』(1899)
『수원부읍지』(1785)
『신증동국여지승람』
『진위군읍지』(1843), (1891), (1899)
『태종실록』
『팔도군현도』(1760), 『해동여지도』(1800), 『동국여도』(1800), 『진위현지도』(1891)
『화성지』(1831)

제10장

# 지역문화자원의 에코뮤지엄 활용 방안: 경기만 에코뮤지엄과 평택 지역을 중심으로

방문식

평택시문화재단 차장

# 1. 서론

이번 장에서는 평택시의 지역문화자원을 에코뮤지엄으로 활용 가능한 방법을 알아보고자 한다. 평택시는 경기만과 맞닿아 있고, 과거부터 현재까지 간척과 포구, 나루를 지니고 있음에도 불구하고 관련 지역문화자원을 분류하고 활용하고자 한 문화기획은 거의 없었다고 생각된다. 지역사 연구는 그 중요성에 대한 강조에도 불구하고 연구성과물이 해당 기관에 누적되는 것만으로 자족되는 경향이 있다.[1] 특히 평택시가 포함된 '경기만 에코뮤지엄'은 화성시, 김포시, 시흥시, 안산시로 묶여 있음에도 불구하고 관련 조례[2]는 안산시에만 있으며, 문화기획으로서의 활용은 거의 없는 형편이다.

경기만 에코뮤지엄은 2016년부터 경기문화재단에서 서해와 연접해 있는 경기도 서쪽 지역을 중심으로 진행하고 있는 지역재생 문화사업이다. 2016년부터 2018년까지는 안산, 화성, 시흥, 2019년부터는 평택과 김포 지역까지 경기만 에코뮤지엄 권역을 확장하였다. 경기만 에코뮤지엄은 현재 경기도를 아우르는 '경기 에코뮤지엄'의 일부로, 경기 북부, 동부, 남부와 더불어 경기 서부의 특색을 나타내기 위해 고안되고 있다. 이 중 경기만 에코뮤지엄은 서해와 인접한 경기만의 해양문화를 바탕으로 '바다'와 '생명'을 슬로건으로 삼아, 안산, 화성, 시흥에 거점 공간을 구성하고 각종 문화사업을 벌이고 있다.

평택은 최근 경기만 에코뮤지엄의 '경기만 소금길 종주 대장정' 중 화성방조제 남단을 지나 남양방조제 남단(평택시 포승읍 남양만로 277) 경로인 14구간에 포함되었다. 이 경로는 아산만이 지나는 평택의 포승읍, 현덕면, 팽성읍 등을 이어 경기만의 경기도권 경로를 완성할 수 있을 것으로 보였다. 실제로 평택에서도 2019년부터 경기문화재단과 협력하여 관련 연구모임을 결성하고 평택시 에코뮤지엄 사업으로 생태박물관, 마을박물관, 미군 및 평화공간 조성, 유휴공간 활용사업 등을 벌여 왔다. 그런데 현재는 평택과 관련된 구체적인 사업계획이 없는 형편이다. 물론 2020년부터 기승을 부린 코로나19 상황 때문도 있겠지만, 이는 기존 지역사 연구의 성과와 바라보는 시각, 그리고 에코뮤지엄에 대한 개념적·형태적 연결 방안의 부재도 있을 것이라고 생각된다.

평택 지역사는 2001년 발간된 『평택시사』를 기본으로 행정구역상 2013년 12월 31일 기준의 평택시를 대상으로 '연혁', '자연', '역사', '인물', '민속', '마을', '정치', '행정', '경제', '사회', '환경', '문화' 등 20여 개의 대분류로 개괄되어 있다.[3] 이 중 경기만 에코뮤지엄의 본 소재인 해양문화와 직접적으로 관련 있으면서 경기만과 연접해 있는 지역은 포승읍, 현덕면, 팽성읍이다. 또한 관련 해양문화 자료로는 『평택항 개항 20년사』(평택문화원, 2007), 『평택민속지』(평택문화원, 2009), 『평택의 사라져가는 마을 조사보고서』(2016~2020) 등을 꼽을 수 있다.

그러나 이들 자료는 경기만 에코뮤지엄과 연계할 수 있는 평택 지역의 해양문화콘텐츠를 염두에 두고 구성된 자료는 아니라고 생각된다. 왜냐하면 대부분 평택 지역을 중심으로 명칭의 유래, 지역 민속, 인물, 유적과 유물 등의 개괄과 통사적인 서술이 주를 이루기 때문이다. 그 원인은 무엇보다도 경기만 에코뮤지엄 사업이 2019년부터 권역을 확장하여 평택시와 논의 단계이고, 평택의 지역사 연구도 해양문화로 다른 지역과 문화기획으로 연계하기 위해 연구가 이루어진 적은 없기 때문이라고 생각된다. 그 까닭인지 에코뮤지엄에 대한 지역사의 배경, 지역민의 참여, 그리고 목적 및 활성화된 단계에 대한 논의도 거의 없었다.

본고에서는 평택의 해양문화자원의 문화기획 과정을 통해 평택의 연구성과 일부와 평택 에코뮤지엄 기획에서 간과하고 있는 에코뮤지엄의 개념적 측면을 탐구해 보자는 것이다. 특히 경기만 에코뮤지엄에서 추구하고 있는 '경기만', '해양문화', '바다', '생명'이라는 키워드는 각각 지역과 소재의 특성, 그리고 추구하는 가치를 나타내고 있음에도 지역학의 연구 분야이자 문화기획의 콘텐츠로 사용하기에는 추상적이기에 불분명한 특성이 있다. 때문에 기존 연구와 사례를 통해 에코뮤지엄에서 추구하고 있는 개념을 바탕으로 문화기획을 수립하고 대상을 지정하기 위해 조작적으로 정의하였다. 이후 평택의 사례에 적용하여 지역문화자원의 에코뮤지엄으로서의 활용 방향성에 대해 논의해 보고자 한다.

본고에서 다루는 공간적 범위는 평택시의 포승읍, 현덕면, 팽성읍이며, 시간적 범위는 전근대와 근현대를 망라하고, 자료는 주로 『평택시사』를 비롯한 지역학 연구성과를 참고하였다. 자료의 개념적 범위는 평택에서 수행할 수 있는 에코뮤지엄의 핵심소재로 활용될 수 있을 만한 지역적 특성을 꼽아 보았다. 이렇게 찾은 지역의 핵심소재는 다시 경기만 에코뮤지엄의 기획에 따라 거점공간과 이들을 잇는 탐방로로 제안해 보았다.

사실 본고에서 연구의 공간적·자료적 범위를 명확하게 특정하기는 어렵다. 왜냐하면 지역문화자원은 점(건축물, 유적 등), 선(거리, 경로, 해안선 등), 면(장소, 마을, 구역, 단지, 지구 등) 등 상이한 형태로 나타날 수 있기 때문이다. 자료도 원본(문헌, 서적, 금석문 등), 가공(지역사 데이터, 단행본, 연속간행물, 논문 등), 채록(오디오 데이터, 구술자료 등) 등 기록 및 활용방식에 따라 서로 다르게 구성될 수 있는 점을 고려해야 한다.

## 2. 지역학 연구와 에코뮤지엄 모델

### 1) 지역학 연구의 대안적 논의

현재 지역학(regioanl studies)은 "일정한 지역의 지리나 역사, 문학적 표상 및 상징 따위를 종합적으로 연구하는 학문"으로 정의되고 있다.[4] 지역학의 연구 대상인 지역(region)은 시대적 패러다임에 따라 변해 왔고 이 과정은 오늘날 지역학 담론의 중요한 부분을 이루고 있다. 지역은 전통적으로 "한 가지 혹은 그 이상의 뚜렷한 특성으로 정의된 지표의 일부", 혹은 "자연적, 또는 사회·문화적 특성에 따라 일정하게 나눈 지리적 공간"이라고 정의되었다. 덧붙여 지역과 관련된 중요한 개념으로 문화경관(cultural landscape)을 말하기도 한다. 문화경관은 독특한 문화를 지닌 인간집단이 자연을 그들의 유행에 따라 변형시킨 지역이다.[5]

20세기 후반에는 지역을 단순히 등질적인 공간 배경이 아니라 인간행위의 상호작용에 의한 변증법적인 관계로 형성되는 주체적이고 능동적인 존재로 이해하고자 하는 노력이 이루어지고 있다.[6] 신지역지리학에서 확장된 지역의 개념은 지역성을 형성하거나 유지, 혹은 변형시키는 살아 있는 실체이다. 지역 내의 의미를 통해 장소(place)로 재발견되고, 스케일(scale) 측면에서 국가, 혹은 세계 체제 내에서 상대적 위치를 점하고 있는 특별한 장소이며, 영역(territory)은 정치권력이나 행정적인 구획에 따라 변화한다. 그리고 지역 간,

사람 간 네트워크의 연계성에 따라 등질성이 달라지기도 한다는 것이다.[7]

지역학 연구에서 지역은 단순한 공간이 아니라 역동적으로 파악되고 있기에 새로운 접근방식도 기존과는 다른 면들을 보인다. 특히 지역 연구의 함의는 '지역을 알기 위한 도구'에서 '지역을 알고 변화시키기 위한 도구'로 바뀌어 가고 있다. 기존 지역 연구에서 고유성과 변화의 동인을 살피기 위해 지역 내 자연·인문적 제요소를 결합하여 분절적으로 기록하던 시기를 지나 인간과 사회, 그리고 환경 관계의 상호작용을 중시하고 역사적·영역적 실체로 사회적 행위에 의해 지속적으로 형성되는 것으로 파악하는 것이다.[8]

국내에서도 2010년대 후반에 이르러서는 지역 연구가 단순한 기록과 보존의 목적이 아니라 대안적 지역발전 가치와 지역에 대한 성찰 및 탐구를 통한 지역 위기 극복의 방안으로 논의되고 있다. 왜냐하면 한국은 후기산업화(post-industrialization)의 징후인 저출산·고령화를 보다 강하게 겪고 있기[9] 때문이다. 이로 인한 인구사회학적 변화로 인해 지역의 쇠퇴(recession)와 축소(shrinkage), 나아가 지역소멸(local extinction)의 위기에 직면해 있다. 지역소멸은 단순히 장소나 공간의 소멸이 아니라 과거부터 현재까지 쌓인 삶의 방식과 문화의 소실이며, 동시에 사람과 공간 관계의 단절은 공동체성을 넘어 국가정체성의 훼손까지 닿을 수 있다. 지역연구는 이제 지역의 고유한 문화정체성과 문화경관을 기록·보존하고 전승해야 할 필요성을 넘어 시대적인 요구도 직면해 있는 셈이다.[10]

특히 지역 연구는 지역 역사와 문화자원, 주민 삶의 기억을 기록함으로써

표 10-1. 지역쇠퇴 시대에 지역학 연구가 가지는 의미

| 기억(Remembrance) | | 회복(Resilience) | | 재생(Regeneration) |
|---|---|---|---|---|
| 지역 역사와 문화자원, 주민 삶의 기억 수집·생산 | ↔ | 장소성과 공동체성의 재조명을 통한 지역사회의 복원력 회복 | ↔ | 집합적 기억과 경험의 집대성으로 지역재생 유용화 |

출처: 노영순 외, 2018, p.11

해당 지역의 장소성과 공동체성을 재조명하는 역할을 맡고 있다. 이는 지역의 제반 여건과 물적·인적·문화적 자원 차이를 확인하고 해당 지역만의 경쟁력 확보와 독자적인 발전경로 개척의 지적 토대가 될 수 있다. 또한 지역의 재지역화(relocalization)의 측면에서 지역–수도권뿐만 아니라 지역 내의 불균형 상황을 개선할 수 있는 가능성을 꼽을 수 있다. 말하자면 국가와 시장이 가져갔던 정치·경제·사회·문화적 주도권을 다시 지역 공동체로 귀속시키기 위한 생계의 자율적 해결과 자치 회복의 물적 토대가 될 수도 있는 것이다. 마지막으로 지역은 그 속에서 생활하는 인간의 행위와 가치가 공존하고, 내외부가 상호 소통하는 현장이라는 점을 이해해야 한다. 지역의 공공성은 주민자치, 소통을 통한 가치 실현, 미시적으로 일상적인 것들의 재발견 등으로 실현될 수 있다.[11] 이처럼 지역연구는 이제 사회문제의 대안적 차원에서 기존 지역 역사의 연구와 기록뿐 아니라 지역의 자원을 적극적으로 활용하여 지역 활성화를 이루는 담론으로 나아가고 있다.

### 2) 지역문화의 개념 속성과 지역문화자원 분류

앞서 논의한 지역 연구가 지역 위기의 실천적인 대안이 되기 위해서는 기존 지역 연구 결과물이 어떤 방식으로 축적되어 왔고, 어떤 기획으로 지역 안에서 활성화될 수 있느냐의 문제가 선결되어야 할 것이다. 지역 연구의 기록 대상물은 지역문화자원이며, 이를 현실적인 기획으로 나타낸 일종이 에코뮤지엄이라고 생각된다. 특히 에코뮤지엄은 지역발전의 지속성을 담보하는 핵심 개념인 지역 자발성을 중요한 속성으로 지니고 있다.

'지역문화자원'은 '지역문화'와 '자원'의 합성어이다. '문화'는 매우 포괄적으로 정의되고 있기에[12] '지역문화'로 접근하는 편이 논의의 집중에 유리할 것으로 생각된다. 「지역문화진흥법」에 따르면 지역문화는 "지방자치단체 행정구

표 10-2. 지역문화의 개념 속성

| 기준 | 내용 |
| --- | --- |
| 장소성 | 특정 장소로서의 일정한 '지역'을 연구대상으로 설정. |
| 특수성 | 특정 지역의 특수하고 고유한 역사, 문화, 사회, 일상적 삶의 과거·현재적 해석과 미래의 방향 도출. |
| 관계성 | 해석에서 지역 주민 간 혹은 주변지역 혹은 중앙의 삼권(입법·행정·사법)과의 관계가 중요하게 고려됨. |
| 정체성 | 지역 주민이 지역 주민으로서 고유한 지역 정체성을 인식, 강화 혹은 확대에 기여함. |
| 다양성 | 각 지역의 문화다양성을 보여 주고 그것들의 총체인 국가·지구촌의 문화다양성을 풍부하게 함. |

출처: 정정숙, 2014, p.6

역 또는 공통의 역사적·문화적 정체성을 이루고 있는 지역을 기반으로 하는 문화유산, 문화예술, 생활문화, 문화산업 및 이와 관련된 유형·무형의 문화적 활동"을 말한다. 이와 관련하여 '지역문화'의 국내 정의 사례를 살펴보면, 다음과 같이 다섯 가지의 개념 속성으로 분류되고 있다.

'문화자원'은 사전에 등재된 용어는 아니나, 많은 연구자가 문화를 자원의 범주에 넣어 '문화자원'으로 명명하고 있다. '자원'의 사전적 정의는 "인간 생활 및 경제 생산에 이용되는 원료로서의 광물, 산림, 수산물 따위를 통틀어 이르는 말" 혹은 "인간 생활 및 경제 생산에 이용되는 노동력이나 기술 따위를 통틀어 이르는 말"이다. 이상을 정리하면 '지역문화자원'은 '일정 지역을 기반(장소성)'으로 '타 지역과는 다른(다양성)' '지역민들(정체성)'이 생산한 '유·무형의 문화적 활동(특수성)'에 동원되어 나타난 '원료, 혹은 노동력, 기술력(자원)'이라고 할 수 있겠다.

이런 정의는 앞으로 지역 연구의 방향성에는 적절할지는 모르나 실제 문화프로그램에 소재로써 사용하기에는 추상적이어서 어려움이 있었다. 그래서 연구자마다 문화적 자원(유무형 자원), 사회적 자원(경제적 자원 포함)의 3분류[13] 역사·예술·생활·대중문화자원의 4분류,[14] 역사문화자원, 문화시설자원, 인

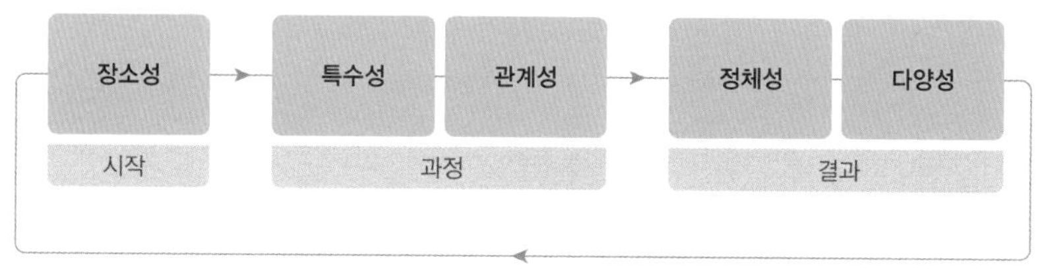


그림 10-1. 지역문화 속성들의 관계도

출처: 정정숙, 2014, p.6

공경관자원, 인적문화자원, 비인적문화자원의 5분류[15] 등 다시 여러 갈래로 세분하여 지역 연구의 결과물을 유형화하려는 시도들이 있었다.

그러나 이들 연구는 지역의 독특한 문화자원을 활용하여 범용성 있는 문화 프로그램을 구축하려는 과정에 직접적으로 인용하기는 어렵다. 특히 앞에 언급한 지역문화 개념의 다섯 가지 속성은 개별적으로 같은 준위의 속성이 아니라 지역 연구 과정에서 따라오게 되는 이념적인 결과이기에 개별 지역문화자원의 분류 단계에서 포착하기 어렵다. 즉, 문화기획 과정에서 '장소성', '특수성', '관계성'은 조작적 정의로 지역문화자원의 일정 부분을 분류할 수 있지만 '정체성'과 '다양성' 측면은 포착하기에 혼동이 있을 수밖에 없다.

정리하면 '장소성'은 지역의 공간적 특성이 드러나 있는지 여부, '특수성'은 지역의 독창적인 소재인지 여부, '관계성'은 주체와 수혜자, 그리고 다른 지역 및 문화자원 등과의 상호작용을 살펴보아야 할 것이다. 그리고 '정체성'과 '다양성'은 앞서 속성들이 지역문화자원을 활용한 문화기획으로 수행되고, 안착되었을 때 실질적인 평가지표를 구성하여 가늠할 수 있는 항목이라고 생각된다. 이를 바탕으로 문화기획이 가능하기 위한 지역문화자원 분류는 다음과 같이 제시할 수 있을 것이라 생각된다.

그림 10-1은 추상석인 개념인 '장소성', '특수성', '관계성' 그리고 '정체성'과 '다양성'으로 문화기획을 하기 위해 지역문화자원에서 분류하고 포착하는 방식의 제안이다. 지역문화의 개념 중 특수성은 지역문화자원의 기획 구분에 따

표 10-3. 지역문화의 개념 속성을 반영한 지역문화자원의 분류

| 기존 구분 | 기획 구분 | 내용 | 예시 |
|---|---|---|---|
| 역사문화자원<br>자연경관자원 | 핵심소재<br>(지역 독창 소재) | 해당 지역 전통·근대·현대의 독특한 특성이 반영된 유무형 소재로, 타 지역에서 활용이 불가능하거나 어려움. | 문화유산, 특산물, 전설, 천연자원 등 |
| 인적문화자원<br>인문관광자원 | 핵심소재<br>(일반 공감 소재) | 핵심소재가 해당 지역과 관련성이 높지 않으며 일반적으로 누구나 호응할만한 소재로 타 지역에서도 활용 중이거나 활용이 쉬움. | 음식, 사상, 생활, 풍속, 예절, 음악, 문학, 인물 등 |
| 문화시설자원<br>복합관광자원<br>자연경관자원<br>인공경관자원 | 소통공간<br>(고맥락) | 지역문화자원이 대중과 소통되는 맥락이 핵심소재와 관련성이 높은 공간. | 문학·영화·드라마 배경지, 자연경관, 사적, 농장, 목장, 전통문화마을, 장터 등 |
| 인공경관자원<br>문화시설자원<br>산업관광자원<br>관광시설 | 소통공간<br>(저맥락) | 지역문화자원이 대중과 소통되는 맥락이 지역 핵심소재와 관련성이 높지 않아도 되는 공간 | 영화관, 예술적 건조물, 건축물, 전시·관람시설, 여가·체육시설, 백화점, 캠핑장, 박물관, 수족관, 미술관 |
| 인적문화자원 | 실행주체<br>(창작·실연 인력) | 주로 공연예술, 시각예술 등을 창작하거나 실연하는 예술인이나 문화기술인력까지 포함 | 음악가, 미술가, 디자이너, 건축가 등 |
| | 기획운영주체<br>(매개·지원 인력) | 창작실연 활동에 관한 매개적 역할이나 행정지원을 하는 인력 | 정부 기관 관계자, 민간 사업 수행 기관 |
| | 참여주체<br>(향유·확산 인력) | 문화자원의 결과물을 향유함과 동시에 확산시킴으로써 재창조의 원동력을 만드는 인력 | 지역 주민, 관광객 등 향유와 확산의 주체 |
| 인적문화자원<br>사회적 관광 자원<br>인문관광자원 | 문화콘텐츠 | 지역문화자원의 중간재 형태로 투입될 수 있는 자원인 동시에 그 자체로 합성되거나 완성된 형태의 문화자원 | 영화, 게임, 애니메이션, 음악, 공연, 강연, 인터넷·모바일 콘텐츠, 방송, 캐릭터 등 |
| 인적문화자원 | 문화기술 | 문화자원을 서로 연결하거나 매개하여 일정한 방식의 결과물을 만들어 내는 다양한 기술 | 공통기반기술(창작, 표현, 서비스), 콘텐츠제작기술(애니메이션, 방송, 음악, 게임, 영화, 출판 등), 공공기술(문화유산기술, 문화복지 기술) 등[16] |
| 미분류 | 연관자원 | 지역문화는 관광, 의료, 교육, 과학 등 다양한 분야와 연관되어 함께 논의될 수 있음. | 관광, 교육, 의료 등 |

출처: 박찬욱, 2013, p.49. 일부 수정 및 재인용

르면 '핵심소재'라고 할 수 있다. 장소성은 '소통공간'이고, 관계성은 역사문화자원, 자연경관자원, 인문관광자원, 인적문화자원 등 지역문화자원들 사이 관계를 맺는 방식이다. 이 관계는 기획 방향에 따라 양상이 달라질 것이다. 정체성과 다양성은 앞서 언급한 장소성, 특수성, 관계성의 결합 결과로서 인식되는 것이다. 이 결합은 실제 문화기획을 수행하는 과정에서 관측할 수 있을 것이다.

### 3) 지역문화자원과 에코뮤지엄

앞서 논의한 도시재생과 지역활성화 방법으로 지역 연구와 더불어 논의될 수 있는 문화기획이 에코뮤지엄이다. 에코뮤지엄은 프랑스에서 시작된 이래 스웨덴, 노르웨이 케나다 등에서 논의가 전개되었으며, 1980년대 일본에서도 연구가 꾸준히 전개되고 있다.[17] 국내에서 에코뮤지엄에 대해 논의되기 시작한 배경에는 경제개발 논리에 따른 무분별한 지역개발과 그로 인한 지역 정체성 상실과 경제 침체 문제 등 지역의 위기 때문이었다. 에코뮤지엄은 지역의 문화·역사적 유산과 결합하고 폭넓은 세대의 지역 주민들이 공동체성을 강화하여 과거 유산 보존을 넘어 주민들이 직면한 문제를 극복할 수 있는 기회가 될 수 있다는 측면에서 각광받고 있다.[18]

국내에서는 2000년대 이후 정부의 지역 개발 방식이 친환경과 생태적 접근으로 전환되어 2010년대 중반까지는 정부와 지자체에서 주도했던 '그린투어리즘', '아름마을 가꾸기', '생태박물관' 등 농촌지역 활성화 목적 사업 연구가 주를 이루었다.[19] 2014년대부터는 에코뮤지엄 연구가 공동체와 박물관 역할로 옮겨갔다. 새로운 지역문화유산을 발굴·수집·연구함과 동시에 지역 주민 참여를 강조했다. 이 시기부터는 김포,[20] 인천 배다리 지역,[21] 안산시 풍도 지역,[22] 파주 통일촌[23] 등 지역문화 기반을 활용한 에코뮤지엄 사례 연구와 모델

적용 연구가 이루어지고 있다.[24]

에코뮤지엄(eco-museum)의 원래 의미는 생태학적 의의를 지닌 지역과 그 속의 사회 공동체, 혹은 사회 집단을 박물관으로 삼아 경영하고 관리하는 것이다.[25] 때문에 생태박물관학(Ecomuseeology), 혹은 공동체박물관학학(Community Museology)이라고도 불린다.[26] 에코뮤지엄의 현대적인 개념은 조르주 앙리 리뷔에르(Georges Henri Riviére)의 '발전적 정의'에서 찾을 수 있다.

> 에코뮤지엄은 공공기관과 지역 주민들이 공동으로 고안하고 기획하여 운영하는 일종의 도구이다. 공공기관은 전문가, 시설, 자원을 통해서 참여한다. 지역 주민들은 그들의 개인적인 동기와 열망, 그리고 경험과 지식의 정도에 따라 참여하게 된다. 에코뮤지엄은 지역 주민들이 생활하는 영역과 과거 역사에 대한 설명을 추구하며 제한적으로 보여 주는 역할을 한다. 에코뮤지엄은 지역민들은 지역의 산업, 관습, 그리고 정체성이 존중받을 수 있도록 도와주는 스스로의 거울이다.[27]

리뷔에르의 에코뮤지엄에 대한 발전적 정의는 1973년, 1976년, 1980년을 거치면서 점차 확장된다. 전반적으로 1973년에는 '박물관', '매개자'처럼 비교적 정형화되고 직관적인 용어를 사용하다가 뒤로 갈수록 '표현', '해석'처럼 추상적이고 불분명하게 바뀐다. 특히 '박물관'이 관람자에게 지역의 역사와 사람들에 대한 정보를 고정한다고 여겼는지 비평적인 분석과 정보를 제공한다는 것으로 바뀌었다.

주목할 점은 지역의 역사와 공간적 범위를 에코뮤지엄에서 결정하여 받아들여지는 것이 아니라 지역 주민들에게 영향을 끼친 요인을 스스로 비판적으로 받아들일 수 있도록 환경을 조성한다는 점이다. 거점인 박물관도 특정한 시설보다는 기억이 서려 있는 특별한 공간으로, 매개자로서의 역할도 연구 및

표 10-4. 리뷔에르의 발전적 정의

<table>
<tr><th>1973년</th><th>1976년</th><th>1980년</th><th>변화된 내용</th></tr>
<tr><td>시간의 박물관</td><td>시간의 박물관</td><td>시간의 표현</td><td>지역의 역사 전시 → 비평적 정보 제시</td></tr>
<tr><td rowspan="2">공간의 박물관</td><td>공간의 박물관</td><td>공간의 해석</td><td>박물관 개념 공간 → 머무르거나 산책하고 싶은 지역의 특별한 공간</td></tr>
<tr><td>사람과 자연의 박물관</td><td>사람과 자연의 표현</td><td>인간을 둘러싼 자연, 전통, 산업사회 등 환경에서 해석된 박물관</td></tr>
<tr><td rowspan="3">매개자</td><td>학교</td><td>학교</td><td>주민들의 정보인식을 돕는 매개자 → 연구 및 보존 활동에 주민을 참여시키고 주민 스스로 미래에 관한 문제를 파악할 수 있도록 촉구하는 장치</td></tr>
<tr><td rowspan="2">연구소</td><td>연구소</td><td>외부 연구기관과 협력하여 지역의 역사적·동시대적 연구 및 전문가 양성</td></tr>
<tr><td>보존기관</td><td>주민들의 지역유산 보존과 활용 지원</td></tr>
</table>

출처: 이창현, 2020, p.11. 일부 수정 및 재인용

보존활동에서 지역 주민을 참여시켜 지역의 문제에 함께 대응하고자 노력하는 방향으로 바뀌었다. 이 가운데 현실적으로 주민들의 지역유산 보존과 활용을 지원하기 위해서는 행정적·경제적 지원도 고려하고 있다.

오늘날 에코뮤지엄은 지역 주민과 행정주체가 협력하여 지역의 생활문화와 자연·사회환경의 변화과정을 역사적으로 탐구하고, 현지 환경과 더불어 자연과 문화유산을 보존, 육성, 전시하여 해당 지역사회 발전에 기여함을 목적으로 한다.[28] 전통박물관과 다른 점은 에코뮤지엄의 대상이 되는 지역의 장소와 정체성에 대한 개념이 중요한 요소로 작용한다는 것이다.[29] 또한 지역의 유무형 유산이 단순히 오래된 것으로서의 보존 가치를 넘어 현대 주민들과 생활하며 만들어 가는 것을 핵심적으로 여긴다.[30] 최근 에코뮤지엄은 지역유산을 현지에서 보존하고, 지역민이 주체적으로 참여하여 자치단체와 공동으로 지역유산을 활용함으로써 지역사회 발전을 도모하기 위한 기획으로 받아들여지고 있다.[31]

지역에 에코뮤지엄 기획을 적용하기 위해서는 지역문화의 특성이 잘 드러날 수 있는 기획에 따른 지역문화자원의 분류가 필요하다. 표 10-5는 앞서 지역문화의 속성과 지역문화자원의 분류, 그리고 에코뮤지엄의 구성요소를 비교한 것이다. 에코뮤지엄의 구성요소는 르네 리바르(René Rivard)의 개념에 따랐다.

유산(Heritage)은 근대산업시설이나 무형문화재 같은 지역의 역사적 증거이자 독창적인 소재,[32] 지역 주민(Population, Elders)은 새로 유입된 사람을 포함한 젊은 층과 해당 지역에 오랫동안 살아온 지역민으로 지역을 함께 연구하고 향유하는 주체를 말한다. 지역 특색이 반영된 특별한 장소(Special sites)는 해당 지역 내에서 역사적 맥락에 따라 장소성이 대표적으로 반영된 구체적인 지점

표 10-5. 지역문화의 개념 속성과 에코뮤지엄의 개념적 구성요소, 그리고 지역문화자원의 관계

| 지역문화 | 지역문화자원 기획 | 에코뮤지엄 구성요소 | 지역문화자원 내용 |
|---|---|---|---|
| 특수성 | 핵심소재 (지역독창 소재) | 유산 (Heritage) | 해당 지역 전통·근대·현대의 독특한 특성이 반영된 유무형 소재로, 문화유산, 특산물, 전설, 천연자원 등을 말함. |
| 장소성 | 소통공간 (고맥락) | 특별한 장소 (Special sites) | 지역의 특수성이 잘 결합된 공간이자 대중과 소통하는 공간으로, 사적, 전통문화마을, 장터 등 역사·문화적 공간이나 자연경관이 뛰어난 곳임. |
| 다양성 | 참여주체 (기획·향유·확산인력) | 지역 주민 (Population, Elders) | 지역문화자원의 기획 결과물을 향유함과 동시에 확산시키는 주체로서 오랜 지역 주민과 새로 유입된 사람을 포함한 젊은 층의 지역 주민을 말함. |
| 관계성 | 기획운영주체 (연구·매개·지원인력) | 네트워크 (network) | 정부기관 관계자, 민간 사업수행 기관, 지역의 연구자, 기술자로 사업의 지속을 위한 인적·자원적 네트워크 구성하거나 지원해 줌. |
| 정체성 | 문화콘텐츠 | 공동체적 장소기억 (Collective memory) | 지역의 특수성·장소성이 담긴 지역문화자원의 중간재 형태로 투입될 수 있는 자원인 동시에 그 자체로 합성되거나 완성된 형태의 문화자원으로, 연구, 전시, 교육, 체험 등에 활용됨. |

출처: 허보경 외, 2021, p.471, 일부 수정 및 재인용

을 말한다. 공동체적 장소기억(Collective memory)은 지역의 문화자원을 활용하여 지역의 특수성을 문화콘텐츠로 기획하여 나타낸 것이다.[33] 이는 에코뮤지엄이 운영되는 데 필요한 구체적인 콘텐츠를 이루기에 지역의 정체성을 공유하고 향유하는 방식이 될 수도 있을 것이라 생각된다. 덧붙여 이런 문화콘텐츠를 지속적으로 기획하고 개발하여 에코뮤지엄이 존속하기 위해서는 인적·자원적 네트워크도 필요한 것으로 보았다.

인적 네트워크는 지역 주민과 방문객, 관(官)과 민(民), 관과 학(學)을 연결하는 것이고,[34] 자원 네트워크는 문화유산이나 자연경관 등 문화자원이나 향토적·민속적·생태적 특성이 서려 있는 장소를 연결하는 물리적인 경로가 있

표 10-6. 에코뮤지엄의 형태적 구성 요소

| 구성 | 개괄 | 기능 |
|---|---|---|
| 경계영역 (territory) | 경계영역은 위성박물관의 분산된 범위로 나타내는 경우가 많음. 경계영역의 범위 규정은 별도로 없으며, 별도의 담과 벽으로 경계 표시를 하지는 않음. | 경계영역은 에코뮤지엄의 성격을 나타내는 자연특성, 문화특성, 현재의 산업적 특성이나 산업유산 등으로 묶을 수 있으며, 다른 에코뮤지엄, 혹은 지역과 구분하는 기준이 됨. 실제로는 행정구역으로 구분되는 경우가 많음. |
| 거점박물관 (core museum) | 에코뮤지엄의 본부 기능을 하는 시설로, 다른 위성박물관을 지원하고 인력을 운영하기 위해 입지 조건이 좋은 곳에 인공적으로 세워짐. | 지역에 대한 연구, 조사, 학습을 수행하며, 지역의 역사, 자원, 유산을 개관할 수 있는 기능을 가짐. 더불어 현지에서 보존이 불가능한 유산과 각종 자원을 수집하고 보존함. |
| 위성박물관 (satellite) | 위성박물관은 영역 안에 독립된 시설이자 자원으로 자연유산, 문화유산, 산업유산 등이 대상이 됨. | 위성박물관은 그 자체로 지역의 역사를 표현하는 '시간의 박물관'이자 유산을 전시하는 '공간의 박물관'임. 대부분 시설은 개인, 혹은 민간 소유이기에 주민 협력과 이해가 필수불가결함. |
| 탐방로 (discovery trails) | 위성박물관을 비롯해 야외에 있는 에코뮤지엄 관련 자원들을 안전하고 효율적으로 안내하는 길로, 경로에 따라 새로운 발견이 연속된다는 뜻을 지니고 있음. | 탐방로는 거점박물관과 위성박물관을 연결하기 위해 설치되기도 하지만, 탐방로 자체가 위성박물관의 역할을 하기 위해 짓는 경우도 있음. 보통 이용자는 거점박물관에서 탐방로 정보를 획득하는 경우가 많음. |

출처: 여경진 외, 2007

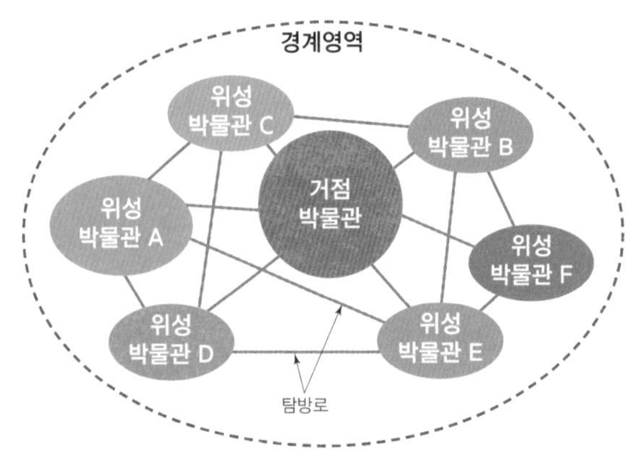


그림 10-2. 에코뮤지엄의 자원 네트워크 모식도

출처: 정건용 외, 2016, p.577

다.[35] 사원 네드워크는 인적 네트워크보다는 비교적 관찰하기 쉬운 형태로 구성되며, 개념적으로는 경계영역(territory), 거점박물관(core museum), 위성박물관(satellite), 탐방로(discovery trails)를 꼽을 수 있다.[36]

그림 10-2는 에코뮤지엄의 자원 네트워크를 모식도로 나타낸 것이다. 경계영역은 에코뮤지엄의 공간적인 범위이다. 내부는 거점박물관을 중심으로 위성박물관이 포진되어 있다. 이들은 탐방로로 연결된다. 경계영역은 현행 행정구역이 아니라 에코뮤지엄 기획에 따른 자연, 문화, 인적문화자원 등 지역문화자원이 분포된 외곽 범위라고 할 수 있다. 거점박물관은 경계지역 내에 위치하면서 지역문화자원을 문화콘텐츠로 기획하고, 다른 위성박물관을 지원하는 본부 역할을 한다. 위성박물관은 앞서 설명한 특수성과 장소성이 결합된 유산 그 자체이거나, 특별한 장소들(Special sites)의 거점이라고 볼 수 있다. 탐방로는 위성박물관과 거점박물관 사이를 에코뮤지엄의 기획 의도에 따라 이어 지역의 자원과 유산을 발견하는 길로 생각할 수 있다.[37]

에코뮤지엄의 구체적인 활동 내용은 1981년 3월 4일 프랑스 문화통신부의 지시에 따라 'Charte des Ecomuses'를 자체 헌장으로 에코뮤지엄이 법령으로 제정된 것을 참조하고, 피터 데이비스의 원칙을 차용하면 다음과 같이 표 10-7과 그림 10-3으로 정리할 수 있다.

표 10-7. 에코뮤지엄 관련 프랑스의 법령 활동 내용과 피터 데이비스의 활동 원칙 비교

| 구분 | 프랑스의 에코뮤지엄 법령 (1981) | 에코뮤지엄의 원칙(2011, Peter Davis) |
|---|---|---|
| 핵심소재 (지역독창 소재) | 해당 지역 유산의 목록화 | 넓은 지역을 포괄한다. |
| | 해당 영역과 관련된 물건 및 문서의 보존 및 표시 | 이미 존재하고 있는 것을 돌본다. |
| | 구매, 기부 또는 요청에 의한 수집 강화 | 보존, 복원, 재건에 힘쓴다. |
| 소통공간 (고맥락) | '부동산' 유산을 획득할 계획이 없을 때 보존 및 보호를 보장 조치 취하기 | 방문객을 유치하고 문화유산에 접근할 수 있도록 노력한다. |
| | | 문화경관 중 선택된 환경으로 구성된다. |
| | | 현장에서의 보존, 해석과 관련되는 '조각난 현장(fragmented site)' 정책을 도입한다. |
| | | 현장을 소유한다는 관점을 버리고, 현장의 보존과 해석은 파트너십의 연대, 협력, 개발에 의해 진행된다. |
| 참여주체 (기획·향유·확산 인력) | 에코뮤지엄 지역과 관련된 교육 활동 장려하기 | 활동적이고 자립적인 노력들에 의지한다. |
| | | 지역 주민들이 지역 정체성의 느낌을 만드는 데 힘쓰도록 호소한다. |
| | 교육기관 도움으로 지식 전파 수행하기 | 지역사회로 권한을 위임한다. |
| | | 지역사회가 이끌어 간다. |
| | | 지자체, 지역의 협회 및 다양한 커뮤니티의 공동 노력에 기반한다. |
| 기획운영 주체 (연구·매개·지원인력) | 다른 지역기구와의 연락을 통한 지역 유산을 형성하는 중요한 자원 연구 | 예술가, 공예가, 작가, 배우, 음악가들과 협력한다. |
| | | 연구그룹들에 의한 학술적 차원의 연구를 장려한다. |
| | 지역 주민의 기술, 지식 및 사회생활을 문서화하는 연구 프로그램 조직 | 다학제적, 전체론적 해석의 가능성을 열어둔다. |
| | 교육 및 연구기관과 협력하여 전문가 그룹(보전자, 기술자, 교사, 연구원) 구성 장려하기 | 모든 의사결정과정과 활동에 모든 이해관계자들이 민주적으로 참여할 수 있다. |
| | | 지역사회, 학술적 전문가, 지역 기업, 지자체, 정부 간 협력하는 소유, 관리구조를 활성화한다. |

| | | |
|---|---|---|
| 문화<br>콘텐츠 | 연구결과를 유지하고 전달하기 | 새로운 특징들과 개선점들이 단기적, 장기적으로 개별 프로그램에 반영하여 진화시킨다. |
| | | 일반적인 것부터 특징적인 것까지 전체를 보여 주는 것을 목적으로 한다. |
| | 전시회, 행사 및 기타 활동의 조직 | 기술과 개인, 자연과 문화, 과거와 현재의 연결관계를 나타내는 것을 목적으로 한다. |
| | | 문화와 관광 사이의 상호작용 속에서 발견된다. |

출처: 박경숙 외, 2020, p.150; 경기개발연구원, 2020, p.38

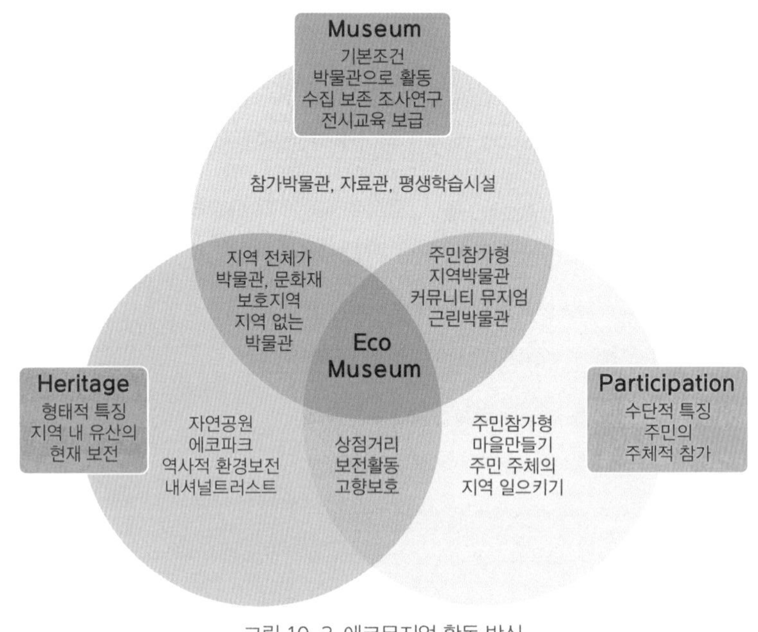


그림 10-3. 에코뮤지엄 활동 방식

출처: 박준하, 2018, p.17

정리하면, 에코뮤지엄은 특정한 경계영역을 공간적·개념적 범위로 삼으며, 그 안에 유·무형의 지역유산 보존, 주민의 참여, 박물관 활동 세 가지 구성 요소로 이루어져 있다. 여기서 말하는 박물관 활동은 에코뮤지엄의 핵심소재를 모으기 위한 기본조건으로, 연구를 통해 가치를 발굴하여 전시하는 활동을 말한다. 지역의 유산은 지역 연구를 통해 발굴된 영역 내의 거점 공간을 말한다. 주민 참여는 주민들이 능동적으로 참여하고, 활동의 주체가 되어 정체성을 찾아가는 활동을 말한다. 이들이 제 역할로 상호작용하기 위해서는 지역의 유산, 주민 참여, 박물관 활동이 고르게 분포하고, 연관성을 가지고 네트워크를 형성해 나가야 할 것이다.

## 3. 경기만 에코뮤지엄과 평택 에코뮤지엄 사례

### 1) 경기만 에코뮤지엄 사례 검토

'경기만 에코뮤지엄'은 2016년부터 현재까지 약 5년간 경기문화재단에서 진행되어 온 경기만을 면한 경기도 지역의 도시재생 및 활성화 사업의 일환이다. 경기만 에코뮤지엄의 목적은 산업화와 근대화 과정에서 생태계와 공동체가 훼손되고 있는 경기만 지역의 정체성 회복과 지역활성화이다.[38] 2016년부터 2018년까지 시흥, 안산, 화성의 3개 지역을 중심으로 거점공간 조성, 커뮤니티 역량 강화, 문화예술 프로그램을 운영하였다. 2019년에는 기존 지역을 포함하여 김포와 평택을 추가하였다. 2021년부터 경기 북부, 경기 동부, 경기 남부 지역을 포함하여 '경기 에코뮤지엄'으로 브랜드를 확장하였다. 현재 경기만 에코뮤지엄은 경기도, 인천, 시흥, 안산 등 지자체와 경기문화재단, 그리고 지역 주민이 함께 운영하는 방식으로 사업이 진행되고 있다.[39]

경기만 에코뮤지엄은 '경기만'을 대상으로 "경기만 정체성 회복과 지역 활성화로 지속 가능한 발전"을 목표로 하는 에코뮤지엄 기획이다. 핵심 가치는 생명, 평화, 순환, 재생이다. 이것을 잇는 주요 소재는 '해양문화'로 선택했다. 경계영역은 현행 행정구역 기준보다 경기만에 면해 있는 각 시·군의 영역과 주

표 10-8. 경기 에코뮤지엄 주요 소재와 추진 방향

| 구분 | 주요 소재 | 핵심 가치 | 에코뮤지엄 추진 방향 |
|---|---|---|---|
| 경기만 | 해양문화 | 생명, 평화, 순환, 재생 | 경기만 일대에 산재한 자연, 역사, 문화자원을 보존, 재생하고 예술적으로 승화하여 주민의 삶의 터전 자체를 '지붕 없는 박물관'으로 조성해 문화자치 실현 및 관광자원화 하는 것 |
| 경기북부 | 냉전유산과 생태유산 | 한강, 임진강, 평화, 화해 | 연천(한탄강, 임진강), 파주·동두천(DMZ, 기지촌), 김포(한강) 등 경기북부 DMZ권역의 문화·자연유산의 가치 향상 및 지역재생을 위해 에코뮤지엄 모델 수행하는 것. |
| 경기동부 | 남북한강 생태 자원 및 생활 문화 유산 | 강, 산, 킨포크, 슬로우 라이프 | 남·북한강을 기반으로 하는 지역의 생활문화, 역사, 생태자원을 기반으로 형성된 지역사와 생활문화경관 발굴 하고 복원하는 것 |
| 경기남부 | 전통적 원도심 커뮤니티 | 역사, 삶, 기억, 도시, 골목, 전통시장 | 경부선 고속도로와 철도, 고속철도를 따라 이루어진 근대 도시화와 산업화 과정에서 도시쇠퇴와 생태파괴된 지역을 지원하고 활성화하는 것 |

출처: 박경숙 외, 2020, pp.5-11

변 섬들 중에 거점공간을 선정하여 운영하고 있는 것으로 보인다.

경기만은 북한의 황해남도 옹진반도와 대한민국 충남 태안반도 사이에 있는 반원형의 만이다. 만의 입구는 서쪽을 향하고 있으며, 너비 약, 100km, 해안선 길이는 약 528km이다. 경기만은 조선시대 개성과 한성에 연결되었던 곳으로 한강, 임진강, 예성강 등의 하구이기도 하다. 만의 배후에는 수도권과 경인공업지대와 인천항 등이 있으며, 북쪽으로는 DMZ가 있다. 경기만의 부속만으로는 강화만, 남양만, 아산만, 해주만이 있으며, 주요 섬으로 강화도, 교동도, 대부도, 대연평도, 덕적도, 덕적군도, 석모도, 영종도, 영흥도 등이 있다.[40]

경기만 에코뮤지엄의 거점공간이 구성되고 실제로 운영되고 있는 지역은 시흥, 안산, 화성이다. 2019년에 에코뮤지엄 지역으로 김포와 평택을 추가하였고, 2020년 신규 거점을 발굴·조성을 위한 시범사업을 추진 중이며 본격적인 운영은 아직 논의 단계이다. 시흥은 소금창고, 곰솔누리숲, 안산은 구 대부면사무소, 선감역사박물관, 예술섬 누에, 화성은 제부도 아트파크, 궁평 오솔

그림 10-4. 경기만 에코뮤지엄의 공간적 범위

아트파빌리온, 매향리 스튜디오를 거점공간으로 삼고, 경기만 에코뮤지엄 웹사이트와 결과보고서에 아카이브로 공개하고 있다.[41]

2017부터 2019년까지는 경기만 에코뮤지엄 관광 활성화를 위하여 경기만 에코뮤지엄 거점을 통한 탐방 프로그램을 지속적으로 추진하였다. 2017년에는 시흥, 안산, 화성의 3개 권역에서 처음 진행하였고, 2018년에는 누에섬, 제부도, 갯골생태공원에서 체험여행을 추진하였다. 2019년에는 경기만 에코뮤지엄 권역을 하나로 연결하는 트레일 개발 운영을 통한 '경기만 소금길 종주 대장정 사업'을 운영하고자 하였으나 당시 아프리카 돼지열병, 2020년에는 코로나19로 인해 축소하여 운영하였다.[42]

'경기만 소금길 종주 대장정'의 경로로 활용되는 거점공간을 살펴보면, 소금이라는 소재로 갯벌, 섬, 저수지, 등대, 방조제, 어촌, 염전 등 다양한 지역문화자원을 엮었다. 전체적으로 경기만, 즉 바다를 옆에 둔 경관이자 소금의 소재로 이어진 거점공간을 걸으면서 경기만의 핵심 가치인 생명, 평화, 순환, 재생을 발견하는 탐방로(discovery trails)로 기획한 것으로 볼 수 있다. 이들 거점 공간은 반드시 인문·자연자원을 기획한 인공적인 장소라기보다 길 자체에서 사람과 자연·인문경관을 학습하고 체험할 수 있도록 구성한 것으로 보인다. 때

표 10-9. 경기만 에코뮤지엄의 거점공간

| 지역 | 명칭 | 주소 | 기능 | 운영내용 |
|---|---|---|---|---|
| 시흥 | 연꽃 테마파크 | 관곡지로 139 | 위성 박물관 | 조선 전기 대표적인 학자 강희맹의 '전당홍' 씨앗을 연못(관곡지)에 심은 유래담을 바탕으로 만들어진 넓이 193,000m$^2$의 연꽃테마파크로, 100여 가지의 연꽃 종자를 볼 수 있으며, 산책로와 자전거 도로가 잘 정비되어 있음. |
| | 갯골 생태공원 | 동서로 287 | 거점 박물관 | 경기만에서 유일한 내만형 갯벌을 가진 곳으로 생태학적 가치를 인정받아 해양수산부에서 습지보호지역으로 지정된 곳임. 일제 강점기 시기 조성된 소래염전이 있고, 폐염된 후 갯골생태공원은 안내센터, 염전체험장, 해수체험장, 습지전망대, 캠핑장 등 다양한 시설을 갖추게 됨. |
| | 소금창고 | 동서로 287 | 위성 박물관 | 국내 최대 규모였던 소래염전의 옛 건물 2동을 남겨 염부들의 삶 자료를 전시하여 운영 중임. |
| | 소래철교 | 월곶동 520-369 | 위성 박물관 | 1937년 한국 유일의 협궤철도인 수인선이 지나던 흔적이 소래철교에 있음. 일제 강점기와 한국전쟁을 거쳐 경제 발전 시기를 지나 현재까지의 철로 역사의 흔적을 볼 수 있음. |
| | 곰솔 누리숲 | 정왕동 1948 | 위성 박물관 | 1996년 염전과 갯벌을 매립해 산업단지를 조성하면서 주거지역과의 환경 완충을 위해 조성된 인공 녹지로서 환경오염과 갈등을 상징하는 대표적인 장소가 됨. |
| | 오이도 빨간등대 | 오이도로 175 | 위성 박물관 | 2005년 건립하여 2006년 개장한 이래 MBC 드라마 '여우야 뭐하니'에 등장하면서 많은 관심을 산 후 연인들의 데이트 장소이자 사진작가들의 출사지로 알려짐. |
| 안산 | 경기창작 센터 | 단원구 선감동 400-3 | 거점 박물관 | 2009년에 입주 작가 레지던시 시설이자 지역 공동체 예술 공유를 위해 설립되었고, 전시, 작업공간, 교육, 콘텐츠 개발 등 다양한 역할을 수행하면서 2016년부터 에코뮤지엄 거점으로 확장됨. |
| | 시화호방조제와 조력발전소 | 단원구 대부황금로 192 | 위성 박물관 | 시흥시 오이도와 안산시 대부도를 잇는 12.7km의 방조제는 1994년 완공되었고, 조력발전소는 2011년에 준공됨. 조력발전 시설용량은 254MW로 세계 최대이며, 프랑스 랑스조력발전소와 함께 대표적인 조력발전소로 꼽힘. '시화나래 조력공원', '시화나래 휴게소', '시화나래 조력문화관'이 있어 체험, 학습, 휴식을 즐길 수 있음. |

| | | | | |
|---|---|---|---|---|
| 안산 | 구 대부면 사무소 | 단원구 대부중앙로 97-9 | 위성 박물관 | 1934년부터 60여 년간 사용된 대부면사무소로 경기도문화재자료임. 한옥 양식에 근대적 행정기능을 보여 주는 과도기적 행정 건축으로 대부도의 사진과 자료를 전시하고 있음. |
| | 선감역사 박물관 | 단원구 선감동 400-3 | 위성 박물관 | 근현대 일제 강점기, 미군정, 군사정권을 거치면서 아동·청소년에게 행해진 학대를 기억하고 추모하기 위해 설립된 박물관 |
| | 대부광산 퇴적암층 | 단원구 선감동 산 147-1 | 위성 박물관 | 1999년 대부광산 암석 채취 중 공룡 발자국 1족이 발견된 이래 총 23개의 공룡발자국 및 식물화석이 발견되어 2003년 경기도 기념물 194호로 지정됨. 채굴이 중단된 광산에 물이 고여 독특한 풍경을 이루며 정상의 전망대에서 경기만 일대를 조망할 수 있음. |
| | 예술섬 누에 | 단원구 대부황금로 17-156 | 위성 박물관 | 별도 시설 설치 없이 본래 있던 정박 시설을 활용하여 천혜의 자연 보존과 예술 공연의 장으로 이용함. |
| 화성 | 제부도 아트파크 | 서신면 제부리 190-2 | 위성 박물관 | 자연 해안선 감상과 작은 공연, 전시가 가능하도록 설계된 다목적 조망시설 |
| | 궁평 오솔 아트파빌리온 | 서신면 궁평리 514-8 | 위성 박물관 | 해송과 바다를 조망할 수 있는 공간이자 자연과 함께 휴게가 가능한 쉼터 공간으로 조성 |
| | 화성 공생 염전 | 염전길 89번길 | 위성 박물관 | 화성시에 남은 마지막 염전으로, 한국전쟁 당시 월남한 사람들과 철원지역의 피난민들이 공평하게 소금판을 분배하고 다 같이 잘살자는 의미로 '공생(共生)' 염전이라 이름 붙임. 현재 13여 가구만 남았지만 170만 m$^2$의 광활한 염전이 독특한 경관을 이룸. |
| | 매향리 스튜디오 | 우정읍 매향리 315-4 | 거점 박물관 | 주변에 미 공군 사격장이 있어 소음, 오폭 등 피해 민원이 많았던 화성 매향리 바닷가 마을의 (구)매향교회를 에코뮤지엄 거점 공간 스튜디오로 조성, 전시회, 주민 모임공간 등으로 활용 |

출처: 경기에코뮤지엄 홈페이지(검색일: 2021. 10. 4.); 경기만 소금길 리플렛

문에 역사적인 장소뿐만 아니라 단순히 관광지로 분류되던 테마파크, 자연경관인 대부광산퇴적암층, 바다를 가르는 인공경관인 방조제 등도 경로상에 포진되어 있다.

특히 14구간은 화성방조제 남단을 지나 화성시의 바다를 따라 평택시 경계

표 10-10. 경기만 소금길 종주 대장정 경로 및 거점공간

| 구분 | 지역 | 거리(km) | 경로(거점공간) |
|---|---|---|---|
| 1구간 | 시흥 | 16.1 | 시흥 물왕저수지-시흥 보통천-시흥 연꽃테마파크-시흥 관곡지-시흥 호조벌-시흥 갯골생태공원-시흥 늠내길 |
| 2구간 | 시흥 | 10.9 | 시흥 소래철교-시흥 월곶포구-시흥 배곧신도시-시흥 덕섬-시흥 오이도-시흥 오이도 빨간등대 |
| 3구간 | 안산 | 14.3 | 안산 시화호 방조제와 조력발전소 |
| 4구간 | 안산 | 9.1 | 안산 대부해솔길 |
| 5구간 | 안산 | 8 | 종현어촌체험마을-어심바다낚시터 |
| 6구간 | 안산 | 9.6 | 어심바다낚시터-홀곶마을회관 |
| 7구간 | 안산 | 13.9 | 홀곶마을회관-말부흥 마을 |
| 8구간 | 안산 | 11.4 | 대부해솔길 4코스 종점-선감역사박물관-경기창작센터 |
| 9구간 | 안산 | 9.1 | 경기창작센터-안산대부광산퇴적암층-안산 탄도지층-안산 누에섬 입구 |
| 10구간 | 안산-화성 | 11.4 | 안산 누에섬-안산 어촌민속박물관-화성 전곡항·고렴지구 |
| 11구간 | 화성 | 10.2 | 화성 제부도 아트파크 |
| 12구간 | 화성 | 8.8 | 화성 제부도 입구-화성 송교리 사곶이 갯벌-화성 공생염전-화성 백미리 갯벌-백미리 어촌체험마을 |
| 13구간 | 화성 | 14.1 | 백미리 어촌체험마을-화성 궁평리 낙조와 해송·해안 사구-화성 황금해안길-화성 궁평리-화성 화성호 및 화성방조제·철새-화성방조제 남단 |
| 14구간 | 화성 | 10.5 | 화성방조제 남단-남양방조제 남단 |

출처: 경기에코뮤지엄 홈페이지(검색일: 2021년 10월 5일); 경기만 소금길 리플렛

를 넘어 남양방조제 남단(평택시 포승읍 남양만로 277)에서 끝나는 여정이다. 평택 에코뮤지엄을 경기만 에코뮤지엄과 연결하려면 경기만이 추구하는 경계지역에 대한 이해와 지역문화자원을 활용하면서도 거점지역의 기획상 일관성이 있어야 할 것이라고 생각된다.

### 2) 평택 에코뮤지엄 현황

경기만 에코뮤지엄은 기존 시흥, 안산, 화성 3개 지역 중에서도 연안지역의 거점공간을 설정하여 탐방로로 이었다. 2019년 김포와 평택을 추가하기로 하면서 김포 지역은 '작은미술관 보구곶', '한강신도시 금빛수로(라베니체)' 등 역사와 자연·인공경관자원을 활용한 거점공간이 논의 중이다.[43] 현재 각 지역별 연구모임을 운영하고 있으며, 주민교육 프로그램, 시민참여 문화예술체험 프로그램 및 브랜딩과 마케팅도 진행 중이다.

평택에서도 2019년부터 "평택의 역사와 문화, 자연자원의 보존 및 창조적 계승을 통한 공동체 회복", "평택 문화·생태·자원의 보존과 발굴·활용을 통

표 10-11. 2020년 평택시 에코뮤지엄 주요사업

| 사업명 | 개괄 | 프로그램 |
|---|---|---|
| 꼬리명주나비 생태박물관 조성 및 운영사업 | 평택을 대표하는 꼬리명주나비를 육성하고 깃대종으로 지정하여 자연·생태환경을 시민과 나눌 수 있는 에코뮤지엄 조성 | • 방울덩굴·꼬리명주나비 서식지 생태조사<br>• 꼬리명주나비 서식지 조성공간 운영사례 조사 및 답사<br>• 방울덩굴 식재관리 및 꼬리명주나비 사육<br>• 꼬리명주나비 사진 전시회<br>• 거점센터 디자인 공모 |
| 마을박물관 조성 및 운영사업 | 평택의 고유한 역사와 문화를 가진 마을 대상 문헌연구, 주민 구술조사, 생활유물 수집으로 마을박물관 조성 | • 평택지역 역사문화적 특징이 나타나는 대상마을 선정<br>• 마을 인문지리 및 구술생애사 조사<br>• 마을 사료 수집(사진, 민장문서 등) |
| 미군 및 평화공간 조성사업 | 주한미군 CPX훈련장이 위치한 팽성읍 강당산 일대의 적송림과 생태축, 일제 강점기 및 미군부대 흔적을 보전하여 에코뮤지엄으로 조성 | • CPX 훈련장 반환지에 대한 현황조사<br>• CPX 훈련장 활용방안 기본계획 수립 |
| 평택 유휴공간 활용사업 | 평택 유휴공간을 리모델링하여 평택의 역사와 문화를 소개하는 공간으로 활용 | • 평택지역 유휴공간 파악 및 활용방안 협의<br>• 옹포공출창고, 평택 기호농조창고 조사 등 |

출처: 경기문화재단 지역문화팀, 2020

한 지역 정체성 재확립", "에코뮤지엄으로 평택지역 명소화 및 문화예술·지역경제 활성화 유도"를 목적으로 연구모임을 결성하고, 에코뮤지엄 사업을 위한 지역문화자원으로 인문(전통, 음식, 인물, 유적, 학교 등)·자연(경관, 생태, 역사, 체험 등)·사회(사회, 농업, 공업, 시장, 교통, 군사, 스포츠 등) 등 문화자원을 꼽은 적 있다.[44] 2020년 주요사업으로 '꼬리명주나비 생태박물관 조성 및 운영사업', '마을박물관 조성 및 운영사업', '미군 및 평화공간 조성사업', '평택 유휴공간 활용사업' 등을 운영하였다.

처음 시작은 경기문화재단과 협력하여 평택에코뮤지엄연구회를 발족하고, 평택문화원과 평택시문화재단과 운영에 참여시키는 방법으로 진행하고자 했던 것으로 보인다. 아직은 논의 단계라 지역문화자원을 수집하고, 핵심소재를 선정하는 단계라고 생각된다. 때문에 지역의 특수성을 나타내고자 하는 문화자원의 소재지인 거점공간과 경계영역이 모호하다. 또한 기존 경기 에코뮤지엄을 비롯한 경기만 에코뮤지엄과 연계할 수 있는 방안보다 평택 자체의 특수성을 망라하고 있는 것으로 생각된다.

# 4. 평택시 지역문화자원과 에코뮤지엄

### 1) 평택시의 자연환경과 지역사[45]

여기서는 경기만 에코뮤지엄과 연계할 수 있는 핵심소재와 거점공간 및 문화콘텐츠를 제안해 보고자 한다. 먼저 평택시의 기본적인 자연환경과 지역사, 인구의 맥락에서 지역문화자원을 살펴본다. 이후 경기만과 연계할 수 있는 평택시의 거점공간과 경계지역, 마지막으로 탐방로와 프로그램에 대해 논의해 보고자 한다.

(1) 자연환경

평택시는 경기도의 남단에 위치하며, 동쪽은 안성시에 남쪽은 충청남도 천안시, 아산시에 접하며, 서쪽은 아산만, 서북쪽은 화성시, 동북은 오산시, 용인시에 접하고 있다. 직선거리로 동서 간 33.4km, 남북으로 32.9km이고, 서쪽은 24.5km의 해안선이 접한다. 시의 동북부는 대체로 낮은 구릉이 많지만 무봉산·천덕산·부산 등 비교적 높은 산도 솟아 있다. 서남쪽으로 갈수록 평탄하여 전 지역이 고도 64m 이하 침식평야와 충적평야를 이루고 있다. 남부는 동쪽 안성시와 북쪽 화성시로부터 각각 안성천과 황구지천이 아산만으로 흐른다. 서쪽 연안 지역은 간척지로 곡창을 이루고, 서부는 다소 구릉의 기복이 있으나 높은 산은 없는 편이다.

평택은 과거 하천을 중심으로 마을이 형성되었으며 지명도 하천과 관련된 것이 많다. 평택 주요하천은 국가하천 4개소·지방하천 18개소이다. 평택호를 최종 집수역으로 하는 주요 유입하천은 황구지천, 진위천, 서정천, 안성천, 성

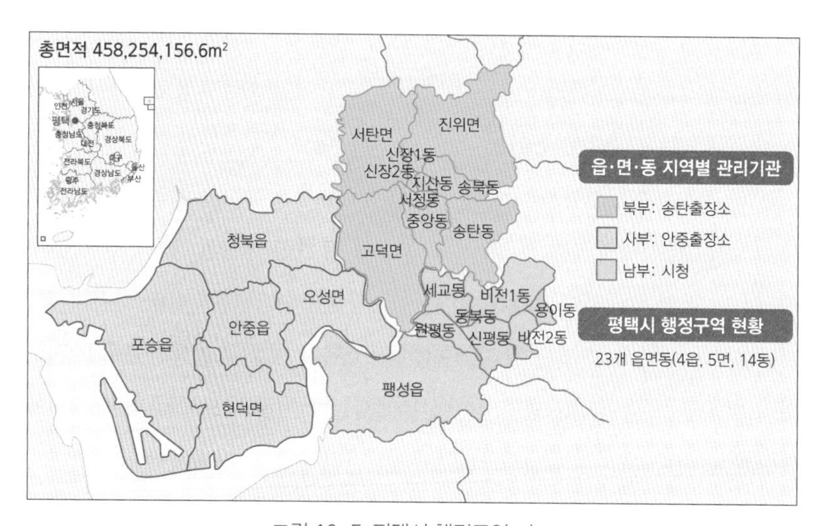


그림 10-5. 평택시 행정구역 지도

출처: 평택시청 홈페이지

환천이고, 오산천은 진위천의 중류부에서 합류, 평택호로 유입되는 본류는 진위천과 안성천이다.[46]

평택호는 아산만 주변 방조제 건설에 의해 간척 개발된 대호, 삽교호, 석문호와 함께 만들어진 인공호이다. 아산방조제는 홍수와 한발, 역류하는 서해의 조수염해(潮水鹽害) 및 연안침식(沿岸浸蝕) 등 재해를 막고, 평택지구 대단위 농업개발사업으로 1970년에 시작하여 1973년 12월에 준공되었다. 4,674ha에 달하는 새로운 농지확보와 5만 4,983t의 미곡증산의 개발효과도 가져왔다. 방조제는 길이 2,564m, 높이 8.5m이며 경기도와 충청남도 경계에 위치한 감조수역인 진위천-안성천 하류부를 포함한 아산만 중상류부를 가로지르고 있다.

### (2) 지역사

평택지역의 전근대 시기 역사는 문헌보다는 유적과 유물로 확인할 수 있다. 선사시대를 포함하여 현대까지 자연환경은 아산방조제와 간척사업이 일어나기 전까지 큰 변화는 없었다. 대체로 얕은 구릉과 평탄한 평야지대를 바탕으로 농경문화 중심의 소규모 집락지가 발달해 온 것으로 보인다. 삼국시대와 통일신라시대에는 서해와 연접해 대중국 무역항이었던 당항성 인근에 위치하여 대외적으로도 중요한 곳이었던 것으로 보인다.

평택지역이 현재도 사용하는 지역명이 등장하기 시작하는 때는 고려시대이다. 고려시대 평택지역은 진위현과 평택현이 합쳐진 형태의 행정구역이었다. 평택을 포함한 고려시대 수주(水州) 지역은 양광도 내의 다른 지역에 비해 향·소·부곡과 장처(莊處)가 많은 지역이었다. 12세기 이후 농업생산력이 발전하면서 부곡제가 쇠퇴하고 있었지만 정부에서는 유지하려 노력하였다. 때문에 과중한 수취를 받았던 속현과 부곡민들이 반발하였고, 평택에서도 진위현의 농민항쟁이 있었다.

조선시대 평택지역은 삼남대로가 지나는 요충이면서 충청대로가 갈라지는 분기점이었다. 당시 평택지역에도 역로망의 주요한 거점인 역(驛)과 원(院)이 설치됐다. 원으로는 '장호원'(진위면 신리), '이방원'(진위면 갈곶리), '백현원'(장안동과 동막 사이의 고갯길. 희도원이라고도 했음), '갈원'(칠원동), 역으로는 수원부에서 세종 때 진위현으로 이속된 '청호역'(진위면 청호리)이 있었고 평택현에는 '화천역'(팽성읍 추팔리)과 '상역'(팽성읍 두리)이 있었다. 근대 교통로로서의 특성은 구한말, 일제 강점기에도 이어져 1905년 경부선철도가 지금의 평택역을 지나고 있다.

해방 이후 1952년 세워진 팽성읍과 송탄의 미군기지는 현재까지 이어지고 있으며, 1960년대부터 1990년대 초반까지 평택 경제에 큰 비중을 차지하며 기지촌이라는 오명도 있었다. 1974년 아산만방조제와 남양만방조제 준공은 공유수면의 간척을 비롯한 서평택 지역의 간척 해안선의 변화와 함께 인구의 변동, 마을의 확대, 주민들의 생산활동 변화, 문화 변동과 같은 다양한 변화를 가져왔다.

### (3) 인구구성

행정구역의 변화에서 주로 언급되는 것이 1995년 평택군, 송탄시, 평택시를 하나로 통합하여 평택시로 출범한 사건이다. 본래 평택군, 송탄시, 평택시는 1981년까지 평택군이라는 하나의 행정구역이었다. 1981년에 송탄읍이 송탄시로 승격됐고 1986년 평택읍이 평택시로 승격되면서 3개의 행정구역으로 분화됐다. 분화됐던 평택지역의 행정구역을 통합하자는 논의는 1990년대 초반에 제기됐다. 개편 찬성은 도시 및 농촌지역의 균형발전, 동일 생활권 내 생활불편 개선과 행정·재정상의 낭비 요소 제거 및 국제적인 경쟁력을 높이기 위해서였다. 반대는 이미 정착된 주민의 향토의식·지역정서 저해, 광역화로 인한 행정의 비능률과 민원행정 불편 가중 등을 꼽았다. 1994년 진위면 갈곶, 야막, 고현, 청호리 등 4개 리 주민 100여 명은 오산 시내 학교·시장·은행을 이

표 10-12. 평택시 인구통계 변화(1995~2019년)

| 구분 | 가구수 | | | 인구수 | | |
|---|---|---|---|---|---|---|
| 연도 | 계 | 농가 | 비농가 | 계 | 농가 | 비농가 |
| 1995 | 102,182 | 13,544 (13.3%) | 88,638 (86.7%) | 321,636 | 50,008 (15.5%) | 272,629 (84.5%) |
| 2000 | 118,218 | 13,159 (11.1%) | 105,059 (88.9%) | 356,103 | 45,231 (12.6%) | 313,842 (87.4%) |
| 2005 | 141,108 | 11,929 (8.5%) | 129,179 (91.5%) | 383,976 | 40,656 (10.6%) | 343,320 (89.4%) |
| 2010 | 165,745 | 11,106 (6.7%) | 154,639 (93.3%) | 419,457 | 33,967 (8.1%) | 385,490 (91.9%) |
| 2015 | 171,406 | 10,013 (5.8%) | 161,393 (94.2%) | 460,532 | 27,174 (5.9%) | 433,358 (94.1%) |
| 2019 | 208,466 | 8,437 (4.0%) | 200,029 (96.0%) | 513,027 | 20,153 (3.9%) | 492,874 (96.1%) |

출처: 통계청 국가통계포털(검색일: 2021년 10월 1일)

용하고 있었기에 오산시와의 통합을 원하기도 했다. 그러나 3차에 걸친 통합 추진운동 등 우여곡절 끝에 1995년 5월 10일 평택군, 송탄시, 평택시는 평택시로 통합되었다.

그 결과 면적은 18.15km$^2$ 증가, 2019년 기준 세대는 106,284세대, 인구 191,391명이 증가했다. 통합 이전과 비교하면 세대수는 104%, 인구는 59.5%가 증가했다. 전반적으로 농가는 5,107세대 감소했고, 농가인구도 29,855명 감소했다. 비율로는 각각 37.7%, 59.7%가 감소한 셈이다. 반대로 비농가 세대수와 인구는 계속 늘어 200,029세대(96.%), 492,874(96.1%)가 되었다.

### 2) 평택시 지역문화자원의 핵심소재

평택시의 지역문화자원 연구는 평택문화원의 〈평택시史〉 아카이브를 비롯하여 『평택민속지』,[47] 『평택시 항일독립운동사』, 『근현대 평택을 걷다』,[48] 『평택항 개항 20년사』[49] 등 평택 지역사를 연구대상으로 삼은 자료로 확인할 수 있다. 또한 경기도에서 운영하는 〈경기도메모리〉는 1,067건의 평택 관련 자료를 자료형태, 생산자, 시대, 생산 시기, 원본소장처, 주제로 나누어 온라인 상에서 내려받을 수 있는 데이터로 제공하고 있다. 특히 경기도, 평택시, 경기문화재단, 평택문화원, 평택시사편찬위원회 등 기초지자체 및 산하기관과 김해규, 노동은, 이진한 등 개별 지역사 연구자들의 결과물들이 수록되어 〈평택시史〉의 내용보다 항목별로 상세한 정보를 다루고 있다고 볼 수 있다. 이를 정리하면 표 10-13과 같다.

표 10-13. 〈경기도메모리〉의 평택시 관련 주요 연구 자료

| 평택시 지역사 관련 자료 | | |
|---|---|---|
| 연번 | 연구명 | 내용 |
| 1 | 경기도박물관(1998) 「경기도 문화유적지도」, 경기도 | • 평택을 포함한 경기 남부지역을 중심으로 1/25,000 스케일을 적용한 선사~광복 이전까지 문화유적(지정·비지정·매장문화재·민속자료 등)의 위치를 표시한 지역사 기본자료임. |
| 2 | 경기도박물관(1999) 「평택의 역사와 문화유적」, 평택시, 경기도박물관 | • 1998년 기준 평택시 행정구역의 선사시대부터 광복 이전까지 역사·자연환경·민속·지정 및 비지정 문화재와 각종 문화유적을 포함한 부동산 문화재를 조사함.<br>• 분류는 당시 문화재관리국의 「문화유적총람」(1995)의 40개 분류안을 기준으로 평택시 행정구역 순서에 따라 분야별로 기술함. |
| 3 | 경기도(2000) 「경기도 지정문화재 기념물 문화재자료 조사보고서」제5권 기념물·문화재자료, 경기도 | • 평택을 포함한 안성, 여주시의 기념물, 문화재자료를 조사한 보고서로, 평택시는 9개의 기념물(묘, 생가, 성지 등)의 조사 당시 현황을 다루고 있음. |
| 4 | 평택시사편찬위원회(2001) 「평택시지」 상·하권, 평택시 | • 1995년 평택시, 송탄시, 평택군이 평택시로 통합된 이래 통합된 「평택시지」를 완성하기 위해 기획된 지역사 기본자료임.<br>• 현재 평택시 행정구역을 기반으로 선사시대부터 현대까지를 다루고 있음. 기본 분류는 연혁, 자연환경, 역사, 문화재, 성씨와 인물, 민속, 지명 유래로 이루어져 있음. |

| | | |
|---|---|---|
| 5 | 이진한, 임원택(2003)<br>『평택의 사우, 재실, 정문』<br>평택시문화원 | • 평택시에 있는 사우·사당(祠宇·祠堂, 14), 재실(齋室, 5), 정문(旌門, 22)을 조사하였고, 각 문화재에 해당하는 인물의 생애, 일화, 유래 등을 기록하고 있음.<br>• 특히 조선시대 평택 인물들을 사우·사당은 문헌 속에서 업적을 중심으로 5명, 정문은 충효와 관련된 인물 남녀 21명을 별도로 기록하고 있음. |
| 6 | 평택시독립운동사편찬위원회(2004)<br>『평택시 항일독립운동사』, 평택시 | • 2002년 평택시 행정구역을 중심으로 1894년 동학농민운동부터 1945년 광복절 이전까지 평택에서 출생, 성장, 활동한 항일운동가의 정보를 다룸.<br>• 항일운동은 국내와 국외 활동으로 나누었고, 국내는 교육·활동·청년운동·농업관련 활동 등을 수록함. 국외는 1930년대 활동을 중심으로 함. |
| 7 | 김해규(2005, 2007, 2008)<br>『평택의 마을과 지명 이야기』 제1~3권, 평택문화원 | • 4년간 평택지역 100여 개 법정마을, 300여 개 자연마을을 답사하고 조사한 다음 발간한 지역 내의 지명의 연원과 의미를 다룸.<br>• 1권은 옛 평택시, 옛 송탄시, 팽성읍, 2권은 고덕면, 오성면, 안중읍, 현덕면, 3권은 진위면, 포승읍, 청북면, 서탄면을 다룸. |
| 8 | 김해규(2006)<br>『평택의 역사 인물 문화』, 역사만들기 | • 현재 평택 행정구역을 중심으로 역사·지리, 인물, 문화유산과 의미로 정리함.<br>• 특히 현재에도 의미 있는 지역사의 대상을 발굴하고 국가사와 대비하여 민중의 역사로 기록하려 함. |
| 9 | 평택항개항20년사편찬위원회(2007)<br>『평택항 개항 20년사』, 평택문화원 | • 평택항 개항 20주년을 맞아 평택항 현황, 항만시설, 기관 및 단체, 개항 이후 국가 경제 발전에 미친 영향과 평택항의 비전을 담음.<br>• 평택 지역의 교통로(육해로)로서의 흐름을 전근대, 근현대, 2007년 기준 역사와 현황을 수록함.<br>• 특히 평택 지역의 나루와 포구 역사를 조선시대부터 현재까지 다루고, 항만발전사를 개항기(1986~1997), 개발기(1997~2006), 성장기(2007~현재)로 다루고 있음. |
| 10 | 평택문화원(2009) 『평택민속지』 상·하권 | • 현재 행정구역을 중심으로 평택시 마을의 역사를 살펴보고, 2009년 기준 민속 관련 정보들을 망라함.<br>• 상권에서는 평택 마을의 형성, 변화, 일생의례, 마을신앙, 가정신앙, 세시풍속, 민속놀이, 민속예술, 설화와 민요 등의 구비 전승을 기술함<br>• 하권에서는 의식주를 통한 평택시민의 생활과 농업, 어업, 상업 및 사회 조직 등으로 생업과 삶을 조망함. |
| 11 | 김해규(2011) 『평택인물지 충렬공 이대원』, 평택문화원 | • 선조 22년(1587) 전라도 고흥 지역에서 왜구와 싸우다 전사한 충렬공 이대원의 가계와 일대기, 사료와 그림으로 집대성하여 발간함.<br>• 이대원은 평택 포승읍 내기리에서 출생하여, 평택에 묘, 신도비, 확충사 등이 있음. 더불어 전남 고흥 쌍충사, 여수 충렬사, 영당 등에 매년 배향되고 있음. |

| | | |
|---|---|---|
| 12 | 한국향토사연구소(2012) 「새로 쓰는 평택 3.1운동 학술회의」 | • 평택지역 3·1운동의 역사적 배경, 전개 과정을 살펴보고, 평택시에 연고가 있는 만세 안재홍의 활동과 역사의식을 논의함. |
| 13 | 노동은(2013) 「평택인물지 지영희 평전」 | • 국악을 오선보에 옮기고 최초의 국악관현악단을 만들어 국악 근대화를 이끈 선구자로 꼽히는 지영희의 생애와 업적, 제자와 후손을 수록함.<br>• 평택시는 지영희뿐 아니라 모흥갑, 김부억쇠, 최은창 등 많은 예인을 배출하고, 평택농악, 평택민요 등이 무형문화재로 등재된 전통예악의 고장이라고 설명하고 있음. |
| 14 | 평택시사신문(2014) 「평택농악 유네스코 인류무형문화유산 등재 기념 학술토론회」, 평택시, 평택문화원, 평택농악보존회 | • 농악의 유네스코 인류무형유산 등재 의의와 전망, 가치인식과 발전적 계승방안을 논의함.<br>• 더불어 평택의 전통예술로 평택농악을 지목하고 원형 보존, 계승, 지역 대표 브랜드화 방안을 제안함. |
| 15 | 김해규, 성주현, 장연환 (2015) 「근현대 평택을 걷다」, 평택문화원 | • 평택의 현재 모습의 이력으로 근현대 역사적 사건을 근대 형성기, 일제 강점기, 해방 이후로 나눠 영향을 알아봄.<br>• 근대형성기는 행정구역 개편, 철도부설, 근대교육, 일제 강점기의 사회운동으로 동학농민운동, 천주교, 개신교, 3·1운동, 사회주의운동 등, 해방 이후는 사회운동, 한국전쟁, 미군주둔, 간척, 새마을운동 등으로 망라함. |
| 16 | 평택문화원(2016) 「2016 평택의 사라져가는 마을 조사보고서」, 경기도, 평택시 | • 평택의 2개 면인 진위면(가곡리, 마산리), 현덕면(권관리, 기산리, 대안리, 신왕리)를 선사시대부터 현대까지 역사지리와 경제생활, 사회생활과 민속으로 구분하고, 근현대사는 구술조사를 통해 마을의 역사를 기록함. |
| 17 | 평택문화원(2017) 「2017 평택의 사라져가는 마을 조사보고서」, 평택시 | • 팽택의 2개 읍·면인 포승읍(내기리, 도곡리, 석정리, 원정리, 홍원리), 현덕면(장수리)을 마을의 자연환경과 인문지리, 지명 유래, 경제생활, 사회생활, 민속 등의 정보와 함께 마을주민의 인터뷰를 기재함. |
| 18 | 김경수 외 4명(2017) 「2017 평택학 시민강좌: 평택의 조선인물열전」, 평택문화원 | • 조선시대 평택과 관련된 인물로 신숙주, 정도전, 원균, 김육, 심순택의 5명을 꼽고, 그들의 생애와 업적을 소개하고 있음. |
| 19 | 평택문화원(2019) (경기마을기록사업 20) 「2019 평택의 사라져가는 마을 조사보고서」제1~5권, 경기문화재단, 평택문화원 | • 평택시의 봉남리, 객사리, 원평동을 조사대상으로 인문지리(지리, 역사, 경제, 정치, 사회, 민속, 종교, 교육, 문화 등)와 1940년대생 이전 마을에서 태어난 사람들의 구술조사로 구성됨.<br>• 2016, 2017년 관련 조사보고서와는 달리 '2000년 진위현의 읍치 봉남리', '천년 평택현의 읍치 객사리', '근대도시 원평동'으로 현대의 역사적 의미를 부여하여 조사를 진행함.<br>• 특히 근현대 평택시 역사 관련하여 원평동의 인문지리를 근대도시 발전과 시가지 개편으로 나누어 설명하고 있음. |

〈평택시史〉 아카이브와 평택시 관련 연구자료의 흐름을 살펴보면, 역사에서는 고려, 근대, 현대, 문화재에서는 평택농악과 민요, 전통예인, 유적은 유교유적과 교통·통신유적, 인물은 조선시대 인물과 근현대 독립운동인, 마을의 지명 유래와 각각의 마을역사에 대한 정보가 비교적 충실한 편이다. 전근대는 고려·조선시대 중앙에 대비한 환경·인문적 요인에 따른 교통로와 백성들의 항쟁 및 사건이 서술되고 있다. 근대는 일제 강점기 독립운동과 사회운동, 현대는 행정구역 통폐합과 주한미군기지의 영향에 따른 평택시 마을들의 다양한 문화 연원이 주된 정보로 축적되어 있다. 더불어, 현대는 평택농악과 민요,

표 10-14. 평택시 지역문화자원의 핵심소재

| 구분 | 핵심소재 | 내용 |
|---|---|---|
| 지정학적 특성 | 간척으로 만들어진 도농복합 도시 | • 평택은 수도권과 가까우면서도 해안선 굴곡과 갯벌이 많아 조선 전기, 조선 후기(19세기), 일제 강점기, 한국전쟁 이후 등 네 시기에 걸쳐 꾸준히 간척사업이 진행되어 왔고, 현재의 평택평야가 되었음.<br>• 해방 후 한국전쟁 피난민 정착사업으로 황해도나 평안도에 가까운 포승읍과 팽성읍 일대에 간척지가 조성되고 경기도 장단피난민 정착촌이 세워짐.<br>• 1974년 아산만방조제와 남양방조제가 준공되면서 포승읍의 남양간척지를 비롯한 광범위한 간척지에 1978~1981년 사이 대청댐 수몰민, 전라도 지역 이주민 등 새로운 이주민들이 정착하게 됨.<br>• 간척사업의 특징은 국가운영과 백성들의 생활안정을 위한 농업장려와 농업이주민을 자생시킬 토양을 개척하는 의미임. |
| | 바다와 육지의 관문도시 | • 평택 지역은 고대로부터 경기만과 안성천 유역의 '환황해연근해항로'와 '황해중부횡단항로'의 해로, 중앙과 삼남지방을 오가는 육로로 발달해 옴.<br>• 조선시대부터 물자와 교역의 운송거점으로서 나루와 포구의 역사를 지니고 있고, 전근대 삼국시대에는 백제를 중심으로 서해 해상권 각축이 있었고, 통일신라 시대 원효의 오도성지, 고려·조선시대 조운제에 대한 역사문화자원이 축적되어 있음. 근현대 일제 강점기 수산업 평택호 방조제 축조 이후의 변화, 그리고 평택항 주변의 마을인 포승면, 현덕면의 민속자료와 1950~1990년대 기록사진이 있음.<br>• 육로는 고려시대 개경-삼남지방, 조선시대 한양-삼남지방을 잇는 행정·국방·경제의 교통로로 점막(店幕), 역원(驛院), 역로(驛路)로 이용되었고, 근대에는 경부선 철도가 지나는 평택역전이 세워지면서 근대도시로 발돋움할 수 있는 기틀이 됨.<br>• 현재도 경기평택항만공사에서 평택항 홍보관 관리와 운영, 국제여객터미널 등이 운영 중이며, 경기도의 문화사업으로 '경기옛길' 경로가 진위향교 대성전, 원균장군묘를 지나며 평택의 역사문화자원을 활용하고 있음. |

| | | |
|---|---|---|
| 사회<br>문화<br>적<br>특성 | 평화와<br>상생의<br>도시 | • 미군은 군사·국방 목적으로 한국에 주둔하고 있으며, 평택 미군부대는 한국 내 최대규모임. 또한 평택항을 중심으로 외국인 노동자의 유입이 많으며, 매년 증가세에 있음.<br>• 미군 관계자의 도시, 미군 커뮤니티. 현재 평택에는 미군 약 3만 명, 미군 관계자 약 2만 명이 거주하고 있음. 지역사회에서 다문화 이주민 및 새터민과 다르게 미군이 차별을 느낄 만한 지점은 거의 없으며 시민과의 교류도 바라지 않음.<br>• 평택시에서는 시민단체를 중심으로 새터민과 외국인노동자에 대한 차별을 해소하고자 평택YMCA하나센터, 평택외국인복지센터에서 텃밭가꾸기, 통일음식나누기, 평화음악회, 외국인과 함께하는 거리청소 등을 운영하고 있음.<br>• 경기도·평택시 등 지자체에서 기획·운영하는 한미 어울림 축제 등 문화행사 위주로 하고 있으며, 미군부대 내부에서 진행하기에 미군을 부대 밖으로 끌어내어 시민과의 접점을 만들 수 있는 방안을 고민하고 있음.<br>• 지역이 처한 역사적인 조건에서 서로의 사회·문화적 환경과 개개인을 이해할 수 있는 키워드로 '평화'와 '상생'을 표어로 걸고, 일상에서 빈번하게 지속적으로 긴밀하게 나눌 수 있는 지역문화를 문화 프로그램으로 개발해야 할 필요성이 대두되고 있음. |
| | 마을문화<br>의 도시 | • 평택시의 근현대 행정구역변화와 근대교육, 사회운동, 한국전쟁과 미군주둔, 그리고 평택시가지 개편 등에 따라 평택의 마을마다 서로 다른 문화적 기반과 사회 및 경제생활이 다름.<br>• 최근 교통로를 중심으로 현대화가 이루어짐에 따라 지방의 전통문화 소멸 위기를 겪고 있으며 문화원에서 2016년부터 마을조사기록사업을 진행하고 있음.<br>• '2000년 진위현의 읍치 봉남리', '천년 평택현의 읍치 객사리', '근대도시 원평동' 등 지역마다 역사 기반의 독창적인 소재가 가능함. |
| 역사<br>문화<br>적<br>특성 | 독립운동<br>의 도시 | • 평택시 행정구역을 중심으로 1894년 동학농민운동부터 1945년 광복절 이전까지 평택에서 출생, 성장, 활동한 항일운동가의 정보가 비교적 잘 정리되어 있는 편임.<br>• 특히 3·1운동 참가자 52명, 항일군자금 모금 참가자 5명, 항일학생운동 참가자 2명, 항일독립운동 참가자 13명 등 평택에 연고를 둔 인물의 정보가 수집되어 있음.<br>• 근현대 평택 지역에서 국가권력과 외세의 침략에 대항해 생명과 인권을 지키기 위해 저항한 시민들의 정신을 되새길 수 있는 문화콘텐츠 기반의 정체성을 수립할 가능성이 있음. |
| | 근대문화<br>의 도시 | • 평택은 전근대와 근현대 모두 수도와 가깝고 해양에 인접한 지리적 여건으로 도로와 수로교통이 발달해 왔기에 전쟁이 잦고 외국군 주둔이 많았음.<br>• 현재 평택지역에 팽성읍 안정리 일대의 'K-6캠프험프리스'(Camp Humphreys)와 신장동 일대의 'K-55오산공군기지'(Osan Air Base) 두 개의 미군기지가 있는 것도 같은 맥락임.<br>• 인천이 개항기와 근현대 외국문물이 직접적으로 문화적 환경을 남겼다면, 평택은 해방이후 미군기지 주변으로 근현대 독특한 기지촌 문화를 낳음. |

| | | |
|---|---|---|
| | 근대문화의 도시 | • 1990년대 후반까지는 평택 신장동의 K-55오산AB, 안정리의 K-6캠프험프리즈는 미군전용클럽, 미군기지 식재료로 만든 부대찌개, 스테이크, 햄버거, 레코드판, 화랑 등 독특한 문화적 양상과 경제가 활발하였음. 그러나 2000년대 이르러 국내외적 변화와 더불어 미군기지 내부에 경제환경이 완비되어 기지 부근 지역이 침체되었음.<br>• 평택시는 최근 10년 안 안정리 마을재생 프로젝트를 진행하여 미군기지 상업에 치중된 체질을 개선하고 문화다양성을 중심으로 한 문화예술공간으로 기지촌을 바꾸고자 노력해 옴. |
| 문화예술적 특성 | 전통예인과 공연의 도시 | • 평택은 역사적으로 농사의 풍성한 소출을 위한 기복과 축원의 두레굿, 도당굿, 당제, 줄다리기 등 공동체 놀이와 민속문화가 발달했음. 덕분에 전통예인들이 활동하기 좋은 무대였고, 예로부터 명인들이 많이 배출되었음.<br>• 평택에 연고를 둔 평택농악과 평택민요는 각각 국가지정 중요무형문화재, 경기도지정무형문화재임. 특히 평택농악은 2014년 유네스코 세계무형유산으로 등재되었음.<br>• 전통예인으로 조선 후기 명창이자 현대 중요무형문화재인 '소리예인'(5명), 남사당패와 중요무형문화재인 '기악예인'(10명), '전통예인가문'인 지문일가(池門一家)와 방문일가(方門一家)가 있음.<br>• 농악은 연희 특성상 본래 일상과 무대를 넘나드는 참여를 이끌었음. 특히 도시와 농촌의 풍경이 한 시야에 담기는 평택의 풍경에 공동체 문화로 대표되는 농업사회의 전통연희인 평택농악과 전통공연에 '예향(藝鄕)의 고장'이라는 특별한 의미를 부여할 수 있음. |
| | 독립·대안예술의 도시 | • 한국의 도시재생사업은 2000년대 초부터 서울을 중심으로 전국적인 유행처럼 번짐. 도시재생사업의 내용과 목적은 노후화된 시설의 물리적 환경 개선, 일자리 창출, 지역상권의 부활을 통한 경제회생, 지역 커뮤니티 복원과 주민 참여 활성화 등을 포함함.<br>• 현재 평택도 구도심과 신도시 간 불균형 발전을 해소하기 위해 도시재생 사업을 추진하고 있음. 현재 평택역 앞 명동골목과 JC어린이공원, 새시장골목을 포함한 '신평지역', 진위역 일대 '하북지역', 신장쇼핑몰 일대 '신장지역', 안중시장 일대 '안중지역', 안정쇼핑몰 일대 '안정지역', 서정리역·서정시장 일대 '서정지역', 통복시장 일대 '통복지역' 등 7개 지역을 도시재생 활성화 지역으로 지정하고 사업을 추진 중임. 평택 도시재생사업의 목표는 '걷고 싶은 거리 조성', '청년일자리 창출', '신평놀이터 조성', '문화예술창업센터 조성', '복합커뮤니티시설 조성', '지역공동체 발굴'임.<br>• 산업구조와 도시기능의 변화로 인해 구도심으로 쇠퇴한 지역은 저마다 특성을 반영한 경제·문화적 문화기획이 필요하며, 독립·대안예술을 통한 생활환경 및 문화환경 개선 등 새로운 문화기획이 대안이 될 수도 있음. |

평택의 전통예인, 시민사회운동, 도시개발 등을 별도 항목으로 두고 비교적 자세한 정보를 얻을 수 있다.

평택 지역사의 전반적인 서술 경향은 ① 현재 행정구역에 기반한 법정동, 자연마을 등의 지명 및 역사 등을 살펴보는 방식, ② 평택 근현대사의 사건을 중심으로 현재에 미친 정치, 경제, 문화적 영향과 해석의 시각을 알아보는 방식, ③ 특정한 역사적 인물, 문화적 대상(민속, 문화유산 등)을 기획하여 다루는 방식 등으로 나눌 수 있다.

이상을 지역문화의 에코뮤지엄 핵심소재 관점에서 분류하면 ① 시정학적 특성, ② 사회문화적 특성, ③ 역사문화적 특성, ④ 문화예술적 특성으로 나눌 수 있다. 지정학적 특성은 간척으로 만들어진 도농 복합도시, 바다와 육지의 관문도시, 사회문화적 다양성은 평화와 상생의 도시, 마을문화의 도시, 역사문화적 다양성은 독립운동의 도시, 근대문화의 도시, 문화예술적 다양성은 전통예인과 공연의 도시, 독립·대안예술의 도시로 세분할 수 있다.

### 3) 평택의 거점공간과 경기만 에코뮤지엄

경기만 에코뮤지엄은 경기만을 대상으로 "경기만 정체성 회복과 지역 활성화로 지속 가능한 발전"을 목표로 하는 에코뮤지엄 기획이다. 핵심 가치는 '생명', '평화', '순환', '재생'이다. 이것을 잇는 주요 소재는 '해양문화'로 선택했다. 경기만 에코뮤지엄의 거점공간은 '경기만 소금길 종주 대장정'의 탐방로에 잘 드러나 있다. 특히 14구간은 화성방조제 남단을 지나 평택시 경계를 넘어 남양방조제 남단(평택시 포승읍 남양만로 277)에서 끝나는 여정이다. 경기만 에코뮤지엄의 핵심소재와 거점지역을 탐방로로 연결하기 위해서 다음과 같은 사항을 고려해야 할 것이다.

먼저 핵심소재는 경기만 핵심 가치와 연결하되, 경기만의 자연·인문적 특성을 드리내는 갯벌–바나–섬–어촌–조선–어로 등 해양문화가 있어야 할 것이다. 평택에서는 '간척으로 만들어진 도농복합도시', 혹은 '바다와 육지의 관문도시'를 나타내는 흔적을 생각할 수 있다. 두 번째로 거점지역은 경기만을

표 10-15. 평택 에코뮤지엄 거점공간

| 지역 | 명칭 | 주소 | 기능 | 운영내용 |
|---|---|---|---|---|
| 포승읍 | 원정리 봉수대 | 원정리 109-54 | 위성 박물관 | 포승면 원정리의 해발 83m인 나지막한 구릉 정상에 위치한 조선시대 봉수대임. 남쪽으로 아산만과 남쪽으로 남양만을 조망하는 가장 앞에 있는 연변봉수로서 조선 초기 남쪽의 면천 명해산봉수에서 보내는 신호를 받아 북쪽으로 화성시 우정면 화산리 흥천산 봉수로 보내는 역할을 함. |
| | 원효대사 깨달음 체험관 | 원정리 85-3 | 위성 박물관 | 신라 문성왕 14년(852) 염거화상이 창건한 절로 알려졌고, 15세기경 폐사되었다가 2017년 사찰을 새롭게 체험관으로 조성함. 역사인물인 원효의 해골물 일화와 '한국사찰음식체험'을 즐길 수 있는 공간이 있음. |
| | 평택항 홍보관 (포승전망대) | 평택항로 98 (신당공원 내) | 위성 박물관 | 2002년 평택항의 여건 및 개발계획, 비전등을 평택항 방문자들에게 홍보하기 위해 설립된 시설로, 전시관, 북카페, 시네마홀, 체험학습실, 전망대, 체험학습실 등을 갖추고 있으며 전망대에서는 평택항을 조망할 수 있음. |
| | 밝은세상 마을 (녹색농촌체험마을) | 충열길 37 | 위성 박물관 | 600여년 역사의 흔적이 남아있는 녹색농촌체험 마을로 연꽃조각공원, 수상생태학습장 및 공예체험장이 조성되어 있어 도자기체험, 수생생태체험, 주말농장체험 등을 비롯한 계절별 프로그램이 연중 운영되고 있음. |
| | 해군2함대 안보공원 (서해수호관) | 2함대길 122 | 위성 박물관 | 연평해전과 천안함 사건의 이야기와 전시물을 관람할 수 있는 곳으로 서해수호관, 천안함기념관, 제2연평해전에 참전한 참수리357정, 인양된 천안함 선체를 직접 볼 수 있음. |
| | 평택해양 경찰서 | 서동대로 437-2 | 위성 박물관 | 평택해양경찰서는 해상경비, 해양안전 관리, 해상치안질서 유지, 해양오염 방지 등의 업무를 수행하기 위하여 설립된 대한민국 해양경찰청 중부지방해양경찰청 소속의 특별지방행정기관임. 함정체험·해양안전체험 등 해양안보를 몸으로 체감하는 체험 프로그램 'Do Dream' 이 있음. |
| | 포승읍 홍원1리 마을회관 | 홍원1리 | 거점 박물관 | 평택의 간척사업과 그 후의 삶에 대한 지역 주민의 기억기록과 아카이빙을 위한 사료관 건립으로 홍원1리 마을회관을 후보지로 꼽고 있음. 특히 홍원리 7개 마을 이장단의 참여가 기대되며, 구 회관을 리모델링하여 사료관으로 건립, 공동체행사 개최, 마을트레킹 코스 개발 등 의미있는 작업이 지속될 수 있을 것이라 예상됨. |

| | | | | |
|---|---|---|---|---|
| 현덕면 | 평택호 관광단지 | 평택호길 159 | 위성 박물관 | 1977년 국민관광지로 최초 지정된 이후, 2019년 2월 663,115㎡(20만평)으로 조성하고자 하고 있음. 현재는 평택호예술관, 자동차공원, 모래톱공원이 있으며, 지역축제의 공간으로 활용되고 있음. 향후 평택시에서는 생태체험관, 복합문화공연장, 수상레포츠센터 등 공익시설 도입할 계획임. |
| | 지영희 국악관 | 평택호길 147 | 거점 박물관 | 평택 출신 근대 국악가 지영희를 소개하는 전시관으로, 유물 전시관과 웃다리평택농악, 평택민요 등 평택전통예술도 함께 알 수 있도록 음악과 영상을 감상할 수 있는 공연장, 지역 주민들이 모일 수 있는 세미나실도 마련되어 있음. |
| | 평택호 예술관 | 평택호길 167 | 위성 박물관 | 평택호 관광단지 내 지영희국악관 우측에 있는 피라미드형 건물로 1층은 대형 전시실, 2층은 다목적홀, 3층은 명상 공간임. 연중 다양한 문학, 사진, 미술 작품을 감상할 수 있음. |
| 팽성읍 | 내리 문화공원 | 내리길 64-23 | 위성 박물관 | 캠프 험프리스가 인접한 위치에 있는 내리문화공원은 넓은 잔디광장과 숲속 산책로, 어린이 놀이터가 있어 시민들과 미군가족이 함께 여가를 즐길 수 있으며, 안성천 위로 펼쳐지는 노을을 볼 수 있음. |
| 비전동 | 기호농지 개량 조합 창고 | 비전동 736-1 | 거점 박물관 | 현재 한국농어촌공사 평택지사 관리 창고로 운영 중이며, 평택시 비전동 구도심에 위치함. 1970년대 평택호·남양호방조제 건설 이전, 1960년대 수리조합, 간척, 경지정리 역사 관련 자료를 보유하고 있음. 평택 근대 도시변천사와 농업발달사 콘텐츠 기획·전시 및 예술인 창작을 위한 거점시설로 활용 목적임. |

출처: 평택문화원, 2020

면하는 지역인 평택시 포승읍, 현덕면, 팽성읍을 중심으로 지역문화자원을 선정하여 평택에서 발견할 수 있는 서해의 자연·인문적 활용 경관을 볼 수 있는 장소가 되어야 할 것이다. 마지막으로 이들 거점지역이 연결된 탐방로는 평택 에코뮤지엄의 핵심가치를 각자가 발견할 수 있는 경로로서, 추후 경기만 에코뮤지엄의 김포-인천-시흥-안산-화성-평택으로 이어지는 탐방로의 지역문화자원과 일관성 있게 연계될 수 있도록 구성되어야 할 것이다.

이를 바탕으로 경기만 에코뮤지엄과 탐방로를 잇는다면 다음과 같이 제안해 볼 수 있을 것이라고 생각한다.

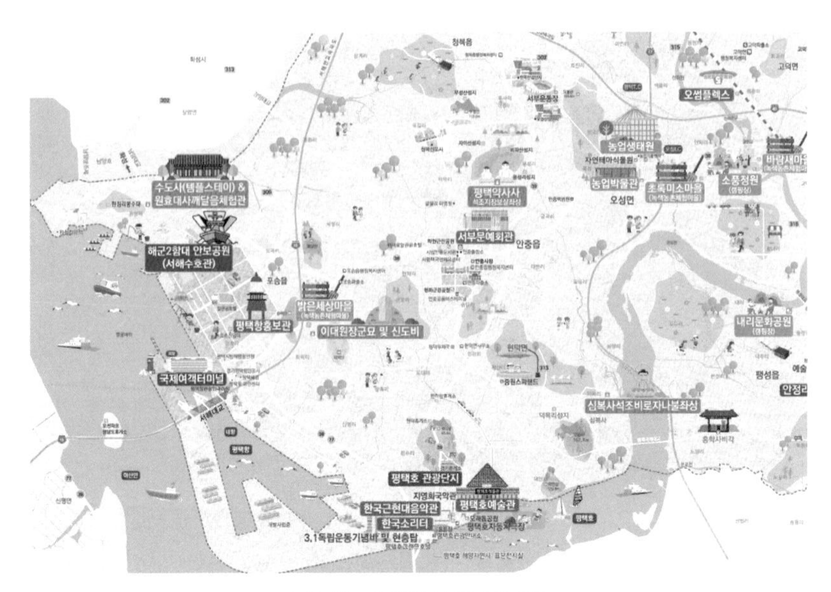


그림 10-6. 평택시 관광안내도

1코스: 원효대사깨달음체험관–원정리유적–원정리봉수대–해군2함대 안보공원(서해수호관)–평택항홍보관–밝은세상마을–국제여객터미널–서해대교

2코스: 평택항–평택호관광단지–한국소리터–평택호예술관–평택국제대교–내리문화공원(캠핑장)

탐방로에는 반드시 해양문화를 직접적으로 상징하는 곳을 거점공간으로 선정하지는 않았다. 현재 에코뮤지엄을 염두에 두고 마을 단위의 경관을 중심으로 해양문화와 관련된 지점을 평택에서 연구하지는 않은 형편이다. 다만 평택문화원에서 진행 중인 사라져 가는 마을 조사보고서가 포승읍, 현덕면, 팽성읍을 대상으로 갯벌을 둘러싼 마을과 주민의 변화과정을 기록하려는 형편이다. 특히 포승읍의 희곡리 송내마을, 원희곡과 일자촌 등은 1974년 아산만 방조제가 건설되면서 마을주민의 삶도 많이 바뀐 것으로 보이지만 본격적인 에

코뮤지엄의 거점으로 삼기에는 문화자원에 대한 조사는 미비한 것으로 생각된다.

또한 현재 평택지역은 아산만방조제와 남양만방조제 준공 이후 간척과 항구를 중심으로 관광지를 활성화하려는 인공적인 경관 조성사업이 보다 우세한 까닭도 있다. 다만 탐방로를 제안하여 시범적으로 활성화하는 과정에서 다른 거점도 발견될 수 있을 것을 기대하고 있다. 더불어 거점박물관의 경우, 평택 지역에서 경기만 에코뮤지엄과 연관된 해양문화와 역사적으로도 관련이 있으면서 정보를 연구·축적·전시하기 위한 목적으로 지역 주민들과 공동운영하는 방식이라면 긍정적이라고 생각된다.

## 5. 맺음말

지금까지 경기만 에코뮤지엄의 기획 맥락에서 평택시의 에코뮤지엄을 기획할 방안을 알아보았다. 전체적으로 지역학 연구, 지역문화자원, 에코뮤지엄의 개념 간의 상관관계를 알아보았다. 이를 통해 경기만 에코뮤지엄과 평택 에코뮤지엄의 현황과 연결점을 짚어보았다. 즉 지역학 연구와 에코뮤지엄이 추구하는 목적은 지역성찰 및 탐구를 통해 현대사회에서 지역이 직면한 위기를 극복할 대안을 찾아보자는 것이다.

에코뮤지엄은 최근까지도 환경박물관, 마을만들기, 도시재생 등 다양한 방법으로 표현되고 있다. 이는 에코뮤지엄의 개념이 실체적이지 않고 관념적인 부분이 많기 때문이기도 하다.[50] 이는 지역학 연구도 마찬가지인데, 본고에서는 지역문화의 개념속성을 장소성, 특수성, 관계성, 정체성, 다양성으로 보았다. 특히 장소성이 지역학 연구의 시작이고, 특수성, 관계성은 지역문화자원을 수집하다 보면 발견되는 것으로, 정체성과 다양성은 지역민들이 활동의 주체가 되어 찾아낼 수 있는 가능성의 결과라고 보았다.

지역문화의 개념속성은 지역문화자원 기획, 에코뮤지엄 개념적 구성요소와 병치하여 특수성–핵심소재(지역독창소재)–유산, 장소성–소통공간(고맥락)–특별한 장소, 다양성–참여주체–지역 주민, 관계성–기획운영주체–네트워크, 정체성–문화콘텐츠–공동체적 장소기억으로 설명하였다. 이후 에코뮤지엄의 형태적 구성요소는 경계영역(territory), 거점박물관(core museum), 위성박물관(satellite), 탐방로(discovery trails)를 꼽았다.

앞서 논의한 에코뮤지엄의 형태적 구성요소에 따라 경기만 에코뮤지엄을 검토해 보았고, 특히 지역의 거점공간을 잇는 탐방로를 바탕으로 평택 에코뮤지엄과 연계할 수 있는 방안을 제안해 보았다. 이 과정을 도출하기 위해 평택의 자연·인문적 맥락을 개괄하고, 지역문화자원의 핵심소재와 거점지역을 선정해 보았다. 이로써 경기만 에코뮤지엄뿐만 아니라 평택 지역에서 지역성찰과 탐구를 위한 문화기획의 방향 일부를 제안할 수 있었다고 생각한다.

다만, 에코뮤지엄 기획은 지역연구와 마찬가지로 지역의 정체성을 보존하고 지역민들의 참여와 지역 활성화를 위한 이념적인 방향성을 제공하는 경향이 있다고 해석하는 편이 나을 것이다. 때문에 에코뮤지엄은 각 구성 속성과 지역문화자원을 활용한 정형화된 문화적 기획이라기보다 추구할 방향성으로 생각하고 접근해야 한다. 이후 연구는 거점지역을 중심으로 지역 주민의 참여를 활성화할 수 있는 프로그램 운영 방안과 본고에서 다룬 평택 지역의 핵심소재들을 또 다른 방식의 에코뮤지엄 핵심소재로 다룰 수 있는지 검토해야 할 것이다.

### 주

1. 정정숙, 2014.
2. 법제처, 「안산시 에코뮤지엄 육성 및 지원에 관한 조례」.

3. 평택문화원홈페이지(검색일: 2021년 10월 4일)

4. 편무영, 2005, pp.41-42.

5. 노영순 외, 2018, p.15.

6. 김양식, 2017, pp.15-16.

7. 황홍섭, 2017, p.26.

8. 노영순 외, 2018, p.17.

9. 한국경제연구원 보도자료, 2021.

10. 노영순 외, 2018, pp.16-17.

11. 노영순 외, 2018, pp.31-32.

12. 로렌스 로월(Lowell, A. Lawrence), 존 볼드윈(Baldwin, R. John) 등은 문화의 요소가 무궁무진하기 때문에 문화를 분석할 수 없으며, 문화를 서술할 수 없고, 고정적인 형상이 없다고 하면서 문자로 문화를 정의하는 것은 매우 어려운 일이라고 말한다.(Lowell, A. Lawrence ed, 1915, p.553; Baldwin, R. John ed, 2006, p.50)

13. 김향자, 2011.

14. 오재환, 2009.

15. 남치호, 2007.

16. 김효영 외, 2013.

17. 권수미, 2006, p.48.

18. 윤동희 외, 2019, pp.50-51.

19. 이정환, 2014, pp.5-6.

20. 강준수, 2020, pp.23-37.

21. 양희은, 2013.

22. 박준하, 2018.

23. 이창현, 2020.

24. 장훈종 외, 2009, pp.281-291.

25. 류서 외, 2019, p.138.

26. 권수미, 2006, p.47.

27. Riviere, 1985, pp.182-183.

28. 新井重三, 1997.

29. Cercleux, 2011, pp.151-161.

30. 안재균, 2007.

31. 장훈종 외, 2009, pp.281-291.

32. 신창희 외, 2019, pp.7-52.

33. 허보경 외, 2021, p.471.

34. 경기학연구센터, 2016, p.19.

35. 윤동희 외, 2019, p.69.

36. 정건용 외, 2016, p.571.
37. 정건용 외, 2016, p.577.
38. 경기연구원, 2020, p.9.
39. 경기만에코뮤지엄(검색일: 2021년 9월 30일)
40. 지역사회연구원, 2017, 5-6.
41. 경기만에코뮤지엄(검색일 2021년 9월 30일)
42. 박경숙 외, 2020, p.17.
43. 강준수, 2020, pp.23-37.
44. 평택에코뮤지엄연구회, 2019
45. 평택문화원홈페이지검색일: 2021년 10월 5일)
46. 신재기 외, 2003, p.40.
47. 평택문화원, 2009.
48. 김해규 외, 2015.
49. 평택항개항20년사편찬위원회, 2007.
50. 이창현, 2020, p.12.

### 참고문헌

강준수, 2020, 김포 지역 에코뮤지엄의 활성화를 위한 방향성 고찰」, 『관광연구저널』 34.

김양식, 2017, 『지역과의 아름다운 동행-청주학 이야기』, 도서출판 해남.

김향자, 2011, 『향토자원을 활용한 관광프로그램 정책사업 추진방안』, 한국문화관광연구원.

김해규 외, 2015, 『근현대 평택을 걷다』, 평택문화원.

김효영 외, 2013, 「문화콘텐츠 특수성을 반영한 문화기술(CT) 분류체계 연구」, 『한국콘텐츠학회논문지』 13(5).

경기개발연구원, 2020, 「2020 경기북부 DMZ 에코뮤지엄 종합발전계획 수립연구」, 경기문화재단.

경기연구원, 2020, 『경기만 에코뮤지엄 성과평가 최종보고서(2016-2020)』, 경기문화재단.

경기학연구센터, 2016, 『경기만 에코뮤지엄 도보길 조성 타당성 조사 연구』, 경기문화재단 경기창작센터.

권수미, 2006, 「지역문화정체성 확립을 위한 에코뮤지엄(eco-museum) 적용에 관한 연구: 부산사진박물관 설립 제안의 철학적 정당성을 중심으로」, 『지역사회연구』 14(2).

남치호, 2007, 『문화자원과 지역정책』, 대왕사.

노영순 외, 2018, 『지역쇠퇴에 대응한 지역학의 역할과 문화정책적 접근에 관한 연구』(정책

연구 2018-03), 한국문화관광연구원.
류서 외, 2019,「지역 문화 보호를 위한 에코뮤지엄 사례 분석 연구」,『한국콘텐츠학회논문지』 19(10).
박경숙 외, 2020,『경기북부 DMZ 에코뮤지엄 종합발전계획 수립연구』. 경기연구원.
박준하, 2018,「에코뮤지엄 개념을 적용한 안산시 풍도 지역관광 계획」, 서울대학교 석사학위논문.
신재기 외, 2003,「평택호와 유역 주요 하천의 수환경 및 오염도 평가」,『Korean J. Limnol』 36(1).
신창희 외. 2019,「지역 공립박물관 콘텐츠 개발과 활용-인제산촌민속박물관을 중심으로」,『역사민속학』 56.
안재균, 2007,「폐광지역 산업유산 보전을 중심으로 한 Eco-museum 계획」, 홍익대학교 건축도시대학원 석사학위논문.
양희은, 2013,「인천 배다리 지역 생활· 역사문화를 반영하는 에코뮤지엄 계획」, 서울대학교 석사학위논문.
오재환, 2009,『부산지역 문화자원 특성분석과 활용방안 연구』, 부산발전연구원.
윤동희 외, 2019,「지역 에코뮤지엄의 지속가능한 발전 방안 연구」,『지역과문화』.
이정환, 2014,『에코뮤지엄 시범조성 모델개발 연구』, 한국농어촌공사 농어촌연구원, 농림축산식품부.
이창현, 2020,「파주 통일촌 에코뮤지엄 계획」, 서울대학교 석사학위논문.
장훈종 외, 2009,「지역문화 기반을 활용한 에코뮤지엄 사례연구: 해외사례를 중심으로」,『디지털디자인학연구』 9(3).
정건용 외, 2016,「지역 공예문화산업 활성화를 위한 에코뮤지엄 조성 방안」,『한국디자인문화학회지』 22(4).
정정숙, 2014,『지역문화 진흥을 위한 지역학 활성화 방안 연구』, 한국문화관광연구원.
지역사회연구원, 2017,『경기만 에코뮤지엄 콘텐츠 개발을 위한 기초연구』, 경기창작센터.
편무영, 2005,「지역과 전체」,『비교민속학』 29.
평택문화원, 2009,『평택민속지』, 디자인 미지.
평택에코뮤지엄연구회, 2019,『2019 평택에코뮤지엄 콘텐츠 기초자료집』, 평택문화원.
평택항개항20년사편찬위원회, 2007,『평택항 개항 20년사』, 평택문화원.
황홍섭, 2017,「지역개념을 활용한 지역화 학습방안」,『사회과교육』 56(4).
허보경 외, 2021,「에코뮤지엄 연구동향에서 나타난 융·복합적 특성」,『한국과학예술융합학회』 39(1)

Cercleux, A. L., 2011, “Ecomuseums, A new form of revitalization of spaces and their role in territorial management polities”, The Annals of Valahia University of Târgovişte, Geographical Series.

Lowell, A. Lawrence. ed, 1915, Culture, *The North American Review Volume* 202.

Baldwin, R. John. ed, 2006, *Redefining Culture: Perspectives Across the Disciplines*, Lawrence Erlbaum Associates Inc.

Riviere, Georges Henri, 1985, *The ecomuseum_an evolutive definition*, The Images of the ecomuseum(Museum 148), UNESCO.

한국경제연구원, 2021, 한국, 연평균 저출산·고령화 속도 OECD 37개국 중 가장 빨라, 2021년 3월 3일 자.

경기에코뮤지엄 홈페이지 https://www.ecomuseum.kr

통계청 국가통계포털 https://kosis.kr

평택문화원홈페이지 https://www.ptmunhwa.or.kr/sub/laboratory.php

제11장

# 서평택 구술생애사업과 독립출판 연계방안: 안중도서관 구술생애사업을 중심으로

이수경

안중도서관장

## 1. 들어가는 말

도서관 구술생애사업이 올해 7회를 맞이하였다. 평택 오성면 어르신들의 삶의 이야기를 기록하는 것에서 시작하여 올해는 허분순 어르신 이야기를 읽고 수필, 동화 창작 등 쓰기 프로그램을 추가하였다.

구술 어르신들은 평택 토박이거나 어린 시절 이주하여 60~70여 년을 한 마을에서 살아오신 분들이었다. 마을기록가들은 평택으로 이주한 지 한 달에서 몇 년까지 다양한 양상을 보였다. 2019년의 경우 마을기록가로 참여한 10명 가운데 9명이 이주자들이었다(최근 평택시 인구는 3% 이상의 성장률을 보이고 있다). 그들이 구술생애사업에 참여한 이유는 세 가지 정도로 정리할 수 있다.

첫째 자신이 살고 있는 곳에 어떤 역사 또는 이야기가 있는지 알고 싶다는 것, 둘째 프로그램 활동이 '책'으로 출간되어 저자가 될 수 있다는 점, 셋째 구술 인터뷰 방법을 배워 부모님, 가족 또는 누군가의 생애를 기록하고 싶다는 것이었다. 구술사업은 구술 어르신들의 이야기에 마을기록가들의 이야기가 더해져 더 큰 이야기로 만들어지는 과정이기도 하였다. 그들이 한자리에 모이면 100여 년이 훌쩍 넘는 평택사가 모이는 것과 같았다.

평택시기록전문요원 한정은은 "지역사는 내 삶과 연계된 역사를 습득하게 하는 한편 시민 스스로 역사를 말하게 하는 힘으로 작용한다. 시민이 참여하고 스스로 기록하는 지역사 연구는 역사를 대중화하는 새로운 동력이 되고 있다. 나아가 지역 아카이브는 기록을 보존하는 공간이라는 의미를 뛰어넘어 기록을 통해 지역의 역사, 경험, 정체성을 공유하고 재구성하여 콘텐츠로 재현, 활용하는 등 시민의 기록문화 활동도 촉진"한다고 하였다.

도서관 구술생애사업에 참여한 이들은 읽기, 듣기, 쓰기 활동을 통해 평택의 일상사를 기록하며 시민 지역사 연구자의 면모를 보였다. 또한 구술 교육 참여, 인터뷰 실행과 녹취풀이와 편집 등을 통해 책의 저자가 되기도 하였다. 이 글에서는 도서관 구술생애사업이 가지는 다양한 의의 가운데 출판 분야를 살펴보며 2022년부터 추진되는 서평택 지역을 근간으로 하는 구술생애사업의 전망을 내기로 한다.

## 2. 도서관, 출판 플랫폼을 꿈꾸다

### 1) 도서관, 마을을 이야기하다

도서관 구술생애사업은 지역적으로는 2015~2018년 평택 오성면, 2019~2021년 평택 죽백동, 비전 1동을 중심으로 이루어졌다. 평택 서부지역인 오성면에서는 청소년들과 어르신들의 삶을 기록하였고, 남부지역으로 옮기며 성인 기록가들과 남부지역 배농사와 배농사꾼 이야기를 기록하였다. 2022년부터는 지역적으로 안중읍을 포함한 평택 서부지역을 중심으로 사업을 추진할 예정이다.

올해 구술생애사업은 읽기·쓰기 분야에서 '창작'을 좀 더 강화하였다. 구술생애 발간 도서에서 이야기를 골라 읽고 수필을 시작으로 자신의 '동화'를 창작하여 책으로 묶을 예정이다. 구술생애사업 운영 방식에도 변화를 주었다. 예년까지 구술의 주제, 구술자 섭외 등을 도서관이 사전 기획하였다. 올해는 참여자가 주체적으로 기획하였다. 기록가들은 기획, 섭외, 인터뷰 등 구술 작업 과정에서 시행착오를 겪었지만 어려운 만큼 더 의미 있는 시간이었다고 후기에서 밝히고 있다.

특히 지난 해 참여한 스무 살 대학생이 다시 참여하여 증조할머니와 할머니를 인터뷰하여 자신을 포함한 여성 사대의 삶을 기록하였다. 이번 구술 사업은 가족, 여성, 음식 등 다양한 주제의 글이 탄생하였다. 올해 사업의 성과와 한계를 거울삼아 내년은 서부지역 인적, 문화자원을 면밀히 파악하여 대상, 주제, 방법 등 새로운 시각으로 사업을 검토할 예정이다. 내년 사업을 펼칠 서평택 지역 현황을 살펴본다.

그림 11-1. 2021년 구술생애사업 중 〈마을, 이야기가 되다〉 비대면 플랫폼 강의 사진

표 11-1. 서평택 지역 인구 현황

| 구분 | 2021년 8월 말 | 2020년 12월 말 | 2019년 12월 말 | 외국인 수 2021년 8월 말 | 비고 |
|---|---|---|---|---|---|
| 계 | 107,001 | 106,411 | 113,979 | 7,492 | |
| 안중읍 | 43,756 | 43,668 | 45,959 | 1,837 | 2021년 8월 말<br>• 평택시 전체 인구 554,511<br>• 평택시 전체 외국인 수 23,196 |
| 포승읍 | 24,312 | 24,010 | 27,597 | 3,019 | |
| 청북읍 | 27,143 | 26,705 | 27,388 | 1,592 | |
| 오성면 | 6,619 | 6,717 | 7,333 | 452 | |
| 현덕면 | 5,171 | 5,311 | 5,702 | 98 | |
| 고덕면 | 30,237 | 23,052 | 15,142 | 494 | |

출처: 평택시청 홈페이지

평택 서부지역은 평택항, 해군 3함대 등 바다를 포함하고 있다. 1999년부터 2000년대 초반 안중읍 현화리 중심 신도시, 포승 산업단지, 청북 신도시 등 개발이 이루어졌고 현재 현덕(화양지구) 개발이 시작되었다. 서부지역을 포함한 평택 곳곳은 각종 개발로 점점 어제의 모습을 찾아보기 어려워지고 있다. 평택문화원은 2014년부터 개발지역 마을을 대상으로 〈평택의 사라져가는 마을 조사 사업〉을 추진하고 있다. 개발로 전통성, 공동체성이 흐려지고 있는 마을 어르신들의 기억을 기록하는 구술 기록 작업을 중심으로 마을이야기, 마을의 역사를 체계적으로 기록하여 평택지역사 기록의 중심으로 자리하고 있다.

평택문화원 마을 기록 사업이 전문가들을 중심으로 체계적·조직적으로 이뤄진다면 도서관 구술생애사업은 반대지점에 위치하고 있다. 즉 구술 작업을 전혀 접해 보지 않은 시민이 도서관이 마련한 '교육'과 학습을 통해 마을 '기록가'로 성장하는 과정이라고 볼 수 있다. 시민들은 구술생애 프로그램에 참여하여 도서관과 함께 읽기, 쓰기, 듣기, 말하기 등 리터러시 활동으로 서평택만의 특색이 담긴 문화 콘텐츠를 생산하는 과정에 합류하게 된다. 안중도서관 구술생애사업의 구술자들은 우리 곁의 보통사람들이다. '기록 대상'이 되기 어려운 이들이 누군가에게 자신의 삶, 기억, 이야기를 하고, 지역사 연구자가 아닌 이들이 누군가의 이야기, 기억, 삶을 기록하는 기회를 갖게 되는 것이다.

서평택 지역은 국악 현대화의 선각자 지영희 선생을 포함하는 인적문화유산, 안중전통시장골목, 마을제, 수도사, 심복사 석조비로자나불좌상 등 다양한 문화유산을 품고 있다.

2022년 서평택 구술생애사업은 서평택이 간직한 인적·지형적 유산과 더불어 변화에 직면하고 있는 주민들의 일상과 함께하며 그들이 스스로의 삶과 관계, 살고 있는 곳에 유의미함을 부여할 수 있는 프로그램을 기획하여야 할 것이다. 서부지역과 인접한 국제신도시 고덕면은 개발로 인한 인구 성장 변화를 체감할 수 있는 곳이다. 상대적으로 안정적인 인구를 보이는 서평택 지역은 연령, 계층, 이주민 등을 통합적으로 고려한 사업 기획이 필요하다.

### 2) 도서관 구술생애사업, 글쓰기 공동체와 독립출판

서평택에서 진행할 구술생애사업의 중심 요소는 읽기, 듣기, 말하기, 쓰기가 병행되는 구술생애사업 '대상'과 '내용'을 확장하는 것이다. 기획 주체, 인터뷰 대상 등을 확장하여 지역이야기의 다양성을 확보하는 한편 출판된 이야기를 다양한 창작활동 – 수필, 동화, 웹툰 등 – 과 연계한 미디어콘텐츠로 만들어 '지역 이야기'에 시민들이 좀 더 편안하게 접근할 수 있는 길을 만들고자 한다. 자신이 살고 있는 곳에 대한 입으로 전승되어 온 옛이야기나 마을 할아버지, 할머니들의 이야기는 지역에 대한 호기심과 소속감을 가지는 계기가 될 것이다. 지역 문화와 역사를 중심으로 다양한 매체를 활용한 미디어콘텐츠의 생산과 활용점을 찾는 일은 지역공동체 조성에도 이바지하는 일일 것이다.

문화콘텐츠 생산을 포함하는 구술생애사업은 도서관 역할의 본질인 읽기 활동에도 유의미한 영향력을 미칠 수 있다. 『출판 플랫폼으로서의 도서관』의 정준민은 "지식문화 생태계, 지식의 생산과 소비의 주체가 변하고 있다. 전통적으로 지식 생태계를 출판, 서점, 그리고 독자(+도서관)의 관계로 바라보는 해석에서 벗어나 지식 생태계를 콘텐츠 시장으로 확장하여 재해석하여 본다. 그 중 문자 미디어의 소비 형태를 분석한 후 책의 생산자(출판사) 중심의 가치사슬이 1인 출판, 독립출판과 같은 콘텐츠 생산자(작가)와 소비자(독자) 중심으로 새로이 재편되고 있음을 확인하고자 한다. 그 중심엔 책은 읽지 않지만 작가와 독자가 직접 소통하며 예전보다 더 많은 글쓰기와 읽기 프로세스가 있음을 드러내어 새로운 지식문화 생태계가 구축됨을 보일 것이다" 이는 "결과적으로 지식 생태계 내에서 도서관의 역할을 소비자로서의 읽기만이 아닌 글쓰기와 읽기 과정을 병행할 필요가 있음"을 이야기하고 있다.

문화체육관광부의 독서인구 실태조사는 단행본 독서인구가 매년 줄어들고 있음을 보여 준다. 이 지표는 SNS, 웹툰, 웹소설 등의 '글'을 소비하는 이들을 포함한 것은 아니며 사람들은 책을 읽지 않을 뿐, 140자 트위터를 비롯하여 페이스북, 인스타그램 등 사람들은 이미지, 영상과 더불어 엄청난 양의 '글'을 소비하고 있다. 이는 "2015년 카카오가 기획한 폐쇄형 퍼블리싱 플랫폼 브런치, On-going 프로세스 팬픽, 팬덤 문화가 만들어 낸 일간 이슬아(https://blog.naver.com/sullalee)"[1] 등 각종 블로그, 카페, 밴드 등에는 하루에도 수만 자의 글이 올라오고 있다. 이러한 글들은 온라인상 게재뿐 아니라 1인 출판 또는 전자 출판 등 다양한 형태 또는 매체를 통해 세상에 모습을 드러낸다. 책마을 해리의 이대건은 이러한 개인적 글쓰기에 대해 "저자가 곧 독자다"라는 의견을 피력하였고 이는 '독립출판'이 지식 생태계의 새로운 흐름임을 보여 준다.

새로운 흐름으로 떠오른 독립출판의 정의는 무엇일까? 독립출판의 정의, 주체, 범위 등에 대다수가 공유하는 바는 아직 없다. 몇 가지 사례를 들어 의미를 공유하고자 한다. 독립출판물을 온라인에서 뉴스레터 형식으로 홍보하는 「월간 독립출판」은 "독립출판은 내가 만들고 싶은 책을 내가 원하는 대로 나 스스로 만들어 출간하는 것이다. 내가 쓴 글을 직접 편집, 디자인, 인쇄, 출간하여 내가 원하는 곳에서만 판매하는 것, 그것이 독립출판이다. 독립출판은 기존 출판 시스템과 같은 듯 다른 형태로 만들어지고 있어서 자연스럽게 기존 출판 시장에서 시도하지 않았던 주제나 콘셉을 다루거나 디자인이 특이하게 만들어져 책으로 출간"된다고 설명한다.

정준민은 "독립출판은 발행인은 주로 상업적인 이익을 고려하지 않은 책을 출판하고 주류시장의 요구와 반드시 같지 않은 책을 출판하는 행위를 말한다."[2]고 주장한다. 또한 그는 논문에서 독립출판물이 전면에 나설 수 있게 된 가장 큰 요인으로 "IT의 발전으로 문자, 소리, 영상으로 표현되는 콘텐츠라 불리는 지식 자원이 독자에게 전달되는 채널이 다양해졌다. 문자 콘텐츠 역시 전자출판, 독립출판, 팬픽(fan fiction) 구조에서 보듯 소비자(독자)에 의해 역으로 출판자원이 생산되는 시대이다(Pecoskie and Hill 2015, 609)".[3]

이에 따른 출판 플랫폼을 크게 세 갈래로 보고 있는데 "하나는 인터넷 공간을 통한 커뮤니티 공간이며 또 다른 하나는 지역서점을 플랫폼으로 상정한 독립출판 유통 플랫폼이다. 마지막 하나가 도서관에서 시험적으로 진행되는 글쓰기 프로젝트이다. 마지막은 아직 플랫폼이라 말하기 힘들지만 출판, 도서관계의 새로운 시도로 인식된다. 도서관 문화강좌의 일환으로 어르신 자서전 쓰기 등 글쓰기를 가르치고 출판을 지원해 주고 있는 정도지만 독립출판을 통해 지역작가를 키우는 프로젝트도 진행 중(김주엽 2018)"[4]이라고 말한다.

도서관 구술생애사업은 읽기 쓰기 공동체를 겸한 글쓰기 프로젝트이자 출판 플랫폼과 관련하여 의미 있는 접근이다. 올해 평택 어르신 구술 이야기를 함께 읽고, 이야기를 나누고 이를 토대로 수필 쓰기 등 훈련을 통해 동화를 창작하는 과정은 독립출판의 다양성을 확보하는 좋은 사례가 될 것이다.

『독립출판, 변증법, 패터슨』의 강보원은 "말하자면 나쁘지는 않지만 그리 뛰어나지도 않다."라는 말로 독립출판의 의의와 한계를 말하고 있다. '돈이 될 만한 책이 아니'라는 의미가 작가, 글의 질적 수준이 미흡함을 뜻하는 것은 아니지만 지역 인적 자원 풀을 고려하면 정준민의 주장처럼 지속적이고 꾸준한 읽기, 글쓰기 학습공동체를 운영하며 도서관이 다양한 방식으로 이들을 지원하는 것이 필요할 것이다.

정준민은 "글쓰기 지원 서비스는 콘텐츠 저작 서비스, 큐레이션, POD(Print on Demand책 편집 프로그램), 학습공동체로 구성"된다고 하였는데 공공도서관이 지금껏 해 온 사업에 새로운 흐름(또는 의미)을 입히는 활동이 필요하다. 단행본 독자의 꾸준한 감소는 도서관 이용자의 감소로 이어지고 있다. 사회변화에 따른 새로운 흐름을 지역 상황에 적용하여 도서관 사업에 덧입히는 독자개발은 도서관 이용률 제고와 확장에 필요한 일이다.

## 3. 나가는 말: 도서관, 읽기 쓰기 공동체, 출판 플랫폼

독립출판의 가장 큰 성공사례는 백세희의 『죽고 싶지만 떡볶이는 먹고 싶어』일 것이다. 클라우드펀딩(텀블벅)을 통해 1,500부를 발행하고 이를 출판사에서 '발견' 발간하여 베스트셀러가 되었다. 최근 글쓰기의 경향인 '일상', '공감', '소통'의 요소를 고루 갖춘 책을 출판사들이 미처 발견하지 못하고 독자들이 '발견'한 것이나 마찬가지다. 정준민은 『출판 플랫폼으로서의 도서관』에서 도서관의 역할로 독자개발 모형을 제시했으나 여기서는 다루지 않겠다.

도서관(구술생애사업)과 독립출판의 시너지 효과는 미국 사례에서 찾을 수 있다. "도서관이 지식 정보를 소비하고 구매하는 역할에서 벗어나 생산 플랫폼으로서 역할하는 것이다(Kelly. 2014)". 미국의 e-book 플랫폼 개발의 내용은 "베스트셀러가 아니라 구하기 힘든 자원이거나 자신들 지방에 관련된 자원을 공동으로 출판하거나 수집하는 방식을 통하여 차별성을 높여가고 있다. 애

리조나의 경우 지역 역사와 문화 관련된 자원을 자체적으로 생산하고 주 전체 주민이 도서관 카드 없이도 활용할 수 있도록 하고 있다. 지역문화와 역사를 도서관이 주관하여 출판하여 제공하는 서비스와 이를 기반으로 출판물 판매 전략까지 수립할 수 있다면 출판 주체로서 기존 e-book 시장의 주도권도 충분히 견제할 수 있으리라 기대하고 있다. 최근 출판계의 화두로 등장한 독립출판의 경향을 보면 충분히 설득력 있는 프로젝트이다."[5]

정준민은 출판 플랫폼 형태를 사회적 협동조합과 구독 또는 공유경제를 권한다. 현재 공공도서관 현장에서 시도하기에는 어려움이 있지만 글쓰기를 기반으로 한 출판 관련 지식 정보 서비스는 가능하다. 즉 읽기, 쓰기, 듣기, 말하기 등 통합적인 리터러시 교육 서비스를 통해 정준민이 얘기하는 1인 출판, 전자출판, POD 형태의 출판 등에 접근할 수 있다. 온·오프라인을 넘나드는 주제별 정보 큐레이션을 통해 독자이자 저자가 되는 길을 보여 주는 것이다. 이는 '간헐적 독자' 또는 '비독자'의 도서관 이용을 유도하는 하나의 마중물이 될 것이다. 국악 선구자 지영희 등의 인문자원, 서해바다, 평택항 등 해양자원을 품고 있는 서평택 지역의 인문해양자원을 바탕으로 읽기, 쓰기, 듣기, 말하기 등의 활동이 함께한다면 풍성한 이야기가 펼쳐질 것이다. 풍부한 이야기 자원은 지역민들이 자신들의 거주지를 사랑하고 공동체 의식을 조성하는 단단한 토대를 만들어 줄 것이다.

도서관은 서부지역 기관, 단체, 시민과 연대하여 돈을 들이지 않고도 충분히 의미 있는 활동의 장을 만들고 그것들을 통해 지역민의 삶의 의미와 가치를 발굴하는 활동을 이어나가려 한다. 역사학 분야에서 지역사의 부상은 '지역'의 일상이 얼마나 중요한지를 보여 준다. 공공도서관이 지역의 이야기를 함께 나누며 읽고, 쓰고, 듣고, 말하는 과정에서 개인의 삶을 돌아보는 계기를 마련하고 일상에 '의미'를 부여할 것이다. 도서관 글쓰기 학습공동체, 독립출판 활동이 우리 일상에 '의미'를 부여하며 지역사회 신뢰 관계를 만드는 한 걸음이 되길 바란다.

### 주

1. 정준민, 2018, pp.28-29.
2. 이건웅 · 고민정, 2018, pp.101-135.
3. 정준민, 2018.
4. 정준민, 2018. 재인용.
5. 정준민, 2018, p.2.

### 참고문헌

강보원, 2020, 「독립 출판, 변증법, 패터슨」, 『자음과 모음』 44, 자음과모음.
김해규, 2007, 『평택문화유산 길잡이』, ㈜역사만들기.
이건웅 · 고민정, 2018, 「독립출판의 개념과 사례 연구」, 『한국출판학연구』 44(3).
이수경 외, 2016, 『도서관 기억하다, 기록하다』, 경기도사이버도서관.
정준민, 2018, 「출판 플랫폼으로서의 도서관: 독립출판을 통해 바라본 출판과 도서관의 상생」, 『한국도서관정보학회지』 49(4), 한국도서관정보학회.
평택마을기록가, 2015, 『오성을 기억하다, 기록하다』, 평택시립장당도서관.

평택시사신문, 2016, 지역사와 지역아카이브 방법론: 지역아카이브의 이론과 실제, 「안중읍의 뿌리, 안중전통시장골목 1,2」, 2016년 4월 15일 자.

월간 독립출판 https://stibee.com
평택시립배다리도서관 https://www.ptlib.go.kr
평택시청 https://www.pyeongtaek.go.kr

제12장

# 아산만 연안의 마을 형성과 경제: 포승읍 지역을 중심으로

장연환

평택인문연구소 연구위원

## 1. 들어가는 말

포승읍 원정2리 머물 마을에는 이른바 '팔뿌리'가 있는데, 이것은 '~뿌리'로 끝나는 8개의 지명을 가리킨다.[1] '뿌리'는 바다 방향으로 뾰족하게 돌출된 지형을 가리키는 말이다. 한 마을에 여덟 개의 뿌리가 있다는 것은 이 마을의 지형이 매우 복잡하였음을 알려준다. 그리고 이것은 아산만과 남양만을 접하고 있는 포승읍을 포함하여 서평택[2] 지역의 공통적인 특징이다. 따라서 포승읍의 마을이 갖는 역사적 내력은 아산만 연안의 서평택 지역에 분포하는 마을들이 갖는 역사적 경험과 크게 다르지 않을 것이다.

포승읍을 비롯한 안산만 연안 마을 사람들은 곶이 발달한 지역에 터를 잡고 살아왔다. 그들은 이곳에 정착하여 낮은 구릉지를 개간하고 해안 간척으로 농업 기반을 닦았으며, 어업과 염업으로 생계를 유지하였다. 지속적인 간척으로 바닷물이 유입된 골짜기마다 농경지가 조성되었다. 특히 1950년대 이후의 대규모 간척에 따라 많은 인구가 이주하였다. 현재 포승지역에서 급격하게 진행되고 있는 산업화와 도시화도 아산만 연안이라는 조건을 빼고는 성립하기 어려운 일이다. 따라서 아산만 연안의 마을 사람들이 어떤 조건 속에서 이곳에 모여들었고, 또 그들의 경제적 기반이 어떠하였는지를 살펴보는 것은 일정한 의미를 갖는다.

이 글은 첫째, 포승읍 지역에 자리 잡은 마을의 입지적 조건과 마을이 형성되고 확산되는 요인 및 그 과정을 살펴볼 것이다. 둘째 이 지역에서 살아온 사람들의 전통적인 경제적 기반과 그 변화를 정리하였다. 이를 통하여 포승읍 지역을 중심으로 하는 서평택 지역 사람들이 살아온 내력을 중심으로 아산만 연안의 해양문화를 이해하는 데 다소나마 보탬이 될 것을 기대한다.

## 2. 마을의 형성과 확대

### 1) 마을의 입지

포승읍에는 신석기 시대 이래로 정착민들의 흔적이 확인되었지만, 농업 생산 기반이 약하여 인구가 많지 않았을 것으로 추정된다. 이 지역에 대한 기록 또한 매우 미미하다. 현재의 포승읍 지역에 대해서는 여말선초 왜구의 침입과 관련된 군사적 측면과 조선시대 목장의 설치와 운영 외에 주목할 만한 기록이 없다. 농업 생산력이 낮아 사족층의 성장이 미미하여 사찬 기록 또한 찾아보기 어렵다. 조선 후기 들어 읍지류의 편찬으로 소략하나마 지리적 내용이 기록된 것이 다행이다. 마을 및 인구 규모에 대한 최초의 기록은 18세기 중엽의 『여지도서』와 18세기 후반의 『호구총수』이다. 여기에 나타난 호수(戶數)와 인구는 표 12-1과 같다.

표 12-1. 조선 후기 포승읍 지역 호수 및 인구

| 여지도서 | | | | | 호구총수 | | | | |
|---|---|---|---|---|---|---|---|---|---|
| 지명 | 호 수 (戶數) | 인구(명) | | | 지명 | 호 수 (戶數) | 인구(명) | | |
| | | 남 | 여 | 계 | | | 남 | 여 | 계 |
| 포내면 | 398 | 745 | 776 | 1,521 | 포내면 | 398 | 745 | 776 | 1,521 |
| 승량동면 | 103 | 198 | 114 | 312 | 승량동면 | 195 | 171 | 192 | 363 |
| 외야곶면 | 14 | 17 | 25 | 42 | 외야곶면 | 95 | 151 | 244 | 395 |
| 합계 | 515 | 960 | 915 | 1,875 | 합계 | 688 | 1,067 | 1,212 | 2,279 |

포내면의 경우 호수(戶數)와 인구에 대한 통계치가 정확히 일치되어서 『호구총수』의 기록은 오류로 판단된다. 그래서 인구 변화 정도를 가늠할 수 없지만, 실제로는 늘었을 것이다. 승량동면은 호수가 89% 늘어난 데 반해 인구는 16%만 증가하였다. 외야곶면은 호수가 579% 늘고, 인구는 840% 증가하였다. 비슷한 경제적 여건을 갖고 있는 두 지역의 호수 및 인구 증가율이 이렇게 현격한 차이를 보이는 것은 다소 의아하다. 따라서 이 기록에 대한 신빙성이 다소 떨어지기는 하지만, 승량동면을 기준으로 하더라도 두 기록 사이의 짧은 시간 동안에 상당한 정도로 인구가 늘었다는 것은 어느 정도 추정할 수 있다.

『여지도서』에서는 마을명을 기록하지 않았으나, 『호구총수』에는 포내면의 무수리(舞袖里)·당두리(棠頭里), 승량동면의 상리(上里)·중리(中里)·하리(下里), 외야곶면의 치동리(治洞里)·곶내리(串內里)·포원리(浦院里) 등 총 8개 마을이 나타난다. 무수리는 현재의 도곡5리 무수, 당두리는 도곡3리 당두이다. 승량동면의 세 마을은 현재로는 추정이 불가능하다. 외야곶면의 치동 역시 현재 위치를 특정하기 어렵고, 곶내리는 만호1·2리인 윗느지와 아랫느지를 가리키며 포원리는 만호 4리 원터를 가리킨 것으로 추정되고 있다.[3] 한편 1831년에 편찬된 『화성지』에는 포내면에 당두리(棠頭里), 곡교리(曲橋里), 거산리(巨山里), 무수리(舞袖里), 감탕리(甘湯里), 운정리(雲井里), 둔내리(屯內里) 등 7개 마을이 등장한다. 여기에 새로 등장한 둔내리는 내기1리 안기(安基, 안터) 마을로 비정된다. 또한 1899년 『양성군읍지』에는 승량동면에 "상리, 궁리(宮里), 하리, 곡교리(曲橋里)가 있다."고 하여 4개 마을을 기록하고 있다. 양성군 승량동면 마을 수의 변화가 거의 없었던 데 반하여 포내면에서는 40년 사이에 5개의 마을이나 늘었다. 비교가 되는 두 기록 사이의 시기가 짧기 때문에, 이것을 새로운 마을이 형성되었다기보다 기존의 거주지에 인구가 늘어 마을로 간주될 정도가 되었다는 정도로 해석하는 것이 옳다.[4] 인구와 마을 숫자가 늘어난 것은 조선 후기 농촌에서 유리된 사람들이 새로운 생활 터전을 찾아 바닷가로 몰려든 결과일 것이다. 조선 후기에는 인구가 증가하여 토지가 부족해지고 지주들의 횡포가 늘면서 간척이 활발하게 전개되었기 때문이다.[5]

한편 포승읍에 오래 세거해 온 집안들에 대한 조사에서 보이는 마을의 숫자는 앞의 기록들과 큰 차이가 있다. 표 12-2에 의하면 조선 건국 직후에 입향한 함평 이씨가 내기1리에 자리잡은 이후 15개 집안이 포승읍으로 들어왔다. 그중 함평 이씨, 함양 박씨, 기계 유씨, 수성 최씨 등이 조선 전기에 입향하였고 대부분은 조선 후기인 350~180여년 전 사이에 들어왔다. 이들 집안이 처음 자리 잡았던 곳은 16개 마을에 이른다.

포승읍에 거주하는 각 성씨의 최초 입향지로 구전되는 16개 마을 중 감탕개, 거산, 당두, 무수, 안기, 만호(느지) 등 6개 마을이 앞에 언급한 문헌의 기록 내용과 일치되는 마을들이다. 그림 12-1은 6개 마을의 위치를 지도에 표시한 것이다.

새로운 성씨가 이주했으며 문헌에도 등장하는 이 마을들은 비교적 규모가 크고 당시 주변을 아우르는 중심 마을로 인식되었을 가능성이 크다. 이러한 6개 마을 중 당두 마을을 제외한 5개 마을은 간척이 되기 전 바닷물이 들어오는 골짜기 안쪽의 배산임수 지형에 위치하고 있다. 조선시대 어업보다는 농업을 높게 인식했기 때문에 새로운 농지를 확보하기 유리한 곳에 자리를 잡은 결과

표 12-2. 포승읍 집성촌의 주요 성씨 및 거주지 분포

<table>
<tr><th colspan="2">성씨 및 본관</th><th>입향 시기</th><th colspan="2">입향지</th><th>주요 거주 마을</th></tr>
<tr><td colspan="2">진주 강씨 박사공파</td><td>350년 전</td><td>석정6리</td><td>(용소)</td><td>석정6리</td></tr>
<tr><td colspan="2">반남 박씨 호군공파</td><td>350년 전</td><td>석정5리</td><td>(현석)</td><td>석정4·5리</td></tr>
<tr><td colspan="2">함양 박씨 중랑장공파</td><td>420년 전</td><td>방리4리</td><td>[원방림(뱅골)]</td><td>방림4리</td></tr>
<tr><td colspan="2">밀양 손씨 진사공파</td><td>300년 전</td><td>도곡3리</td><td>(당두)</td><td>도곡3리</td></tr>
<tr><td colspan="2">해주 오씨 사복시경공파</td><td>200년 전</td><td>내기2리</td><td>(승학동)</td><td>내기2리</td></tr>
<tr><td colspan="2">기계 유시 여매공파</td><td>500년 전</td><td>신영2리</td><td>(매상동)</td><td>신영2·3리</td></tr>
<tr><td colspan="2">경주 이씨 익재공파</td><td>350년 전</td><td>홍원2리</td><td>(마장)</td><td>홍원2·3리</td></tr>
<tr><td colspan="2">용인 이씨 참판공파</td><td>500년 전</td><td>만호5리</td><td>(연암,솔개바위)</td><td>만호1·2·4리</td></tr>
<tr><td colspan="2">원주 이씨 동정공파</td><td>400년 전</td><td>석정1리</td><td>(감기,감탕개)</td><td>석정1·2리</td></tr>
<tr><td colspan="2">전주 이씨 무산군파</td><td>270년 전</td><td>만호2리</td><td>(하만호)</td><td>만호1·2·3리</td></tr>
<tr><td rowspan="2">함평 이씨</td><td>대교공파</td><td>620년 전</td><td>내기1리</td><td>(안기, 안터)</td><td>내기1·3리<br>방림1·2·3리</td></tr>
<tr><td>진사공파</td><td>620년 전</td><td>내기1리</td><td>(안기, 안터)</td><td>희곡1·2·3리</td></tr>
<tr><td colspan="2">합천 이씨 전서공파</td><td>180년 전</td><td>도곡1리</td><td>(거산)</td><td>도곡1리</td></tr>
<tr><td colspan="2">천안 전씨 문효공파</td><td>350년 전</td><td>원정2리</td><td>(원원정, 머물)</td><td>원정2리<br>홍원3리</td></tr>
<tr><td colspan="2">수성 최씨 가산군파</td><td>500년 전</td><td>도곡5리</td><td>(무수)</td><td>도곡4리<br>도곡5리<br>석정2리<br>석정5리</td></tr>
<tr><td colspan="2">청주 한씨 문정공파</td><td>350년 전</td><td>내기1리</td><td>(안기)</td><td>내기리, 도곡리<br>신영리, 석정리</td></tr>
<tr><td colspan="2">상주 황씨 시정공파</td><td>390년 전</td><td>희곡1리</td><td>(송내)</td><td>희곡1리</td></tr>
</table>

출처: 평택문화원, 2019

일 것으로 판단된다. 이에 비해 당두 마을은 개간이나 간척이 곤란한 바닷가에 있어서 어업을 염두에 둔 위치 선정으로 보인다. 새로 입향한 집안들이 그들의 경제 기반으로 어업과 농업을 확실하게 구분하여 들어왔다는 점을 엿볼 수 있다.

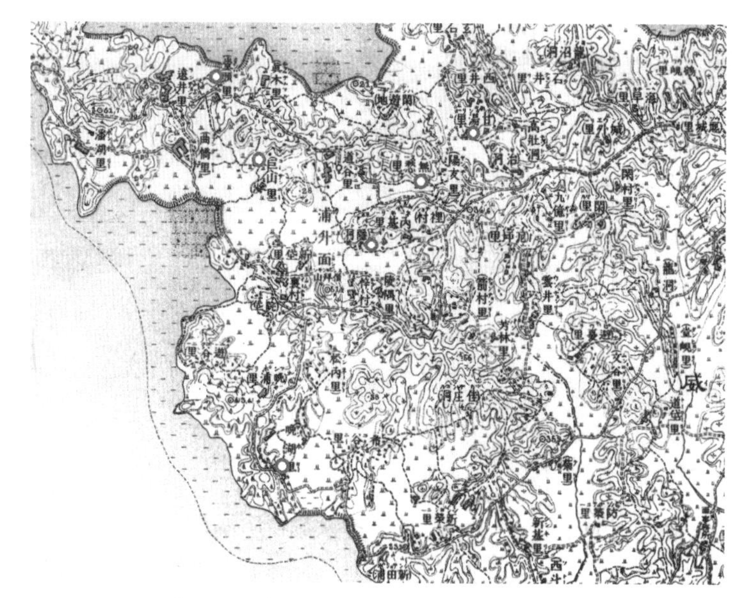

그림 12-1. 문헌과 구전의 내용이 일치되는 마을의 위치

출처: 국토지리정보원

### 2) 마장의 설치와 마을

『고려사』에는 10여 개의 마장(馬場) 명칭이 전하고 있다.[6] 고려 충렬왕 2년(1276) 원나라가 탐라도에 마장을 설치하면서 마장의 숫자가 점차 늘어났으며, 조선을 건국하고 한양으로 천도한 직후부터 마장이 전국으로 확대되었다. 특히 세종은 하삼도와 북방으로 확대하여 마장을 설치했는데, 『세종실록지리지』에는 마목장 54개가 전한다.[7] 조선 초기 기병이 주력군인 여진을 상대하려면 조선도 이에 대처하여 전쟁용 말을 대량으로 목축할 수밖에 없었다. 조선시대 마장은 왕실목장인 기전(畿甸)의 전곶목장, 경기 서해안목장, 하삼도목장, 북방지역목장 등 4개의 범주로 구분하여 설정하였다.[8]

국가에서 운영하는 마장에서 사육하는 말은 전투용 말로 방목하였기 때문에, 바다로 막혀 있어 말들이 쉽게 도망갈 수 없었던 섬이나 곶 등이 좋은 입지

였다.[9] 서해안으로 돌출되어 곶이 발달했을 뿐만 아니라 포구가 발달했던 포승읍은 마장 설치에 적당한 곳이었다. 그래서 조선 초기부터 수원도호부의 양야곶(陽也串)과 홍원곶(洪原串), 양성현에 속했던 괴태곶(槐台串)에 목장이 설치되었다. 『세종실록지리지』 수원부조에 '양야곶은 토장(土場)의 둘레가 15리인데, 나라의 말 75필을 놓아 먹인다'고 했으며 '홍원곶은 용성현(龍城縣) 서쪽에

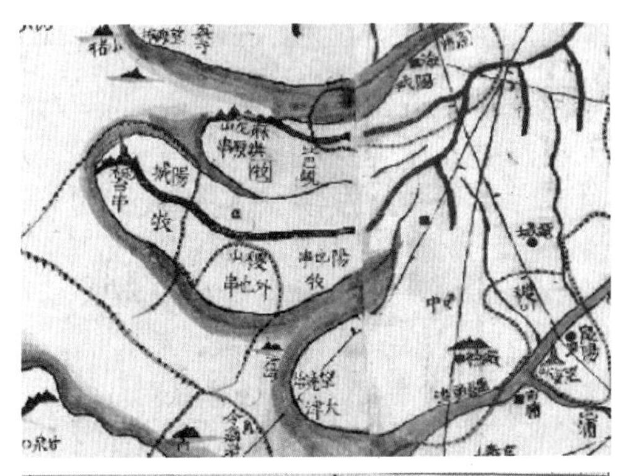

그림 12-2. 『대동여지도』에 표시된 목장

출처: 규장각(奎10333-v.1-22)

그림 12-3. 『목장지도』

출처: 중앙국립도서관

있는데, 소를 놓아 먹인다.'라고 기록되었다. 또한 양성현조에 '괴태길곶(槐台吉串)은 둘레가 7리이고 세종 11년 기유(己酉)에 비로소 전구서(典廐署)의 소를 놓아 먹이는데 수초(水草)가 넉넉하고 좋다'고 하였다. 김정호가 편찬한 『대동지지』와 『대동여지도』에도 3곳의 목장이 표시되어 있다.

『목장지도』에 따르면 홍원장은 동서 5리, 남북 2리, 둘레가 75리이며, 말 68마리, 소 41마리, 목자(牧子) 75명이 있었다. 또한 『수원부읍지』 목장조에는 "둘레 25리에 좌지전(坐地田) 180결(結), 원전답(元田畓) 76결 49부 6속이 속해 있다. 목리(牧吏) 3명, 목자 75명이 있다. 말의 분양(分養)은 상급관청의 명령에 따라 시행한다"라는 내용이 있으며, 산천(山川)조에는 "둘레 75리로 목장이 있으며, 숙종 19년(1693)에 감목관(監牧官)을 두었다."는 홍원곶에 대한 설명이 있다. 홍원목장은 남양 감목관 소속으로 있다가 숙종 때에 이르러 별도 감목관이 파견되어 괴태곶, 양야곶 목장까지 관할했다.[10]

세종 11년에 국가의 목장으로 편입된 괴태장은 단종 1년(1453)에 우유[乳汁]를 얻기 위하여 암소 60마리와 황소 10마리를 놓아기른[11] 이후 세조 때까지는 소만 기르는 목장으로 역할을 하였다. 그러나 우장(牛場) 폐지 의견과 마정(馬政)의 확대 필요성이 제기되어[12] 소 사육이 축소되었다. 이후 소와 말을 함께 사육하다가 영조 때부터 말 48마리로 더 이상 소는 키우지 않게 되었다.[13] 목장의 넓이도 처음에 7리로 출발했는데, 현종 때 12리, 영조 때는 20리로 확장되었다.

양야곶 목장이 『대동여지도』에는 괴태 목장 동쪽에 위치한 반면에, 『목장지도』에는 홍원 목장 북쪽에 자리하고 있다. 『목장지도』에 의하면 양야곶은 홍원곶 북쪽 청북읍 옥길리 정도의 위치인데, 이곳에서 목장토성의 흔적이 발견된 적도 없고, 목장 설치와 관련된 구전의 내용도 전무하다. 현재 현덕면 장수리에는 목장과 관련된 지역이 구전되고 있어 양야곶은 현덕면 장수리 정도에 비정할 수 있는 『대동여지도』의 기록이 타당해 보인다. 괴태곶 목장이 있던 자리에는 원정1리 곡교,[14] 원정2리 머물, 원정3리 번제 마을과 현재는 해군제2함대사령부가 위치한 호암마을[15]이 있다. 또한 홍원장 터에는 안중읍 성해2리 해조, 석정6리 용소, 홍원2리 마장, 홍원3리 자오 마을이 있다.

우마가 목장을 벗어나는 일과 맹수로부터 우마를 보호하기 위해 목장 주변으로는 돌, 흙, 나무 말뚝 등으로 토성을 쌓았다. 괴태곶 목장의 토성은 원정1리에서 도곡2리 당두 마을까지 연결되었고, 홍원곶 목장 토성은 안중읍 학현2리에서 성해리를 거쳐 석정1리 감기마을까지 이어졌다. 홍원곶 목장을 막았던 토성의 일부가 최근까지 석정리~안중읍 성해2리 마을회관 앞에 남아 있었다. 이러한 토성을 쌓는 일에는 목자들뿐만 아니라 주변 백성들의 노력이 동원되었다.

목장토성의 축조와 보수 외에도 국가에서 설치한 목장은 인근 백성들에게 많은 부담을 주었다. 첫째는 이들은 우마(牛馬)의 사료에 충당하는 콩과 볏짚 등을 바쳐야 했기 때문이다. 이 때문에 백성들에 미치는 폐단을 지적하고 목장을 파하고 사복시(司僕寺)에서 말을 기르자는 주장이 제기되었다.[16] 이뿐만 아니라 명종 때에 이르면 권세가의 자손들이 말에게 먹일 콩을 걷어서 사용(私用)하고, 황초(黃草, 마른 풀)를 걷는 대신 그 값을 징수하는 바람에 말들이 굶주려 1년에 10여 필씩 줄어드는 폐단이 나타난다. 백성들은 마초(馬草) 값에 시달리고 축장(築場)하는 일에 지쳐 가산을 파하고 정처없이 떠돌아다니는 문제점이 지적되었다.[17] 백성들이 갖는 두 번째 부담은 감목관(監牧官)의 비행에 따른 고통이었다. 숙종 때 홍원장에 감목관이 설치된 이후 감목관들은 목장 안에 염분(鹽盆)을 설치하고 사료에 충당해야 할 풀을 소금 굽는 데 사용하여 말들이 굶어 죽었고, 인근의 백성들을 동원하여 목장 안의 수초지(水草地)를 권세가의 논으로 만들어주기도 했다.[18] 자염(煮鹽)을 생산하고 수초지를 개간하는 과정에서 신량역천(身良役賤)인 목자(牧子)들뿐만 아니라 일반 백성들까지 고통을 받았던 것이다. 16세에서 60세까지 말·소 생산에 종사해야 했던

목자는 세습직이며 거주 이전과 타직으로의 전직이 허용되지 않아 고통이 컸다.[19]

목장 안의 토지는 비옥하고, 인근 갯벌에서 소금을 굽는 염분을 설치할 수 있어서 절수지(折受地)로 선호되었다. 서해와 남해에 있는 목장의 경우 그 내부에 염분이 설되기도 하였고, 목장 안의 땅을 개간하여 경지로 이용하는 일이 빈번하게 발생하였다. 조선 후기에는 국가에서도 수세(收稅)를 위해 점차 국마장 내에서의 경작을 허용하였다.[20]

## 3. 간척과 이주민의 유입

평택 지역은 전체적으로 산이 적고, 낮은 구릉과 저습지가 발달하여 미간지가 많아 간척이 활발하게 이루어졌다. 조선 초기부터 1970년대까지 간척이 지속되었고, 이에 따라 새로이 경작지가 확보되면서 인구 유입도 계속되었다.

평택 지역의 간척에 대한 기록은 조선 초기 권근이 "평택현의 해택(海澤)을 받아 방죽을 쌓고 전답(田畓)을 만들었다"는 사실이 처음으로 보인다.[21] 권근이 여말선초의 인물이니, 평택현의 해택지를 개간한 것은 그가 사망했던 태종 9년(1409) 이전일 것이다. 『성종실록』에는 영산부원군 김수온이 평택의 언답(堰畓)을 불법적으로 차지했다는 기록이 있다.[22] 이 외에도 세조 때 인물인 홍윤성(洪允成)을 비롯하여 서거정, 조광조, 황효원 등의 농지가 평택에 있었었다는 기록으로 미루어 이 시기에 간척이 상당한 정도로 진행되었음을 짐작케 한다.[23]

17·18세기에는 인구가 증가하고 지주층의 토지 집적과 농민층의 분화가 진행되어 화전(火田), 목장지(牧場地), 폐제언(廢堤堰), 연해(沿海), 하안(河岸) 등에서 개간이 다양하게 전개되었다.[24] 평택지역에서는 19세기 전후에 간척이 활

발하게 진행되었으며, 주로 조수(潮水) 유입이 적은 안성천과 진위천 중상류에서 이루어졌다.[25] 반면에 아산만 연안의 서평택 지역에서는 조수의 흐름이 거셌기 때문에 바닷가 간척이 쉽지 않았다.[26] 바닷가의 대규모 간척은 어려웠지만, 소규모 간척을 지속적으로 이루어졌다. 이와 관련하여 다음의 내용이 주목된다.

> … 지난 무술년(1898)에 간신히 힘을 써서 제언이 유실된 곳을 방축(防築)하여 농사를 지은 면적이 불과 몇 마지기밖에 되지 않습니다. …[27]

이 사료는 수원군 가사면(지금의 현덕면)에 거주하는 최철영(崔哲永)의 소장(訴狀) 내용의 일부로, 내장원에서 도조를 걷으려는 데 반발하여 올린 것이다. 이미 소규모의 제언이 축조되었고, 또 조수에 의해 무너진 것을 다시 쌓는 일이 반복되었음을 알 수 있다. 오래전부터 가능한 지역에서 농민들에 의한 소규모 간척이 이루어졌던 것이다. 또한 절수(折受)를 받지 않았기 때문에 소유권을 인정받지 못하여 '제언이 모두 공토'라는 원칙하에 내장원의 소유로 넘어갔다.[28] 마을에 거주하는 농민들이 생계를 유지하려고 마을 근처의 저습지 또는 간석지에 작은 규모의 제언을 쌓아 개간하였으나, 밀려드는 조류에 제언이 유실되는 일이 반복하여 벌어졌음도 알 수 있다. 시기를 정확하게 알 수는 없지만, 바닷가 마을의 간척은 농민들에 의해 계속 시도되었던 것이다. 가령 포승읍 석정리 감기 마을에는 마을 바깥쪽에 원뚝[29]이 여러 개인데,[30] 이는 여러 차례에 걸쳐 간척이 진행되었다는 증거물이다. 또한 앞서 언급한 것처럼, 마장(馬場)에서의 개간도 진행되었다. 조선시대 포승읍 지역에서 간척이 이루어진 직접적인 기록은 찾을 수 없지만, 1910년대 일제가 제작한 그림 12-4의 지도를 보면 해안 지역에 간척을 위한 제방이 표시되어 있다. 이것은 조선시대부터 간척이 광범하게 진행되었음을 알려주고 있다.

그림 12-4. 1919년 지도에 표시된 포승읍 지역 해안 간척지

출처: 국토지리정보원

일제는 1907년 7월 「국유미간지이용법」을 제정하였다. 국유미간지는 '민유 이외의 원야, 황무지, 초생지, 소택지 및 간석지' 규정되었다. 문제는 '민유'를 증명하지 못하면 국유에 포함시켰기 때문에 정식으로 절수를 받지 않고 소규모 간척을 했던 농민들의 토지가 대거 국유지로 간주되었을 것이다. 일제 강점기에는 공유수면 매립법, 간척지 이주 장려 보조규칙 등으로 간척 사업이 활발하게 추진 되었을 뿐 아니라 현대적 토공법이 발달하여 대규모 간척이 가능하게 되었다.[31]

평택에서는 국유지미간법이 제정되기 전부터 조선인 지주와 일본인들에 의한 강압적 토지 매입과 간척이 적극적으로 이루어졌다. 1904년 평택역전으로 들어온 아다 츠네이치[和田常市]는 평택역 부근에서 농사를 짓다가 수백 정보(町步)의 토지를 개간하였고, 서탄면 금암리에 설립된 일본인 농업회사 진위흥

농(振威興農)은 금암리 일대 해정들과 주변을 간척하였다. 일제 강점기에는 일본인 히라하라[平原]와 요시모토[吉本], 가토[加藤] 등이 고덕면 궁리에서 당거리에 이르는 약 1500만 평의 간석지를 간척한 것을 비롯하여 팽성읍 두리와 신호리, 석봉리 일대도 일제 강점기에 일본인들이 간척하였다.[32] 1922년 경부터 청북읍 삼계2리 옹포 앞 들판도 간척이 시작되었다.[33] 일본인들뿐만 아니라 고덕면 해창리 출신의 친일파 한상룡은 해창포 앞 19만 평을 간척하고,[34] 1924년에는 오성면을 포함한 732정(町) 5단보(段步)를 김교영, 박세보를 비롯한 714명이 대부 허가를 받아 100만 원의 자본금으로 개척조합을 만들고 설립총회를 개최하였다.[35]

일제 강점기에 포승읍에서도 대규모 간척이 시도되었다. 주민들의 구술에 의하면 일본인 좌판(佐坂)이 포승읍 홍원리에서 청북읍 옥길리 사이에 대한 간척을 시도했다고 하나 자세한 내용은 전해지지 않는다.[36] 안중읍 덕우리 출신의 이강세는 1939년 포승면, 청북면, 오성면에 걸쳐 653,490평에 대한 매립허가를 받았다.[37] 이강세는 소유전답 미곡 2,100석을 처분하고 주민들에게 일당 50~60전을 지급하면서 홍원리 마장마을~청북읍 옥길리 사이의 간척을 시도하였다.[38] 처음 3년으로 예정된 공사가 길어지면서 공사비는 기하급수적으로 불어났고, 결국 가장 어렵다는 갯고랑 막기를 하지 못하여 실패하였다.[39]

포승읍 지역에서 대규모 간척이 본격적으로 진행된 것은 1950년대부터이다. 한국전쟁 당시 평택은 서울 서북 지역의 피난민이 이동하는 경로여서 파주와 장단 출신 피난민의 수용소가 설치되었고, 황해도 연백 출신의 사람들도 많았다.[40] 특히 1·4후퇴 당시 피난민이 대대적으로 유입되어 전체적으로 약 30만 명이 집결되었는데, 휴전 후 피난민들은 95%가 떠났고 개성, 개풍, 장단, 옹진, 연백 등에서 온 피난민은 고향에 돌아갈 수가 없었다. 이에 따라 정부에서는 1952년부터 1955년까지 난민 정착을 위해 총 1,881세대 11,330명에게 14건 1,787.7ha의 하천부지와 간석지 등을 개간하도록 하였다.[41] 이 중 포승

표 12-3. 포승읍의 난민정착사업

| 승인 연월일 | 정착호수 | | 정착사업 구분 | | 개간 예정 지목 | 정착 사업장 소재지 | 난민 출신지 | 대표자 성명 |
|---|---|---|---|---|---|---|---|---|
| | 세대 | 인구(명) | 지목 | 면적(ha) | | | | |
| 1955. 8. 1. | 140 | 874 | 간석지 | 48.4 | 염전 | 포승 원정 | 북한 | 김대현 |
| 1955. 10. 5. | 380 | 2,242 | 간석지 | 450 | 답 | 청북 고잔 포승 홍원 | 연백 | 차연홍 |
| 합계 | 520 | 3,116 | | 498.4 | | | | |

출처: 평택문화원, 2014, p.375

읍에는 원정리와 홍원리에 520세대 3,116명이 이주하였다(표 12-3 참조).

난민정착사업은 한국 정부와 원조기구 합동으로 추진되었는데, 간척사업은 일자리를 창출하고 농지 또는 염전 등의 경제 기반을 제공할 수 있는 효과적인 방법이 되었다.[42] 원정6리 난민정착사업소에 정착한 피난민들은 황해도 옹진과 해주 지역 피난민들이 많았다.[43] 피난민들은 간척하는 동안 정부 지원 양곡으로 살았고, 피난민 70여 명이 1954~1964년에 걸쳐 원정리에서 도곡리를 잇는 3km의 방조제 공사를 완공하였다. 공사에 끝까지 참여한 사람들은 1호(戶)당 1정보씩 분배받았다. 하지만 염기 제거에 많은 시간이 필요했기 때문에 1972년이 돼서야 첫 수확을 할 수 있었다.[44] 그 사이에 생계가 어려운 사람들이 분배받은 토지를 매각하고 타지로 이주하기도 했다. 또한 곧바로 생산이 가능한 염전으로 전환하기도 했는데, 이때 당두염전(도곡3리), 구사업소염전(원정6리), 화성염전(원정2리)이 조성되었다.[45] 원정리 난민정착사업소의 피난민들은 이후 도곡4리(원도곡), 원정7리(호암), 홍원7리(1지구) 등에 거주하였다.[46]

홍원1리 외원 마을은 원래 20여 호가 거주하였는데, 1956년 황해도 연백 피난민 300여 호가 차연홍 씨 주도로 '연백피난민정착사업장'을 만들고 일제 말 이강세가 실패했던 간척을 완공하면서 큰 마을이 되었다.[47] 연백사업소 간척은 3차에 걸쳐 이루어졌다. 덕우리와 석정리 사이를 1차로 막았으며, 2차로 중간 지점을 막고 마지막으로 바깥쪽을 막았다. 실제로 간척공사에 참여한 피난민은 250세대 정도였으며, 인근 마을 주민들도 밀가루나 옥수수로 품값을 받고 지게질을 하였다. 새로 조성된 논은 300평 단위로 구획하여 경지정리를 하였다. 농지는 피난민들에게만 한 세대당 300평씩 7배미, 총 2,100평씩 분배되었다. 연백간척사업에 참여했던 피난민들은 홍원1리에 70% 가까이 정착했고, 나머지는 안중읍 성해리 은성마을, 석정5리 새원, 석정6리 용소마을에 분산되었다.[48]

1964년부터는 남양간척지 공사가 시작되어 1973년 12월에 완공되었다. 남양방조제 길이는 2,060m, 방조제 내부의 논 면적은 2,285ha이다. 이 중 1,725ha를 정착난민, 서울시철거민, 국가보훈대상자, 대한반공청년회, 대청댐 수몰민, 일반공모자에게 분배되었다.[49] 그리하여 1978~1979년 사이 평택지역에 충북 옥천과 문의, 충남 신탄진 등의 주민 700여 세대가 이주하였다. 이 가운데 청북지역에 356세대가 정착했고, 포승지구에는 348세대가 자리잡았다.[50]

정부는 호당 1ha씩 분배했고, 농지 가격은 평당 1,000원이었다.[51] 원정4·5리는 쌍용양회와 한일건설에서 각각 택지를 조성하고 주택을 분양하였다. 그래서 마을 이름도 '쌍용', '한일'로 불린다. 홍원4~7리는 지구별로 이름이 정해져서 1지구(4리), 2지구(5리), 3지구(6리), 4지구(7리)로 마을명이 붙여졌다.

표 12-4. 포승읍으로 이주한 수몰민 세대수

| 원정리 | 이주세대 | 홍원리 | 이주세대 |
| --- | --- | --- | --- |
| 원정4리 | 72 | 홍원4리 | 60 |
| 원정5리 | 72 | 홍원5리 | 31 |
| 원정6리 | 40 | 홍원6리 | 40 |
| | | 홍원7리 | 33 |
| 합계 | 184 | 합계 | 164 |

출처: 평택문화원, 2019, pp.420·422·442의 내용을 표로 정리한 것임.

지역 주민 또는 유지들에 의한 간척도 계속되었다. 5·16 군사 정변 직후 포승 면장으로 부임한 정호영은 현덕면 장수리와 신영2리 사람들을 동원하여 둑을 쌓았다. 신영1리 직산동과 희곡리 사이에는 1970년대 초반 현덕면장을 지낸 황두영이 밀가루를 지급하고 둑을 쌓았다.[52]

## 3. 경제 기반과 그 변화

### 1) 전통적 경제 기반

아산만과 남양만 연안은 닭발 모양의 지형이 서해로 돌출된 형태를 띠고 있어 대부분의 마을이 바다를 접하거나 가까이하고 있다. 낮은 구릉 사이의 저지대에 마을이 들어서고 경작지가 조성되다. 그러나 경작지에 관개할 수 있는 하천이 없어서 농업용수를 확보하기가 매우 어려웠다. 그래서 해안가 가까이 있는 마을 주민들은 농업으로만 생계를 유지하기가 어려웠다. 이들은 어업이나 염업(鹽業)으로 생계를 유지하는 경우가 많았다.

지표수가 풍부하지 않았기 때문에 골짜기를 막아 늦가을부터 봄까지 내리는 빗물을 가두어 이용하는 정도가 논농사를 위한 관개시설의 전부였다. 조수가 밀려들어 염해(鹽害)를 입는 경우도 많았다. 염해를 방지하려고 바닷가에 제방을 쌓기도 했지만, 제방이 낮아 피해로부터 자유롭기가 힘들었다. 만성적인 농업용수의 부족 때문에 샘물이 나는 이른바 '샘논'을 상답(上畓)으로 쳤다. 샘논은 골짜기 안쪽에 위치하였고, 가격이 매우 비쌌다. 반면에 샘이 없는 천수답은 비가 와야만 보를 심을 수 있기 때문에 모내기철을 지나서 장마철이 되어야만 모를 심는 경우가 많았고, 심지어는 7월 하순에 가서야 모를 심는 경우도 있다. 가령 포승읍 신영리의 '번개틀'이란 이름을 가진 들판의 '비가 오면

논바닥 물이 번개처럼 스며들었다.'는 데서 이름이 붙여졌다. 이런 논은 1마지기(150평)에 쌀 1~2되에 거래되기도 하였다. 이 마을에는 심지어 개떡 1쪽으로 1마지기를 살 수 있다는 '개떡배미'도 있다.[53] 샘논이라고 농사일이 편한 것만은 아니었다. 샘물을 용두레나 고리두레로 퍼서 논에 물을 대야 했는데, 이 과정에서 굉장한 노동력이 소요되었기 때문이다. 1974년 평택호가 완공되기 이전에는 논 1마지기에 많아야 쌀 1가마, 적으면 3~4말을 수확하였다.[54] 그러나 번개틀이나 개떡배미 같은 논들은 모심는 시기를 놓쳐서 3~4년에 한 번 수확하는 경우가 많았다.

이렇듯 농업 생산력이 낮았기 때문에 바닷가 마을을 중심으로 반농반어로 생계를 유지하는 가구들이 많았다. 삽교천과 안성천 하구에 위치한 아산만은 민물과 짠물이 섞이는 지점이고 갯벌에 모래가 많아 최적의 산란처가 되어 물고기가 많았다. 어종으로는 꽃게, 새우, 준치, 강다리, 숭어, 황석어, 병어, 밴댕이 등 다양했으며, 특히 숭어가 떼로 몰려들어 산란했기 때문에 숭어를 잡아 알을 채취하여 일본에 수출하기도 했다.[55] 봄과 가을 성어기가 되면 생선을 가득 실은 어선들이 몰려들었다.[56] 평택호와 삽교호가 조성되기 전에는 바다에 모래가 많이 깔려 있어서 모래땅을 좋아하는 꽃게와 백합조개가 많았고, 굴도 많았다. 5·16 직후 군 출신인 어떤 인물이 백합양식 허가를 독점하여 종패를 뿌린 이후 백합 조개가 많이 생산되었다. 많이 나올 때는 1인당 70~100kg까지 생산할 수 있었다.[57] 그러나 아산만과 삽교천을 막은 이후 유속이 느려지고 바닥에 뻘이 쌓이면서 산란처가 사라져 어족자원이 대폭 줄어들었다. 그 대신 바지락이 빠르게 서식하였다. 당시에는 바지락에서 얻은 수익이 농사짓는 것보다 나을 정도였다.

아산만에서 많은 고기가 잡혔지만, 조수가 거세고 갯벌의 질컥거림이 심하여 어항(漁港)이 많지는 않았다. 만호리의 대진, 홍원리의 자오포, 신영리의 신전포, 원정리의 호암 등이 어항으로서의 기능을 하였다. 잡은 고기들의 판로도 마땅치 않았다. 대개는 도매상들이 와서 사가거나, 어민들이 직접 지게나 함지박에 이고 주변 마을에다 팔았다. 1970년대 이후 자동차 보급이 조금씩 이루어지면서 유통은 좀 나아졌다. 가령 만호리의 솔개바위나루는 평택 인근에서 김장을 위해 새우젓을 구입하는 대표적인 장소였다. 1992년 평택항이 확장되기 시작하면서 당진, 아산, 평택 지역의 어민에게 보상을 하고 아산만 연안의 어업은 완전히 중단되었다.[58]

아산만 연안에 거주하는 주민들의 또 다른 부업은 자염(煮鹽) 생산이었다. 앞서 보았던 것처럼 『경종실록』에는 홍원목장에 염분(鹽盆) 설치의 기사가 있고, 『양성군읍지』(1899)에는 "염분이 11곳이다."는 기록이 있다. 직산현의 월경지였던 외야곶면에는 '소금가마[鹽釜] 8좌(坐)가 설치되어 있고, 모든 창고마다 봄과 가을에 소금세를 각 2량7전5분씩 균역청에 상납했다'는 기록이 있다.[59] 1907년의 기록에 의하면 1906년 외야곶면의 소금가마는 3개로 감소된 것으로 기록되었다.[60] 또한 1907년 수원군 포내면에는 소금 우물 60개, 소금가마 11개가 있었고, 소금 채취량이 8,400석으로 수원군 내에서 가장 높았다.[61] 이것은 바닷가 마을 곳곳에 염분이 설치되어 자염이 생산되었음을 알려주는 기록들이다. 2007년과 2008년에는 희곡2리 일자촌과 원정2리 머물 마을 등에서는 1960년대 당두염전과 화성염전에서 천일염이 생산되기 이전까지 자염이 생산되었던 것으로 조사되었다.[62] 자염의 제조는 7~8명이 함께하는 힘들고 고된 작업이었으나 당시에는 화염이 귀해서 소금 한 가마와 쌀 한 가마를 맞바꿀 수 있었기 때문에 부업으로는 꽤 큰 수입이 되었다. 이러한 자염 제조는 한국전쟁 뒤 도곡리에 조성된 당두염전, 원정리의 화성염전을 비롯하여 현덕면과 청북면 일대에도 천일염전이 등장하면서 쇠퇴하였다. 게다가 남양만 간척으로 농시가 확장되면서 자염을 제조하던 주민들은 전업 농민이 되었다.

천일염전으로는 도곡3리의 당두염전, 원정2리의 화성염전과 구사업소염전

외에 원정3리에는 동진염전, 만호4리의 이촌개염전이 있었다. 이러한 천일염전들은 1974년 아산만 방조제가 준공되면서 농지로 전환되었다.

### 2) 경제적 상황과 경관의 변화

1960년대까지 계속되는 간척과 이에 따른 이주민이 증가했음에도 포승읍을 중심으로 하는 아산만 연안은 1970년대까지 농업과 어업을 위주로 하는 전통적 자연 마을 경관을 유지하였다. 이러한 포승읍 지역은 세 차례의 큰 변화를 겪었다. 이러한 변화를 겪으면서 점차 산업화, 도시화 된 모습으로 바뀌어 가고 있다.

첫째는 1974년 아산만 방조제와 평택호의 조성이다. 평택호가 조성되고 이전까지 만성적인 농업용수의 부족을 겪었던 논들이 모두 수리안전답으로 바뀌었다. 이뿐만 아니라 야산개발이 이루어지면서 농지가 확대되고, 농가수도 늘어났다. 평택호 조성 전후의 인구와 농지 및 농가 호수에 대한 통계는 아래와 같다.

표 12-5에서 두드러진 점은 답(畓)이 크게 증가한 점이다. 농업용수 확보와 더불어 저지대 및 야산 개발로 논의 면적이 크게 증가하였던 것이다. 또한 1976년의 인구가 1962년도에 비해 2.2%가 줄었음에도 불구하고 전업 농가의

표 12-5. 인구 및 농지, 농가 호수[63]

| 연도[64] | 인구(명) | | | 농지(反) | | 농가 호수 | |
|---|---|---|---|---|---|---|---|
| | 남 | 여 | 계 | 전 | 답 | 전업 | 겸업 |
| 1962 | 6,490 | 6,166 | 12,656 | 7,411 | 11,433 | 1,617 | 38 |
| 1976 | 6,383 | 5,993 | 12,376 | 6,663 | 14,533 | 1,803 | 59 |
| 1985 | 7,032 | 6,352 | 13,384 | 6,491 | 19,049 | 2,310[65] | - |

출처: 평택군, 『통계연보』, 1962 · 1976 · 1985.

수는 11.5%가 증가하였다. 이 또한 새로운 농지조성으로 유입된 농가이다.

농업용수가 안정적으로 확보되고, 비료의 사용이 늘면서 농업 생산도 크게 늘었다. 이전까지는 평택 지역에 분포된 농지에서 1마지기(150)당 쌀 1~2가마 정도를 수확할 수 있었는데, 평택호가 조성되면서 보통 3가마가 생산되었고 많을 경우에는 4가마까지 생산되었다. 안정적으로 논농사를 짓는 대신 농민들은 수세(水稅)를 납부해야 했다. 농민들에게 수세 부담이 적지는 않았지만 수확이 늘어난 이득이 훨씬 컸고, 이마저 1999년 무렵에 폐지되었다.

둘째는 1986년 평택항[66]이 개항되어 이후 계속적으로 확장된 것이다. 평택항 개발의 최초 시행은 1979년 12월 아산산업기지 개발구역 지정에서 시작되었다. 평택항은 아산만 연안의 평택, 화성, 아산, 당진에 걸쳐 개발이 이루어졌으며, 주요 시설은 포승지구에 집중 배치하도록 계획되었다. 평택항은 1986년 12월 5일 무역항으로 지정되었고, 1990년 호안 축조공사부터 착공이 시작되었다. 1997년 12월 3만 톤급 14선석이 준공됨으로써 무역항 기능이 가능해졌다. 이후 계속적인 확장과 성장을 거듭하여 2010년 자동차 처리 실적 1위가 되었고,[67] 2012년에는 화물량 1억 톤을 기록하였다. 최초에는 인천항의 대체항만으로 개발할 목적으로 출발하였으나 2016년 3차 수정계획으로 수도권·중부권 대중국 거점항만으로 확대되었다. 기능적 측면에서도 공업 지원항으로 시작하여 현재는 종합 무역항으로 확장되었다.

평택항 개항과 더불어 포승국가산업단지[68]가 포승 지역의 산업화에 주도적인 역할을 하였다. 포승국가산업단지는 포승읍 만호리, 원정리, 내기리, 도곡리에 걸쳐 있으며 총 6,326,000m$^2$로 계획되었다. 1994년 11월에 착공하여 1998년 9월에 1단계 사업지구를 준공하였고 2008년 12월에 3단계 사업지구를 준공하였다. 2019년 현재 382개 업체가 입주하였으며 고용 인원은 12,273명에 이른다. 또한 만호리와 희곡리 일원에 위치한 포승일반산업단지는 총면적이 632,944m$^2$로 2007년에 착공하여 2014년에 준공되었다.

평택항의 성장과 함께 포승국가산업단지 및 포승일반산업단지가 들어서면서 포승읍은 급격하게 산업화 도시로 성장하였다. 이에 따라 전통적 자연마을(만호3리 대정, 만호4리 원기, 원정1리 곡교)이 사라지고 도곡 신도시가 건설되면서 인구가 증가하여 2006년 12월 면(面)에서 읍(邑)으로 승격되었다.

## 4. 맺음말

포승읍에 분포하는 마을의 역사는 바다를 접하는 복잡한 지형적 특징과 불가분의 관계 속에서 전개되었다. 그들은 바닷물이 들어오는 골짜기에 정착하고 저습지를 개간하여 농사를 지으면서 경작지를 점차 바닷가로 확산시켰다. 그러나 만성적인 농업용수의 부족으로 생산은 저조하였다. 그리하여 또 다른 생계 유지 수단으로 소금을 구웠으며, 마을 앞 바다에 나가 고기를 잡았다. 국가에서 목장을 설치한 것도 이 지역의 지형적 특성에서 비롯된 것이었다. 국가의 필요성에 의해 설치된 목장이 이 지역 백성들에게는 많은 부담이 되었는데, 동시에 새로운 간척과 염분의 설치로 거주민들의 경제적 기반이 되는 요소가 되기도 했다. 1950년대부터 1970년대까지 이루어진 대규모 간척은 농경지를 확대시켜서 대규모 이주민이 유입되는 배경이 되었다. 1986년 평택항이 개항된 데 이어 산업단지가 들어서면서 도시화와 산업화가 급격하게 진행되어 온 것 또한 바닷가라는 입지적 특징이 반영된 결과이다.

포승읍은 역사적으로 육로 교통의 오지였다. 그래서 여말선초 왜구의 침입이나 조선 초기 마장(馬場)을 설치한 것을 제외하고 중앙 정부로부터 크게 주목받지 못한 지역이었다. 그만큼 이 지역에 대한 기록이 풍부하지 않다. 다행히 2000년대 이후 조사와 연구가 상당히 진척되어 여러 결과물들이 단행본 또는 자료집으로 출간되었다. 앞으로 더 많은 연구가 진척되어 아산만 연안의 해양적 특성이 보다 상세하고 명확하게 규명될 수 있기를 기대한다.

## 주

1. 김해규, 2008, p.204.
2. 평택시 지역은 평택역을 중심으로 하는 평택 남부, 1995년 도농 통합 이전의 송탄시와 진위면을 아우르는 북부, 안중읍, 현덕면, 청북읍을 아우르는 서부지역으로 나뉜다. 서해안과 접하는 서부 지역을 서평택으로 부르기도 한다.
3. 김해규(평택인문연구소장)와의 인터뷰(2021. 9. 26.)
4. 1872년 『수원군읍지』에도 『화성지』와 같이 7개 마을이 기록되었다.
5. 송찬섭, 1985, pp.234~235.
6. 『고려사』 권82, 지권 제36, 병2 마정조.
7. 이홍두, 2017, p.230.
8. 이홍두, 2018, pp.58, 330.
9. 평택문화원, 2017, p.331.
10. 평택문화원, 2019, p.394.
11. 『단종실록』 단종 1년 7월 6일.
12. 『성종실록』 성종 16년 3월 17일.
13. 『여지도서』 양성현조.
14. 도곡신도시 건설로 남양간척지로 집단 이주하였다.
15. 1999년 해군제2함대사령부 이전으로 괴태산 동으로 집단이주하여 현재 원정 7리가 되었다.
16. 『성종실록』 성종 5년 윤6월 23일.
17. 『명종실록』 명종 9년 5월 4일.
18. 『경종실록』 경종 2년 5월 12일.
19. 송은일, 2018, p.134.
20. 평택문화원, 2017, p.333.
21. 『세종실록』 8년 9월 3일.
22. 『성종실록』7년 10월 26일.
23. 김해규, 2014, p.170.
24. 송찬섭, 1985, p.247.
25. 김해규, 2014, p.171.
26. 『신증동국여지승람』 양성현조 및 『만기요람』
27. 『경기도각군소장』 2책(奎 19148)
28. 양선아, 2010, p.49.
29. 주민들은 바닷가에 있는 둑을 가리켜 '원뚝', 그 안에 있는 논을 '원논'이라고 부른다. '원'은 바닷

가나 강가에 쌓은 제방을 가리키는 '언(堰)'에서 변형된 말로, 경기 남부 이하 지역에서 많이 쓰인다.(평택문화원, 2016, p.202)

30. 김해규, 2008, p.168.
31. 안태영, 2004, pp.9~10.
32. 평택문화원, 2014, p.90.
33. 김해규, 2019, p.152.
34. 김해규, 2014, p.175.
35. 「資本金百萬圓의 振威郡 開拓組合, 지난 二十二日에 創立總會」, 『동아일보』 1924년 11월 29일자.
36. 평택문화원, 2017, p.335.
37. 『조성총독부관보』제3793호, 소화14년(1939) 9월 9일.
38. 김해규, 2008, p.223.
39. 평택문화원, 2017, p.335.
40. 김아람, 2019, p.255.
41. 평택문화원, 2014, p.374.
42. 김아람, 2017, p.73.
43. 평택문화원, 2019, p.423.
44. 평택문화원, 2017, p.275.
45. 1974년 남양방조제가 준공되면서 염전은 논으로 바뀌었다(평택문화원, 2019, p.422).
46. 평택문화원, 2017, p.276.
47. 평택문화원, 2019, p.439.
48. 평택문화원, 2017, pp.335~336.
49. 평택문화원, 2017, p.276.
50. 평택문화원, 2019, p.420.
51. 김학규, 2007, p.4(평택문화원, 2017, p.277에서 재인용).
52. 평택문화원, 2014, p.176.
53. 평택문화원, 2014, p.176.
54. 평택문화원, 2014, p.180.
55. 평택문화원, 2014, p.183.
56. 김해규, 2008, p.182.
57. 평택문화원, 2014, p.183.
58. 이때 바지락을 생산하던 어민에게는 가구당 4천 800만 원씩, 어선은 항만청에서 수용하고 3천~5천만 원의 보상이 있었다(평택문화원, 2014, p.183).
59. 『직산현지』(1877), 『직산현읍지』(1899)
60. 『財務週報』 제30호의 기록으로 평택문화원, 2017, p.180에서 재인용.
61. 평택문화원, 2019, p.180~183.

62. 김해규, 2008, pp.141 · 207.

63. 평택군, 『통계연보』, 1962 · 1976 · 1985.

64. 연도는 『통계연보』가 발간된 해이며, 실제 통계는 이전 연도인 경우도 있다.

65. 1984년 『통계연보』에서는 '농가'와 '비농가'로 구분하여 수치를 산출하였고, 이 수치는 농가에 속한다.

66. 평택문화원, 2019, pp.235~293.

67. 이에 따라 2016년에 자동차 특화 항만으로 지정되었다(평택문화원, 2019, p.249).

68. 평택문화원, 2019, pp.172~174.

## 참고문헌


김아람, 2017, 『한국의 난민 발생과 농촌정착사업(1945~1960년대)』, 연세대학교 박사학위논문.

김아람, 2019, 「피난지에서 미군기지까지, 평택에서의 이주와 정착」, 『역사와 현실』 114, 한국역사연구회.

김해규, 2008, 『평택의 마을과 지명이야기』 Ⅲ, 평택문화원.

김해규, 2014, 「평택지역의 간척과 변화」, 『2014 평택학 시민강좌 자료집』, 평택문화원.

김해규, 2019, 『평택 사람들의 길』, 평택문화원.

송은일, 2018, 「조선시대 순천도호부의 목장 연구」, 『역사학연구』 72, 호남사학회.

송찬섭, 1985, 「17 · 18세기 신전개간의 확대와 경영형태」, 『한국사론』 12, pp.234-235.

안태영, 2004, 「한국 서남해역의 간척활동과 그 영향」, 목포대학교 석사학위논문.

양선아, 2010, 『조선 후기 간척의 전개와 개간의 정치』, 서울대학교 박사학위논문.

이홍두, 2017, 「조선 초기 마목장 설치 연구」, 『동북아역사논총』 55, 동북아역사재단.

이홍두, 2018, 「조선중기 수원부의 마목장 변동 연구」, 『수원학연구』 13, 수원학연구센터.

평택문화원, 2014, 『평택시사』 1.

평택문화원, 2014, 『평택의 사라져가는 마을조사 및 편찬 사업 보고서』.

평택문화원, 2016, 『평택의 사라져가는 마을조사 및 편찬 사업 보고서』.

평택문화원, 2017, 『2017 사라져가는 마을조사 보고서』.

평택문화원, 2019, 『포승읍지』.

평택시, 『통계연보』, 1962 · 1976 · 1985.

『경기도각군소장』

『만기요람』

『수원부읍지』

『양성읍지』
『여지도서』
『조선왕조실록』
『조선총독부관보』
『직산현읍지』(1899)
『직산현지』(1877)
『화성지』